国产数据库达梦丛书

达梦数据库编程指南

戴剑伟 张守帅 张 胜 付建宇

周 淳 程 青 左青云 徐 飞 编著

王 龙 王 强 刘志红 尹 妍

電子工業出版社

Publishing House of Electronics Industry

北京 • BEIJING

内 容 简 介

本书以达梦数据库 DM8 为蓝本，介绍达梦数据库的存储过程、存储函数、触发器等服务器端程序，以及 Java、C、Python、PHP 等高级语言基于达梦数据库的应用程序设计方法。本书主要包括：DM SQL 程序块结构、基本语法；存储过程、存储函数、触发器、包等高级对象的基本语法及应用方法；嵌入式 SQL 程序 PRO *C 组成、基本语法及应用方法；基于 DM ODBC、DM JDBC、DM .NET Data Provider 数据库访问接口标准的应用程序设计方法；PHP、Python、Node.js、Go 等高级语言访问达梦数据库的程序设计方法；达梦数据库数据装载及日志分析接口的程序设计方法。

本书内容实用、示例丰富、语言通俗、格式规范，可作为相关专业的教材，也可作为工程技术人员的参考书。

图书在版编目（CIP）数据

达梦数据库编程指南 / 戴剑伟等编著. —北京：电子工业出版社，2021.11
（国产数据库达梦丛书）
ISBN 978-7-121-42362-8

Ⅰ. ①达… Ⅱ. ①戴… Ⅲ. ①关系数据库系统－程序设计 Ⅳ. ①TP311.132.3

中国版本图书馆 CIP 数据核字（2021）第 233782 号

责任编辑：李　敏　　文字编辑：曹　旭
印　　刷：北京天宇星印刷厂
装　　订：北京天宇星印刷厂
出版发行：电子工业出版社
　　　　　北京市海淀区万寿路 173 信箱　　邮编：100036
开　　本：787×1 092　1/16　印张：16.25　字数：396 千字
版　　次：2021 年 11 月第 1 版
印　　次：2021 年 11 月第 1 次印刷
定　　价：99.00 元

凡所购买电子工业出版社图书有缺损问题，请向购买书店调换。若书店售缺，请与本社发行部联系，联系及邮购电话：（010）88254888，88258888。

质量投诉请发邮件至 zlts@phei.com.cn，盗版侵权举报请发邮件至 dbqq@phei.com.cn。

本书咨询联系方式：010-88254753 或 limin@phei.com.cn。

序 一

数据库已成为现代软件生态的基石之一。遗憾的是，国产数据库的技术水平与国外一流水平相比还有一定差距。同时，国产数据库在关键领域的应用普及度相对较低，应用研发人员规模还较小，大力推动和普及国产数据库的应用是当务之急。

由电子工业出版社策划，国防科技大学信息通信学院和武汉达梦数据库股份有限公司等单位多名专家联合编写的“国产数据库达梦丛书”，聚焦数据库管理系统这一重要基础软件，以达梦数据库系列产品及其关键技术为研究对象，翔实地介绍了达梦数据库的体系架构、应用开发技术、运维管理方法，以及面向大数据处理的集群、同步、交换等一系列内容，涵盖了数据库管理系统及大数据处理的多个关键技术和运用方法，既有技术深度，又有覆盖广度，是推动国产数据库技术深入广泛应用、打破国外数据库产品垄断局面的重要部分。

“国产数据库达梦丛书”的出版，预期可以缓解国产数据库系列教材和相关关键技术研究专著匮乏的问题，能够发挥出普及国产数据库技术、提高国产数据库专业化人才培养效益的作用。此外，该套丛书对国产数据库相关技术的应用方法和实现原理进行了深入探讨，将会吸引更多的软件开发人员了解、掌握并运用国产数据库，同时可促进研究人员理解实施原理、加快提高相关关键技术的自主研发水平。

倪光南

中国工程院院士

2020 年 7 月

序 二

作为现代软件开发和运行的重要基础支撑之一，数据库技术在信息产业中得到了广泛应用。如今，即使进入人人联网、万物互联的网络计算新时代，持续成长、演化和发展的各类信息系统，仍离不开底层数据管理技术，特别是数据库技术的支撑。数据库技术从关系型数据库到非关系型数据库、分布式数据库、数据交换等不断迭代更新，很好地促进了各类信息系统的稳定运行和广泛应用。但是，长期以来，我国信息产业中的数据库大量依赖国外产品和技术，特别是一些关系国计民生的重要行业信息系统也未摆脱国外数据库产品。大力发展国产数据库技术，夯实研发基础、吸引开发人员、丰富应用生态，已经成为我国信息产业发展和技术研究中一项重要且急迫的工作。

武汉达梦数据库股份有限公司研发团队和国防科技大学信息通信学院教师团队，长期从事国产数据库技术的研制、开发、应用和教学工作。为了助推国产数据库生态的发展，扩大国产数据库技术的人才培养规模与影响力，电子工业出版社在前期与上述团队合作的基础上，策划出版“国产数据库达梦丛书”。该套丛书以达梦数据库 DM8 为蓝本，全面覆盖了达梦数据库的开发基础、性能优化、集群、数据同步与交换等一系列关键问题，体系设计科学合理。

“国产数据库达梦丛书”不仅对数据库对象管理、安全管理、作业管理、开发操作、运维优化等基础内容进行了详尽说明，同时也深入剖析了大规模并行处理集群、数据共享集群、数据中心实时同步等高级内容的实现原理与方法，特别是针对 DM8 融合分布式架构、弹性计算与云计算的特点，介绍了其支持超大规模并发事务处理和事务分析混合型业务处理的方法，实现了动态分配计算资源，提高了资源利用精细化程度，体现了国产数据库的技术特色。相关内容既有理论和技术深度，又可操作实践，其出版工作是国产数据库领域产学研紧密协同的有益尝试。

中国科学院院士

2020 年 7 月

序 三

习近平总书记指出，“重大科技创新成果是国之重器、国之利器，必须牢牢掌握在自己手上，必须依靠自力更生、自主创新。”基于此，实现关键核心技术创新发展，构建安全可控的信息技术体系非常必要。

数据库作为科技产业和数字化经济中三大底座（数据库、操作系统、芯片）技术之一，是信息系统的中枢，其安全、可控程度事关我国国计民生、国之重器等重大战略问题。但是，数据库技术被国外数据库公司垄断达几十年，为我国信息安全带来了一定的安全隐患。

以武汉达梦数据库股份有限公司为代表的国产数据库企业，40 余年来坚持自主原创技术路线，经过不断打磨和应用案例的验证，已在关系国计民生的银行、国企、政务机构等单位广泛应用，突破了国外数据库产品垄断国内市场的局面，保障了我国基本生存领域和重大行业的信息安全。

为了助推国产数据库的生态发展，推动国产数据库管理系统的教学和人才培养，国防科技大学信息通信学院与武汉达梦数据库股份有限公司，在总结数据库管理系统长期教学和科研实践经验的基础上，以达梦数据库 DM8 为蓝本，联合编写了“国产数据库达梦丛书”。该套丛书的出版一是推动国产数据库生态体系培育，促进国产数据库快速创新发展；二是拓展国产数据库在关系国计民生业务领域的应用，彰显国产数据库技术的自信；三是总结国产数据库发展的经验教训，激发国产数据库从业人员奋力前行、创新突破。

华中科技大学软件学院院长、教授

2020 年 7 月

前言

数据库管理系统（DataBase Management System，DBMS）是负责操纵和管理数据库的软件系统，其主要负责数据定义，数据组织、存储和管理，数据库操作，数据库运行管理，是信息系统的核心和后台。面向用户的前端应用一般采用C语言、Java语言等高级程序设计语言来实现，这就要求数据库管理系统具有丰富、完善、高效的数据库访问和操作接口，以满足不断涌现的各类程序设计语言对数据库访问和操作的需要，使程序开发人员得以开发丰富多彩、复杂多样的应用系统。

达梦数据库管理系统作为国内最早推出的具有自主知识产权的数据库管理系统之一，是唯一获得国家自主原创产品认证的数据库产品，现已在公安、电力、铁路、航空、审计、通信、金融、海关、国土资源、电子政务等多个领域得到广泛应用，为国家机关、各级政府和企业信息化建设发挥了重要作用。

达梦数据库管理系统DM8（简称达梦数据库）是新一代高性能数据库产品，在支持应用系统开发及数据处理方面的主要特点包括：一是支持安全高效的服务器端存储过程和存储函数的开发，在服务器端开发具有一定功能的数据处理程序，减少应用程序对达梦数据库的访问，还提供了集程序调试、性能跟踪与调优等功能于一体的命令行和图形化两种调试工具；二是具有丰富多样的数据库访问和操作接口及程序包，完全满足当前数据库应用系统开发的需要；三是高度兼容Oracle、SQL Server等主流数据库管理系统，开发人员无须更改应用系统的数据库交互代码，即可基本完成应用程序的移植；四是支持国际化应用开发，系统能自动实现客户端和服务器之间不同字符集之间的自动转换，满足开发国际化数据库应用系统的需要；五是自适应各种软硬件平台，达梦数据库服务器内核采用一套源代码实现对不同操作系统（Windows/Linux/UNIX /AIX/Solaris等）、不同硬件（x64/x86/SPARC/POWER/TITAM）平台的支持，确保在各种操作系统平台上都有统一的界面风格；六是支持国产平台，包括龙芯、飞腾、申威系列，以及兆芯、华为、海光等多种不同国产CPU架构的服务器设备，以及配套的中标麒麟、银河麒麟、中科方德、凝思、红旗、深之度、普华、思普等多种国产Linux操作系统。

《达梦数据库编程指南》作为“国产数据库达梦丛书”之一，系统介绍了达梦数据库的存储过程、存储函数、触发器等服务器端程序，Java、C、Python、PHP 等高级语言基于达梦数据库的应用程序，以及数据库装载和日志挖掘分析程序设计方法。全书共 8 章，内容包括编程概述，SQL 程序设计基础，存储过程、存储函数、触发器、包的 SQL 程序设计，嵌入式 SQL 程序设计，基于数据库访问接口标准的应用程序设计，高级语言达梦数据库程序设计，数据装载程序设计，日志挖掘分析程序设计。

本书内容实用、示例丰富、语言通俗、格式规范。为了方便读者学习和体验操作，本书在头歌（EduCoder）实践教学平台构建了配套的在线实训教学资源，请登录头歌实践教学平台搜索“达梦数据库编程指南”进行学习和实践。

本书纲目由戴剑伟、张守帅拟制，最后统稿修改由戴剑伟、张守帅完成。具体分工为：第 1 章由戴剑伟、刘志红编著，第 2～4 章由戴剑伟、张守帅、左青云编著，第 5 章由张胜编著，第 6 章由戴剑伟、程青、王强编著，第 7 章、第 8 章由程青、周淳、徐飞编著，王龙编著了书中例题，并对例题进行了测试验证，付建宇、尹妍对全书进行了审读校对。

在本书的编写过程中，编著者参考了武汉达梦数据库股份有限公司提供的技术资料，在此表示衷心的感谢。由于编著者水平有限，加之时间仓促，书中难免有错误与不妥之处，敬请读者批评指正。欢迎读者通过电子邮件 djw@sohu.com 与我们交流，也欢迎访问达梦数据库官网、达梦数据库官方微信公众号“达梦大数据”，或者拨打服务热线 400-991-6599 获取更多达梦数据库资料和服务。

编著者

2021 年 6 月于武汉

目 录

第 1 章 达梦数据库编程概述 ……… 1
1.1 主要特点和技术指标 ……… 1
1.2 主要编程接口和系统包 ……… 3
1.2.1 主要编程接口 ……… 3
1.2.2 主要系统包 ……… 7
1.3 语法描述说明 ……… 10
1.4 示例数据库说明 ……… 10
1.5 DM SQL 程序编辑及调试工具 ……… 12
1.5.1 DM 管理工具 ……… 13
1.5.2 命令行工具 dmdbg ……… 16
第 2 章 达梦数据库 SQL 程序设计基础 ……… 19
2.1 DM SQL 程序的特点 ……… 19
2.2 DM SQL 程序块结构 ……… 20
2.3 DM SQL 程序代码编写规则 ……… 20
2.3.1 变量命名规范 ……… 20
2.3.2 大小写规则 ……… 21
2.3.3 注释 ……… 21
2.4 DM SQL 程序变量声明、赋值及操作符 ……… 22
2.4.1 变量声明及初始化 ……… 22
2.4.2 变量赋值 ……… 23
2.4.3 操作符 ……… 23
2.5 DM SQL 程序数据类型 ……… 24
2.5.1 标量数据类型 ……… 24
2.5.2 大对象数据类型 ……… 26
2.5.3 %TYPE 类型 ……… 27
2.5.4 %ROWTYPE 类型 ……… 27
2.5.5 记录类型 ……… 27
2.5.6 数组类型 ……… 28

2.5.7 集合类型……31
2.5.8 类类型……37
2.6 DM SQL 程序控制结构……41
2.6.1 IF 语句……41
2.6.2 循环语句……43
2.6.3 CASE 语句……51
2.6.4 顺序结构语句……53
2.6.5 其他语句……54
2.7 DM SQL 程序异常处理……55
2.7.1 异常处理语法……56
2.7.2 用户自定义异常……57
2.7.3 异常处理函数……59
2.8 游标……60
2.8.1 游标控制和属性……61
2.8.2 游标变量……65
2.8.3 游标更新数据、删除数据……66
2.9 基于 C 语言和 Java 语言的 DM SQL 程序……67
2.9.1 基于 C 语言的 DM SQL 程序……67
2.9.2 基于 Java 语言的 DM SQL 程序……68

第 3 章 达梦数据库 SQL 程序设计……70

3.1 存储过程……70
3.1.1 存储过程的定义和调用……71
3.1.2 存储过程应用举例……74
3.1.3 存储过程编译……75
3.1.4 存储过程删除……75
3.2 存储函数……75
3.2.1 存储函数的定义和调用……76
3.2.2 存储函数编译……77
3.2.3 存储函数删除……78
3.2.4 C 语言外部函数……78
3.2.5 Java 语言外部函数……81
3.3 触发器……83
3.3.1 触发器概述……83
3.3.2 触发器创建……85
3.3.3 触发器管理……90
3.4 包……91
3.4.1 创建包……92

3.4.2 删除包 ······ 93
3.4.3 包应用举例 ······ 93

第 4 章 达梦数据库嵌入式 SQL 程序设计 ······ 96

4.1 嵌入式 SQL 程序组成及编译过程 ······ 96
4.1.1 嵌入式 SQL 程序组成 ······ 96
4.1.2 嵌入式 SQL 程序编译过程 ······ 97
4.2 嵌入式 SQL 常用语法 ······ 98
4.2.1 SQL 前缀和终结符 ······ 98
4.2.2 宿主变量 ······ 99
4.2.3 输入和输出变量 ······ 99
4.2.4 指示符变量 ······ 100
4.2.5 服务器登录与退出 ······ 100
4.2.6 单元组查询语句 ······ 101
4.3 动态 SQL ······ 102
4.3.1 EXECUTE IMMEDIATE 立即执行语句 ······ 103
4.3.2 PREPARE 准备语句 ······ 103
4.3.3 EXECUTE 执行语句 ······ 104
4.4 嵌入式程序的异常处理 ······ 104
4.4.1 异常声明/处理语句 ······ 104
4.4.2 异常声明/处理语句使用举例 ······ 105

第 5 章 基于数据库访问接口标准的应用程序设计 ······ 107

5.1 DM ODBC 程序设计 ······ 107
5.1.1 ODBC 主要功能 ······ 107
5.1.2 DM ODBC 主要函数 ······ 108
5.1.3 DM ODBC 应用程序设计流程及示例 ······ 110
5.2 DM JDBC 程序设计 ······ 114
5.2.1 JDBC 主要功能 ······ 114
5.2.2 DM JDBC 主要类和函数 ······ 115
5.2.3 DM JDBC 应用程序设计流程及示例 ······ 116
5.3 DM .NET Data Provider 程序设计 ······ 119
5.3.1 DM .NET Data Provider 主要类和函数 ······ 119
5.3.2 DM .NET Data Provider 应用程序设计流程及示例 ······ 121

第 6 章 高级语言达梦数据库程序设计 ······ 125

6.1 PHP 程序设计 ······ 125
6.1.1 PHP 环境准备 ······ 125

6.1.2 PHP 主要接口……127
6.1.3 PHP 应用举例……137
6.2 Python 程序设计……141
6.2.1 Python 环境准备……141
6.2.2 Python 连接串语法说明……142
6.2.3 Python 主要对象和函数……143
6.2.4 Python 应用举例……150
6.3 Node.js 程序设计……152
6.3.1 Node.js 环境准备……152
6.3.2 Node.js 主要对象和函数……152
6.3.3 Node.js 连接串语法说明……161
6.3.4 Node.js 应用举例……163
6.4 Go 程序设计……167
6.4.1 Go 环境准备……167
6.4.2 Go 连接串语法说明……168
6.4.3 Go 主要类和函数……170
6.4.4 Go 批量执行……174
6.4.5 Go 应用举例……175

第 7 章 数据装载程序设计……179

7.1 DM FLDR 主要功能及应用方法……179
7.2 DM FLDR JNI 应用程序设计……180
7.2.1 DM FLDR JNI 接口说明……180
7.2.2 DM FLDR JNI 应用示例……182
7.3 DM FLDR C 应用程序设计……188
7.3.1 DM FLDR C 接口说明……188
7.3.2 DM FLDR C 应用示例……193
7.4 快速装载命令行工具……200
7.4.1 命令行参数……200
7.4.2 控制文件……206
7.4.3 使用说明……209
7.4.4 应用示例……215

第 8 章 日志挖掘分析程序设计……221

8.1 DM Logmnr 主要功能及应用方法……221
8.2 DM Logmnr JNI 应用程序设计……222
8.2.1 DM Logmnr JNI 接口说明……222
8.2.2 DM Logmnr JNI 应用示例……224

8.3 DM Logmnr C 应用程序设计……228
8.3.1 DM Logmnr C 接口说明……228
8.3.2 DM Logmnr C 应用示例……229
8.4 DBMS_LOGMNR 包及其应用……233
8.4.1 主要方法及使用流程……233
8.4.2 常用动态性能视图……235
8.4.3 DBMS_LOGMNR 包应用示例……238

第1章 达梦数据库编程概述

达梦数据库管理系统 DM8（简称达梦数据库或 DM）是武汉达梦数据库股份有限公司推出的具有完全自主知识产权的新一代高性能数据库产品，具有丰富的数据库访问及操作接口，完全满足当前主流程序设计语言开发的需要，本章主要介绍达梦数据库的主要特点、技术指标、主要编程接口、主要系统包、语法描述、示例数据库、SQL 程序编辑和调试工具。

1.1 主要特点和技术指标

达梦数据库是一个能跨越多种软硬件平台，具有大型数据综合管理能力且高效稳定的通用数据库管理系统，而且与 Oracle、SQL Server 等主流数据库具有高度的兼容性。达梦数据库在支持应用系统开发及数据处理方面的主要特点体现如下。

（1）支持安全高效的服务器端存储模块的开发。

达梦数据库可以运用过程语言和 SQL 语句创建存储过程或存储函数(将存储过程和存储函数统称为存储模块），存储模块运行在服务器端，并能对其进行访问控制，减少了应用程序对达梦数据库的访问，提高了数据库的性能和安全性。

达梦数据库还提供了丰富多样的程序包，包括特有的空间信息处理 DMGEO 系统包，以及兼容 Oracle 数据库的 DBMS_ALERT、DBMS_OUTPUT、UTL_FILE 和 UTL_MAIL 等系统包共计 36 个，为空间信息处理、收发邮件、访问和操作操作系统数据文件等功能的开发提供了有效的手段。

达梦数据库还提供了命令行和图形化两种调试工具,支持对存储过程中 SQL 执行计划的准确跟踪，使得 SQL 调试工具不仅可用于调试程序，还可用于对复杂存储过程、存储函数、触发器、包、类等高级对象进行性能跟踪与调优。

（2）具有符合国际通用标准或行业标准的数据库访问和操作接口。

达梦数据库遵循 ODBC、JDBC、OLE DB、.NET Provider 等国际数据库标准或行业标准，提供了符合 ODBC 3.0 标准的 ODBC 接口驱动程序，符合 JDBC 3.0 标准的 JDBC 接口驱动程序，以及符合 OLE DB 2.7 标准的 OLE DB 接口驱动程序，从而支持 Eclipse、JBuilder、Visual Studio、Delphi、C++Builder、PowerBuilder 等各种流行数据库应用开发工具。

（3）高度兼容 Oracle、SQL Server 等主流数据库管理系统。

达梦数据库增加了 Oracle、SQL Server 等数据库的数据类型、函数和语法，在功能扩展、函数定义、调用接口定义及调用方式等方面尽量与 Oracle、SQL Server 等数据库产品一致，实现了很多 Oracle 独特的功能和语法，包括 ROWNUM 表达式、多列 IN 语法、层次查询、外连接语法“（+）”、INSTEAD OF 触发器、%TYPE 及记录类型等，使得多数 Oracle 应用可以不经修改直接移植到达梦数据库中。另外，原有的基于 Oracle 的 OCI 和 OCCI 接口开发的应用程序，只需要将应用连接到由 DM8 提供的兼容动态库即可，开发人员不用更改应用系统的数据库交互代码，就可以基本完成应用程序的移植，从而最大限度地提高应用系统的可移植性和可重用性，降低应用系统移植和升级的工作难度和强度。

达梦数据库还提供了策略可定制、并行化数据迁移、批量数据快速加载的数据迁移工具，便于用户和开发人员从不同的数据库、文件数据源向达梦数据库进行数据迁移。

（4）支持国际化应用开发。

达梦数据库支持 UTF-8、GB 18030 及 EUC-KR 等字符集。用户可以在安装系统时，指定服务器端使用 UTF-8 字符集。在客户端能够以各种字符集存储文本，并使用系统提供的接口设置客户端使用的字符集，或者默认使用客户端操作系统默认的字符集。客户端和服务器端的字符集由用户指定后，所有字符集都可以透明地使用，系统负责不同字符集之间的自动转换，从而满足国际化应用开发的需要，增强了达梦数据库的通用性。

（5）自适应各种软硬件平台。

达梦数据库服务器内核采用一套源代码实现了对不同软件（Windows/Linux/UNIX/AIX/Solaris 等）、硬件（x64/x86/SPARC/POWER/TITAM）平台的支持，还支持包括龙芯、飞腾、申威系列，以及兆芯、华为、海光等多种不同国产 CPU 架构的服务器设备，以及配套的中标麒麟、银河麒麟、中科方德、凝思、红旗、深之度、普华、思普等多种国产 Linux 操作系统。各种平台上的数据存储结构、消息通信结构也完全保持一致，使得达梦数据库的各种组件均可以跨不同的软、硬件平台与数据库服务器进行交互。另外，达梦数据库管理工具、应用开发工具集使用 Java 编写，从而可以跨平台工作，即同一程序无须重新编译，将其执行代码复制到任何一种操作系统平台上都能直接运行，确保在各种操作系统平台上都有统一的界面风格，便于用户学习掌握工具软件。

达梦数据库在技术指标上达到或超过主流数据库产品，主要技术指标如下。

（1）定长字符串类型（CHAR）字段最大长度 8188 个字符。

（2）变长字符串类型（VARCHAR）字段最大长度 8188 个字符。

（3）多媒体数据类型字段最大长度 2GB－1 个字符。
（4）一个记录（不含多媒体数据）最大长度为页大小的一半。
（5）一个记录中最多字段个数为 2048 个。
（6）一个表中最大记录数为 256 万亿条。
（7）一个表中最大数据容量为 4000PB（受操作系统限制）。
（8）表名、列名等标识符的最大长度为 128 个字符。
（9）能定义的最大同时连接数为 65000 个。
（10）每个表空间的最多物理文件数目为 256 个。
（11）每个数据库最多的表、视图、索引等对象的数目各为 16777216 个。
（12）数值类型字段的最高精度为 38 个有效数字。
（13）在一个列上允许建立的最多索引数为 1020 个。
（14）表上的最大 UNIQUE 索引数为 64 个。

1.2　主要编程接口和系统包

1.2.1　主要编程接口

达梦数据库具有丰富的应用开发编程接口，为应用系统访问和操作数据库数据提供了高效便捷的手段，可满足不同数据库应用系统开发的需要。达梦数据库支持的编程语言及接口特性如表 1-1 所示。

表 1-1　达梦数据库支持的编程语言及接口特性

开发语言	接口与开发框架	说　明
C/C++	DPI（DM 原生编程接口）	DPI 实现了类似 Microsoft ODBC 3.0 接口标准的、直接访问达梦数据库的编程接口，除具备基本的数据存取接口功能外，新增了以下功能：①增加元数据获取接口，并实现了跟踪（Trace）功能和复合数据类型支持；②支持包含结尾为 0 的大字段数据转换与读写操作；③支持读写分离集群的主备切换自动处理；④DPI/DCI 对于字符参数长度允许超过 8KB，最大可以达到 32KB；⑤支持语句级的执行超时功能；⑥语句分配释放处理性能
	DM DCI（C 语言编程接口）	DM DCI 除支持 SQL 所有的数据定义、数据操作、查询、事务管理等操作外，新增以下功能：①支持大对象文件 BFILE；②增加了跟踪功能和 UTF-16 编码格式；③增加了 OCI DIRECT PATH 对大字段的分片装载实现；④支持获取 OCI_ATTR_SERVER_STATUS 等属性；⑤支持 OCINumberIsInt 函数；⑥衍生支持面向行业的 NCI 接口
	ODBC	DM 支持通过 Microsoft ODBC 3.0 标准访问达梦数据库，可以直接调用 DM ODBC 3.0 接口函数访问达梦数据库，也可以使用可视化编程工具，如 C++ Builder、PowerBuilder 等，利用 DM ODBC 3.0 访问达梦数据库。除此以外，新增支持返回游标类型、支持 CLOB/BLOB 类的相关方法

（续表）

开发语言	接口与开发框架	说　明
C/C++	OTL V4	DM 提供了 OTL（ODBC and DB2-CLI Template Library）功能的编程接口，是一个 C++访问关系数据库的模板库
	QT	DM 提供了 QT 公司开发的跨平台 C++图形用户界面应用程序开发框架访问 DM 的编程接口（QDM）
	嵌入式 C（PRO *C）	DM 支持在 C 程序中嵌入 SQL 语句，进行数据库操作，主要功能包括：①支持绑定的指示符变量为结构；②增加对上下文对象作用域的识别；③支持 CHAR_MAP=STRING 的功能；④支持识别 BEGIN DECLARE SECTION 中需要解析的 EXEC SQL VAR 定义语句；⑤支持 STRING、CHARZ、CHARF、VARCHAR、VARCHAR2 字符类型，在数据（对齐方式、是否结束符、是否 0 填充）指示符的设置等方面兼容 Oracle；⑥支持识别 CONSTANT 变量，支持在数组空间定义为 CONSTANT 变量；⑦支持 EXEC SQL include 与 EXEC SQL define 命令
	DM FLDR C	大文本数据装载 C 语言接口
	DM Logmnr C	日志获取 C 语言接口
.NET	DM .NET Data Provider	提供了通过.NET Framework 访问存取达梦数据库的编程接口，除此以外，新增了支持读写分离集群的切换功能
	EFDmProvider	达梦数据库支持 EF 6.0 框架、CodeFirst 模式及 AutoMigration。Entity Framework 6（EF6）是专为.NET Framework 设计的对象关系映射器
	EFCore	达梦数据库支持 EFCore 编程。Entity Framework Core（EFCore）是适用于.NET 的新式对象数据库映射器，支持 LINQ 查询、更改跟踪、更新和架构迁移
	NHibernate	支持面向.NET 环境的对象/关系型数据库映射
	DDEX 插件	支持面向 Microsoft Visual Studio 的 DDEX（Data Designer Extensibility）插件。数据设计器扩展性（DDEX）允许数据库厂商在该框架基础上进行图形化插件的开发，并将其集成到 Visual Studio 开发环境中，可以利用向导或拖拽控件等方式实现数据库连接、查询等操作，替代了烦琐的代码编写工作
Java	JDBC	除 JDBC 基本功能外，DM 的新特性包括：①支持 JDBC 4.1 规范；②提供了 GeoServer 操作达梦数据库的方言包；③提供全局、服务器组和连接 3 个级别的属性配置；④支持读写分离环境，备机故障恢复重加入功能；⑤支持集群负载均衡功能；⑥提供类似 Druid 的会话、SQL 和结果集监控，提供类似 log4jdbc 的 SQL 日志；⑦STAT 模块提供内置 Servlet，为监控数据提供可视化展示；⑧支持 MPP 环境数据本地分发功能；⑨多种数据类型编解码优化，提升了编解码性能
	Hibernate	支持 Hibernate Spatial 开发的方言包
	DM FLDR JNI	大文本数据装载 Java 语言接口
	DM Logmnr JNI	日志获取 Java 语言接口
Python	Python3	具有支持 Python 3 开发的 dmPython 包
	Django	支持 Django 框架开发
	SQLAlchemy	具有 SQLAlchemy 开发包
PHP	—	支持 PHP 5.6 和 PDO 5.6 开发，重构 PDOSQLA 代码
Node.js	—	支持 Node.js 的开发
Go	—	支持 Go 语言原生接口开发

如图 1-1 所示是达梦数据库主要编程接口及关系，现将其中一些编程接口说明如下。

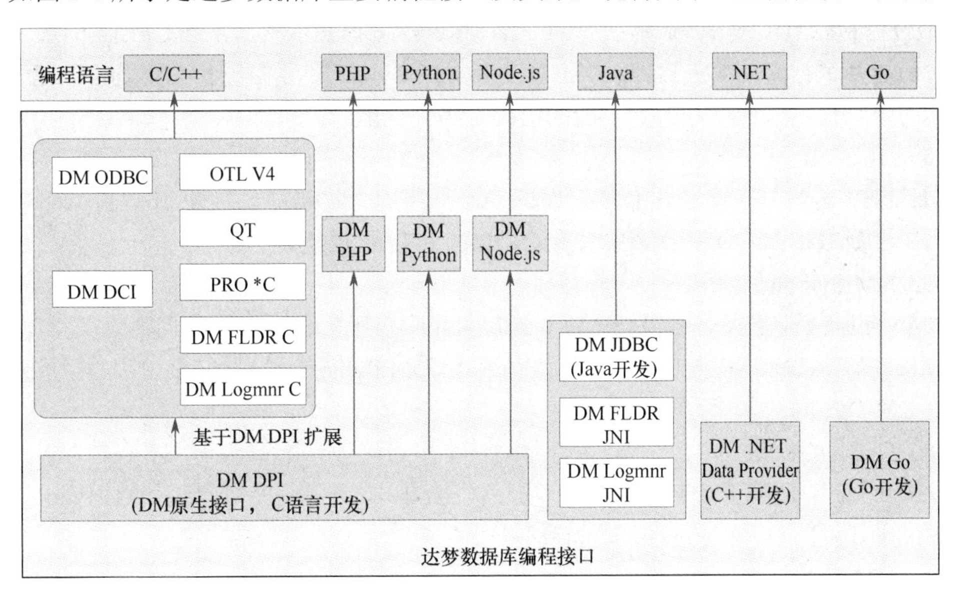

图 1-1 达梦数据库主要编程接口及关系

（1）DM DPI。

DM DPI 是达梦数据库原生编程接口，其实现参考 Microsoft ODBC 3.0 标准，基于 C 语言编写，提供了访问达梦数据库的最直接的途径。其他除 DM JDBC 和 DM .NET Data Provider 外，DM DCI、DM ODBC、DM PHP、DM Python、DM Node.js 等接口都是基于 DM DPI 扩展实现的。

（2）DM DCI。

DM DCI（DM Call Interface）基于 DM DPI 接口，采用 C 语言编写实现，提供了一组对达梦数据库进行数据访问和存取的接口函数，支持 C 和 C++的数据类型、接口调用、语法和语义。

（3）DM JDBC。

DM JDBC（Java Database Connectivity）是用 Java 编程语言编写的类和接口，为 Java 语言访问和操作达梦数据库提供支撑。DM JDBC 是 Java 语言访问数据库的主要方式，以便于用连接池的功能来提高应用系统访问数据库的性能。

（4）DM ODBC。

DM ODBC 3.0 遵循 Microsoft ODBC 3.0 标准开发，实现应用程序与达梦数据库的互联。程序员可以直接调用 DM ODBC 3.0 接口函数访问达梦数据库，也可以使用可视化编程工具，如 C++Builder、PowerBuilder 等，通过 DM ODBC 3.0 访问达梦数据库。DM ODBC 基于 DM DPI 接口，采用 C 语言开发实现。

在应用 DM ODBC 开发程序时，需要安装达梦数据库客户端 ODBC 驱动程序，应用环境还需要安装相应的操作系统（Windows/Linux）的 ODBC 安装包，并配置 DM ODBC 数据源。

（5）DM .NET Data Provider。

DM .NET Data Provider 是在.NET Framework 编程环境下，采用 C#语言开发的应用程序访问达梦数据库的编程接口。DM .NET Data Provider 在数据源和代码之间创建了一个轻量级的中间层，以便在不影响功能的前提下提高性能。

（6）DM PHP。

DM PHP 是一个基于 DM DPI 开发的动态扩展库，实现基于 PHP 开发的 Web 应用访问和操作达梦数据库。DM PHP 参考 MySQL 的 PHP 扩展实现。

（7）DM Python。

DM Python 是依据 Python DB API version 2.0 标准开发的 Python 访问达梦数据库接口。DM Python 基于 DM DPI 接口开发实现。在应用 DM Python 时，除需要 Python 标准库外，还需要 DM DPI 的动态库。

（8）DM Node.js。

DM Node.js 是基于 DM OCI 开发实现的 Node.js 应用程序访问达梦数据库接口，与 Oracle 公司开发的 Node oracledb 功能兼容。

（9）DM Go。

DM Go 是遵循 Go 语言数据库访问和数据操作标准，基于 GO 1.13 版本开发的 database/sql 包接口，实现 Go 语言应用程序访问达梦数据库的功能。

（10）数据装载 DM FLDR。

数据装载 DM FLDR（Fast Loader）是实现将文本数据快速载入达梦数据库的接口。开发人员可以使用 DM FLDR 接口，将按照一定格式排序的文本数据以快速、高效的方式载入达梦数据库中，或者把达梦数据库中的数据按照一定格式写入文本文件。DM FLDR 接口提供 C 语言和 Java 语言两种接口，并提供 dmfldr 数据装载命令行工具。

（11）日志分析 DM Logmnr。

DM Logmnr 包是达梦数据库的日志分析工具，用于分析归档日志文件，包括 JNI 接口、C 接口，以及 DBMS_LOGMNR 系统包。在使用 DBMS_LOGMNR 系统包时可以通过动态视图 v$logmnr_contents 展示日志中的信息。

达梦数据库各类编程接口动态库及驱动程序清单如表 1-2 所示。

表 1-2　达梦数据库各类编程接口动态库及驱动程序清单

接　口	高级语言驱动包 （DM 安装目录/drivers 目录下）	Jar 包 （DM 安装目录/jar 目录下）
DM DPI	dpi 目录下文件	—
DM JDBC	jdbc 目录下，对应不同 JDK 版本和不同 Hibernate 方言包	—
DM ODBC	odbc 目录下文件	—
DM DCI	dci 目录下文件	—
DM .NET Data Provider	dotNet 目录下，对应不同框架下文件及方言包	—
DM PHP	php_pdo 目录下，对应版本的文件	—

（续表）

接　口	高级语言驱动包 （DM 安装目录/drivers 目录下）	Jar 包 （DM 安装目录/jar 目录下）
dmPython	python/dmPython 目录下编译源代码进行安装，dmPython 驱动依赖 DM DPI 驱动	—
DM FLDR JNI	fldr 目录下文件	com.dameng.floader.jar，依赖 DM FLDR C 库
DM FLDR C	—	—
DM Logmnr JNI	logmnr 目录下文件	com.dameng.logmnr.jar，依赖 DM Logmnr C 库
DM Logmnr C	—	—
DM Node.js	DM 提供 DM Node.js 数据库驱动接口，包名为 dmdb，并且上传至 npm 仓库	—
DM GO	go 目录	—

1.2.2　主要系统包

达梦数据库提供了丰富多样的程序包，包括特有的空间信息处理 DMGEO 系统包，以及兼容 Oracle 数据库的系统包，主要系统包及其功能如表 1-3 所示。

表 1-3　达梦数据库主要系统包及其功能

系统包名称	主 要 功 能
DMGEO	DMGEO 系统包实现了 SFA 标准（*OpenGIS® Implementation Standard for Geographic Information - Simple Feature Access - Part 2: SQL Option*）中规定的 SQL 预定义 Schema，基于 SQL UDT（自定义数据类型）的空间数据类型和空间数据类型的初始化，以及针对空间数据类型的几何体计算函数，使用 SP_INIT_GEO_SYS(1)创建 DMGEO 系统包，默认安装 DM 后不创建该系统，需要手动创建
DBMS_ADVANCED_ REWRITE	兼容 Oracle 的 DBMS_ADVANCED_REWRITE 包的大部分功能。在不改变应用程序的前提下，在服务器端将查询语句替换成其他的查询语句执行，此时就需要查询重写（QUERY REWRITE）。达梦数据库支持对原始语句中的某些特定词的替换，以及对整个语句的替换，不支持递归和变换替换
DBMS_ALERT	兼容 Oracle 的 DBMS_ALERT 包的大部分功能，用于生成并传递数据库预警信息，当发生特定数据库事件时，能够将预警信息传递给应用程序。DM 还提供了 DBMS_ALERT_INFO 视图来实现与 Oracle 类似的功能，查看注册过的预警事件。DBMS_ALERT 实现多个进程（会话）之间的通信。在 DM MPP 环境和 DM DSC 环境下不支持 DBMS_ALERT 包
DBMS_BINARY	用于读写二进制流，实现从一个二进制流指定位置开始对基本数据类型的读写，包括 CHAR、VARCHAR、TINYINT、SMALLINT、INT、BIGINT、FLOAT、DOUBLE 数据类型；具有 8 个过程和 8 个函数，分别用来实现存取二进制流中的数据
DBMS_PAGE	包含索引页、INODE 页、描述页、控制页等。DBMS_PAGE 包的使用依赖 DBMS_BINARY 包

（续表）

系统包名称	主 要 功 能
DBMS_JOB	兼容 Oracle 的 DBMS_JOB 包的大部分功能，按指定的时间或间隔执行用户定义的作业。达梦数据库提供了 DBMS_JOB 包及 DBA_JOBS、USER_JOBS 视图来实现跟 Oracle 类似的功能。该系统包默认安装后需要手动调用 SP_INIT_JOB_SYS(1)创建 DM 作业，这时该系统包即创建成功
DBMS_LOB	兼容 Oracle 的 DBMS_LOB 包的大部分功能，是对大对象字段（BLOB、CLOB）进行操作所需要的一系列方法的集合
DBMS_LOCK	兼容 Oracle 的 DBMS_LOCK 包，提供锁管理服务器的接口。该包可以实现下列功能：①提供对设备的独占访问；②提供程序级的读锁；③判断程序之后何时释放锁；④同步程序及强制顺序执行。在 DM MPP 环境和 DM DSC 环境下不支持 DBMS_LOCK 包
DBMS_LOGMNR	兼容 Oracle 的 DBMS_LOGMNR 包的部分功能。用户可以使用 DBMS_LOGMNR 包对归档日志进行挖掘，重构出 DDL 和 DML 等操作，并通过获取的信息进行更深入的分析。仅支持对归档日志进行分析，配置归档后，还需要将 dm.ini 中的 RLOG_APPEND_LOGIC 选项置为 1 或 2。在 DM MPP 环境下不支持 DBMS_LOGMNR 包
DBMS_METADATA	兼容 Oracle 的 DBMS_METADATA 包的功能。其 GET_DDL 函数用于获取数据库对表、视图、索引、全文索引、存储过程、函数、包、序列、同义词、约束、触发器等对象的 DDL 语句。在 DM MPP 环境下不支持使用 DBMS_METADATA 包
DBMS_OBFUSCATION_TOOLKIT	兼容 Oracle 的 DBMS_OBFUSCATION_TOOLKIT 包的功能。为了保护敏感数据，用户可以对数据进行 DES/DES3 加密、生成加密密钥、DES/DES3 解密，以及生成 MD5 散列值等
DBMS_OUTPUT	兼容 Oracle 的 DBMS_OUTPUT 包的大部分功能。提供将文本行写入内存以便后续提取和显示的功能，多用于代码调试和数据的显示输出，支持 ENABLE/DISABLE、PUT_LINE/GET_LINE 过程
DBMS_PIPE	兼容 Oracle 的 DBMS_PIPE 包的功能。同一实例的不同会话之间通过管道进行通信。这里的管道（PIPE）类似于 UNIX 系统的管道，但它不是采用操作系统机制实现的。管道信息被存储在本地消息缓冲区中，当关闭实例时会丢失管道信息。DBMS_PIPE 包的使用流程为：发送端创建管道（CREATE_PIPE）、打包管道消息（PACK_MESSAGE）、发送消息（SEND_MESSAGE）；接收端接收消息（RECEIVE_MESSAGE）、取出消息（UNPACK_MESSAGE）
DBMS_RANDOM	兼容 Oracle 的 DBMS_RANDOM 包的大部分功能。实现随机产生 INT 类型、NUMBER 类型的数据，以及产生随机字符串和符合正态分布的随机数
DBMS_RLS	兼容 Oracle 的 DBMS_RLS 包的大部分功能，通过策略（POLICY）管理方法来实现数据行的隔离。使用 DBMS_RLS 包创建策略组、增加启用策略、增加上下文策略等实现数据行访问权限的精细访问控制
DBMS_SESSION	兼容 Oracle 的 DBMS_SESSION 包的大部分功能，提供查询会话上下文、设置会话上下文、清理会话上下文信息的功能
DBMS_SPACE	用来获取表空间（不包含 HUGE 表空间）、文件、页、簇、段的内容，获取所有物理对象（文件、页）和逻辑对象（表空间、簇、段）的存储空间信息
DBMS_SQL	兼容 Oracle 的 DBMS_SQL 包的大部分功能，用来执行动态 SQL 语句。本地动态 SQL 只能实现固定数量的输入输出变量，对执行 SQL 长度也有一定限制。DBMS_SQL 实现不定数量的输入变量（绑定变量）、输出变量，可以一次打开一个游标，多次使用，并支持超长 SQL

（续表）

系统包名称	主 要 功 能
DBMS_TRANSACTION	兼容 Oracle 的 DBMS_TRANSACTION 包的部分功能。仅支持 LOCAL_TRANSACTION_ID 函数，提供获得当前活动事务号的功能
DBMS_STATS	兼容 Oracle 的 DBMS_STATS 包的大部分功能。提供收集、查看、删除表/分区/列/索引的统计信息的功能。将收集的统计信息记录在数据字典中，查询、优化、使用这些信息选择最合适的执行计划
DBMS_UTILITY	兼容 Oracle 的 DBMS_UTILITY 包的部分功能。仅支持 FORMAT_ERROR_STACK、GET_HASH_VALUE、GET_TIME、FORMAT_CALL_STACK、FORMAT_ERROR_BACKTRACE 函数
DBMS_WORKLOAD_REPOSITORY	数据库快照是一个只读的静态数据库。达梦数据库快照功能是基于数据库实现的，每个快照都是基于数据库的只读镜像，通过检索快照，可以获取源数据库在快照创建时间点的相关数据信息。为了方便管理自动工作集负载信息库 AWR（Automatic Workload Repository）的信息，系统为其所有重要统计信息和负载信息执行一次快照，并将这些快照存储在 AWR 中。AWR 功能默认是关闭的，当需要时则调用 DBMS_WORKLOAD_REPOSITORY.AWR_SET_INTERVAL 过程设置快照的间隔时间。DBMS_WORKLOAD_REPOSITORY 包提供快照（snapshot）的管理功能。用户在使用 DBMS_WORKLOAD_REPOSITORY 包之前，需要提前调用系统过程 SP_INIT_AWR_SYS(1)，并设置间隔时间。默认 DM 安装后不创建该系统包，需手动创建
DBMS_XMLGEN	兼容 Oracle 的 DBMS_XMLGEN 系统包，将 SQL 查询结果转换成 XML 文档
DBMS_SCHEDULER	兼容 Oracle 的 DBMS_SCHEDULER 包的常用方法。基于日历语法实现作业的调度，实现 JOB、SCHEDULER、PROGRAM 对象的创建。默认不存在 DBMS_SCHEDULER 系统包，需要使用 SP_INIT_DBMS_SCHEDULER_SYS(1)创建该系统包
DBMS_MVIEW	兼容 Oracle 的 DBMS_MVIEW 包的部分功能，提供可以一次性刷新多个物化视图的方法
UTL_ENCODE	兼容 Oracle 的 UTL_FILE 包的部分功能，仅支持 BASE64_DECODE 和 BASE64_ENCODE 函数，提供了将 Base64 字符集 varbinary 类型数据编码和解码的功能
UTL_FILE	兼容 Oracle 的 UTL_FILE 包的功能，提供读写操作系统数据文件的功能。它提供一套严格的使用标准操作系统文件 I/O 方式：OPEN、PUT、GET 和 CLOSE 操作。当用户需要读取或写入一个数据文件的时候，可以使用 FOPEN 来返回的文件句柄。这个文件句柄将用于随后在文件上的所有操作中。使用过程 PUT_LINE 写 TEXT 字符串和行终止符到一个已打开的文件句柄，使用 GET_LINE 来读取指定文件句柄的一行到提供的变量
UTL_INADDR	兼容 Oracle 的 UTL_INADDR 包的功能，实现主库 IP 地址和主库名转换的功能
UTL_MAIL	兼容 Oracle 的 UTL_MAIL 包的功能，实现发送简单邮件和包含附件的邮件功能。使用该包前，需要先调用 INIT 函数设置 SMTP 服务器信息，然后使用 SEND 或 SEND_ATTACH_RAW 函数发送邮件
UTL_MATCH	兼容 Oracle 的 UTL_MATCH 包的部分功能。支持两个函数，分别用于计算源字符串和目标字符串的差异字符个数及计算源字符串和目标字符串的相似度
UTL_RAW	兼容 Oracle 的 UTL_RAW 包，提供与 Oracle 基本一致的功能。此系统包提供将十六进制类型数据转化为其他类型数据、其他类型数据转换为十六进制类型数据的功能，以及具有十六进制串数值连接、比较、字符集转换、数值截取等相关函数

（续表）

系统包名称	主 要 功 能
UTL_TCP	兼容 Oracle 的 UTL_TCP 包，提供与外部的 TCP/IP 服务器通信和基本的数据收发功能
UTL_URL	兼容 Oracle 的 UTL_URL 包的部分功能，提供对 URL 地址转码与解码操作的功能
UTL_SMTP	兼容 Oracle 的 UTL_SMTP 包的部分功能，实现对 SMTP 服务器的基本访问连接，设置发件人、收件人、SMTP 服务器信息，实现通过 SMTP 服务器发送邮件的功能
UTL_HTTP	兼容 Oracle 的 UTL_HTTP 包的部分功能，提供通过 HTTP 协议发送/获取网页内容的功能。通过发送 GET/POST 请求，设置头信息、Body 字符集等信息，发送或获取 HTTP 响应消息
UTL_I18N	兼容 ORACLE 的 UTL_I18N 包的功能。提供字符串与十六进制编码的相互转换功能，UTL_I18N 依赖于 UTL_RAW

1.3 语法描述说明

在本书中，SQL 语句中各个符号的含义如下。

（1）<>表示一个语法对象。

（2）::= 是定义符，用来定义一个语法对象。定义符左边为语法对象，右边为相应的语法描述。

（3）| 是或者符，或者符限定的语法选项在实际的语句中只能出现一个。

（4）{ }指明花括号内的语法选项在实际的语句中可以出现 0,…, *N* 次（*N* 为大于 0 的自然数），但是花括号本身不能出现在语句中。

（5）[ ] 指明方括号内的语法选项在实际的语句中可以出现 0 或 1 次，但是方括号本身不能出现在语句中。

为了便于阅读，本书实例中的所有关键字都以大写形式出现，所有数据库对象、变量均采用小写形式。

1.4 示例数据库说明

本书中的示例数据库是某公司的人力资源信息，数据表包括 employee（员工信息）、department（部门信息）、job（岗位信息）、job_history（员工任职岗位历史信息）、location（部门地理位置信息）、region（部门所在地区信息）、city（部门所在城市信息），示例数据库 ER（实体联系）图如图 1-2 所示，各数据表的内容如表 1-4～表 1-10 所示[①]。

① 在安装达梦数据库系统时，用户可以选择“创建示例数据库DMHR”，系统将自动创建“DMHR”模式，该模式归属于“SYSDBA”用户，“SYSDBA”用户密码默认为“SYSDBA”。本书相关示例代码中未加模式名称“DMHR”，读者在测试本书相关示例时，需要先执行“SET SCHEMA DMHR”将模式设置为“DMHR”。

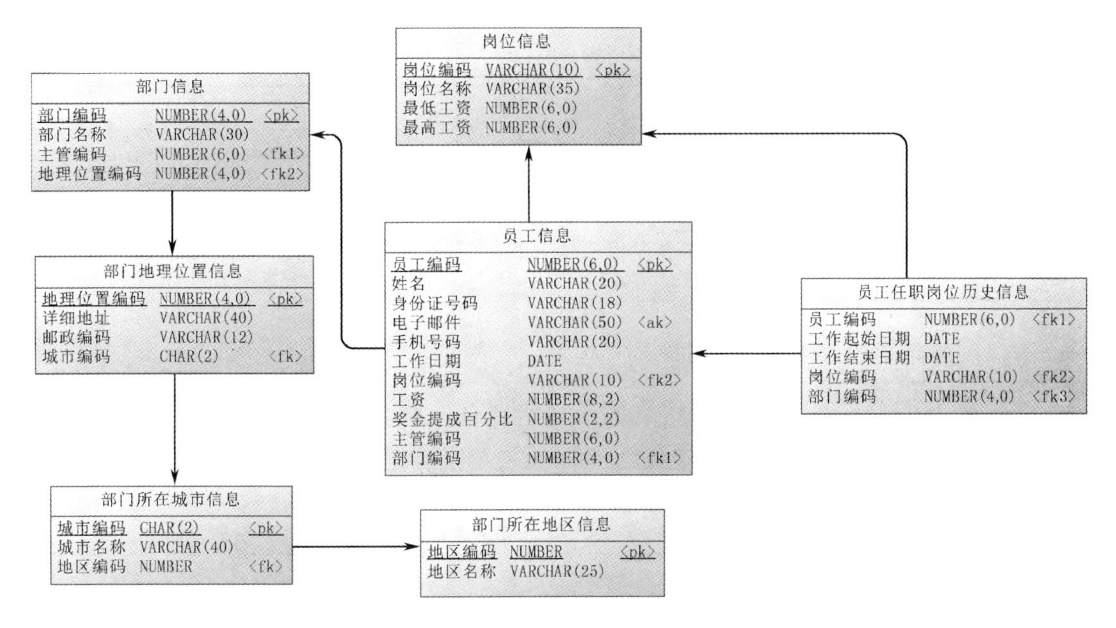

图 1-2　示例数据库 ER 图

表 1-4　数据表 employee（员工信息）的列清单

字 段 代 码	数 据 类 型	长　　度	说　　明
employee_id	NUMBER(6,0)	6	主键，员工编码
employee_name	VARCHAR(20)	20	姓名
identity_card	VARCHAR(18)	18	身份证号码
email	VARCHAR(50)	50	电子邮件
phone_num	VARCHAR(20)	20	手机号码
hire_date	DATE		工作日期
job_id	VARCHAR(10)	10	外键，岗位编码
salary	NUMBER(8,2)	8	工资
commission_pct	NUMBER(2,2)	2	奖金提成百分比
manager_id	NUMBER(6,0)	6	主管编码
department_id	NUMBER(4,0)	4	外键，部门编码

表 1-5　数据表 department（部门信息）的列清单

字 段 代 码	数 据 类 型	长　　度	说　　明
department_id	NUMBER(4,0)	4	主键，部门编码
department_name	VARCHAR(30)	30	部门名称
manager_id	NUMBER(6,0)	6	外键，主管编码
location_id	NUMBER(4,0)	4	外键，地理位置编码

表 1-6　数据表 job（岗位信息）的列清单

字段代码	数据类型	长　度	说　明
job_id	VARCHAR(10)	10	主键，岗位编码
job_title	VARCHAR(35)	35	岗位名称
min_salary	NUMBER(6,0)	6	最低工资
max_salary	NUMBER(6,0)	6	最高工资

表 1-7　数据表 job_history（员工任职岗位历史信息）的列清单

字段代码	数据类型	长　度	说　明
employee_id	NUMBER(6,0)	6	外键，员工编码
start_date	DATE		工作起始日期
end_date	DATE		工作结束日期
job_id	VARCHAR(10)	10	外键，岗位编码
department_id	NUMBER(4,0)	4	外键，部门编码

表 1-8　数据表 location（部门地理位置信息）的列清单

字段代码	数据类型	长　度	说　明
location_id	NUMBER(4,0)	4	主键，地理位置编码
street_address	VARCHAR(40)	40	详细地址
postal_code	VARCHAR(12)	12	邮政编码
city_id	CHAR(2)	2	外键，城市编码

表 1-9　数据表 region（部门所在地区信息）的列清单

字段代码	数据类型	长　度	说　明
region_id	NUMBER		主键，地区编码
region_name	VARCHAR(25)	25	地区名称

表 1-10　数据表 city（部门所在城市信息）的列清单

字段代码	数据类型	长　度	说　明
city_id	CHAR(2)	2	主键，城市编码
city_name	VARCHAR(40)	40	城市名称
region_id	NUMBER		外键，地区编码

1.5　DM SQL 程序编辑及调试工具

达梦数据库提供了具有图形化界面的 DM 管理工具和命令行工具 dmdbg，开发人员可以利用这些工具进行 DM SQL 程序的编辑、调试和运行，以及对触发器、存储过程、存储函数、包等高级对象进行管理。DM 管理工具中的 SQL 助手 2.0，具有 SQL 语法检查功能和 SQL 输入助手功能。SQL 语法检查功能可以对用户输入的 SQL 语句进行实时的语法检查，定位错误的 SQL 语句，并能够对用户输入 SQL 进行实时智能提示，提示的内容包括数据库对象和 SQL 关键字等。在程序单步调试过程中可以查看堆栈、断点、变量和执行计划等信息。

1.5.1　DM 管理工具

1. DM SQL 程序编辑及运行

首先运行“DM 管理工具”，然后单击选择主界面“对象导航页”列表下的“LOCALHOST”节点，这时会弹出登录界面。在登录界面输入用户名和口令（如“DMHR”“dameng123”）后，再单击“确定”按键，进入如图 1-3 所示的主界面。

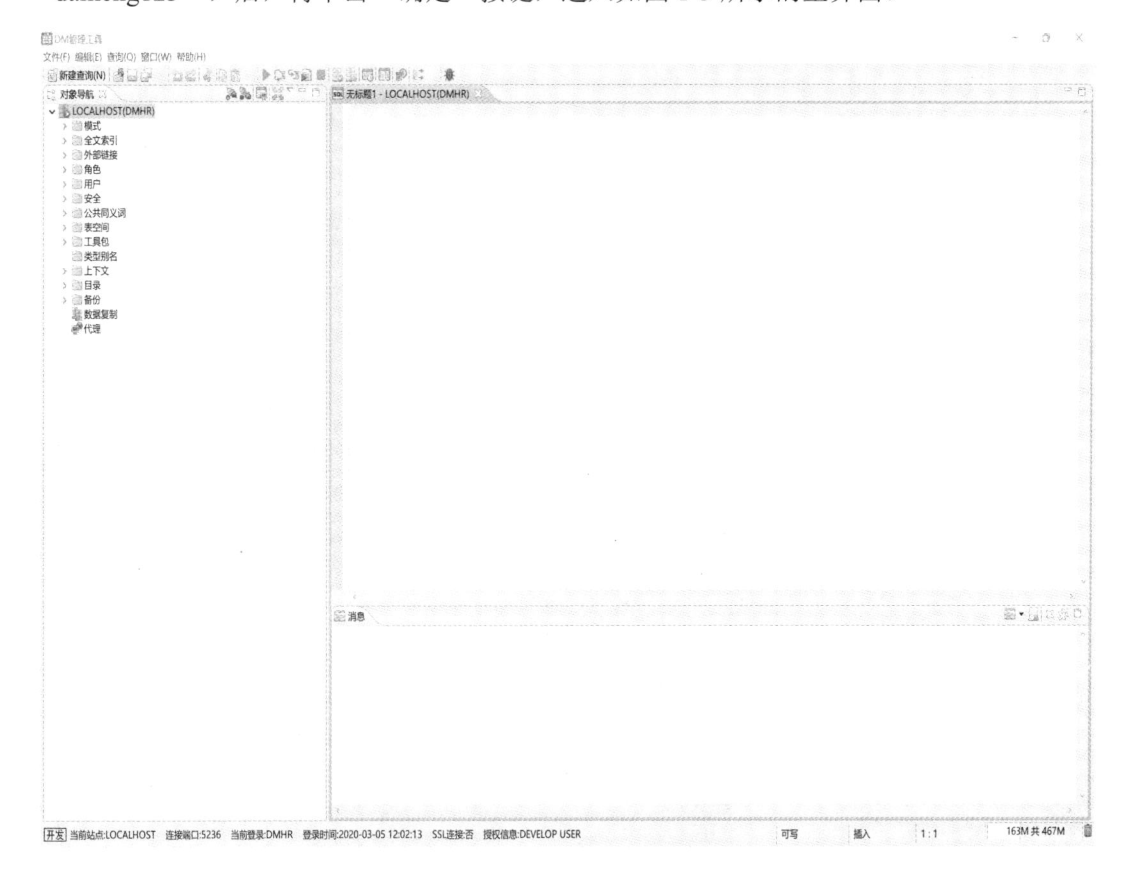

图 1-3　DM 管理工具主界面

在主界面右侧 SQL 编辑器窗口里编辑程序，编辑完成后，单击主菜单快捷工具条中的图标 ▶，或者按快捷键“F8”运行程序，运行提示信息出现在 SQL 编辑器下半部分的“消息”窗口中，如图 1-4 所示。

2. DM SQL 程序调试

DM 管理工具中的“SQL 调试器”提供了输入 SQL 调试参数，单步调试，查看堆栈、变量，以及执行计划等功能。下面以存储过程为例，简要介绍 DM SQL 程序调试的方法。

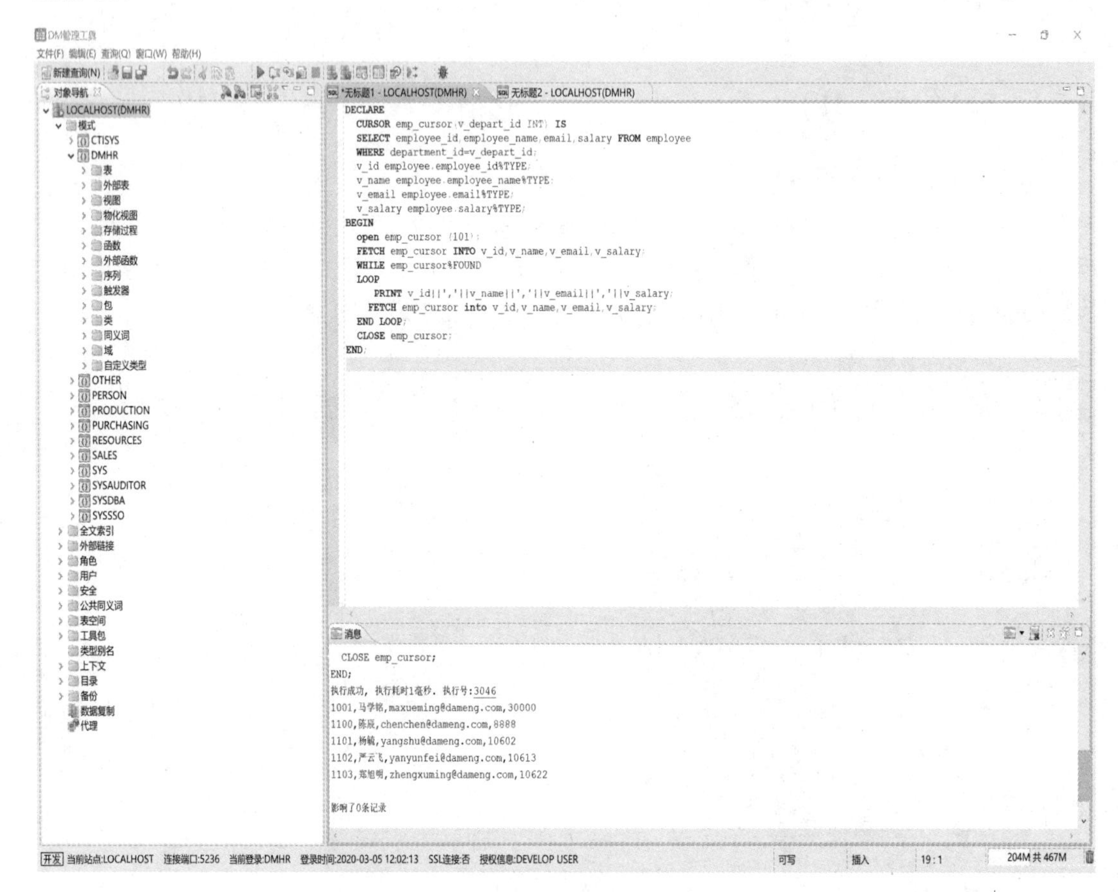

图 1-4 DM 管理工具 SQL 编辑器及其下半部分的“消息”窗口

首先，在 DM 管理工具左侧“对象导航”列表，找到要调试的存储过程，单击鼠标右键，从弹出菜单中选择执行“调试|在新的调试编辑器调试”命令，系统自动生成调试程序，如图 1-5 中的“SQL 调试”窗口所示。“SQL 调试”窗口的快捷按钮、、分别表示继续、暂停、停止；按钮、、分别表示进入（F5）、下一步（F6）、跳出（F7）。

单击“SQL 调试”窗口工具栏快捷按钮或者快捷键“F11”，再单击工具栏的按钮进行单步调试。单击“SQL 调试”窗口下面的各个选项卡可以查看控制台、初始变量、堆栈、断点、变量和执行计划等信息，如图 1-6 所示。

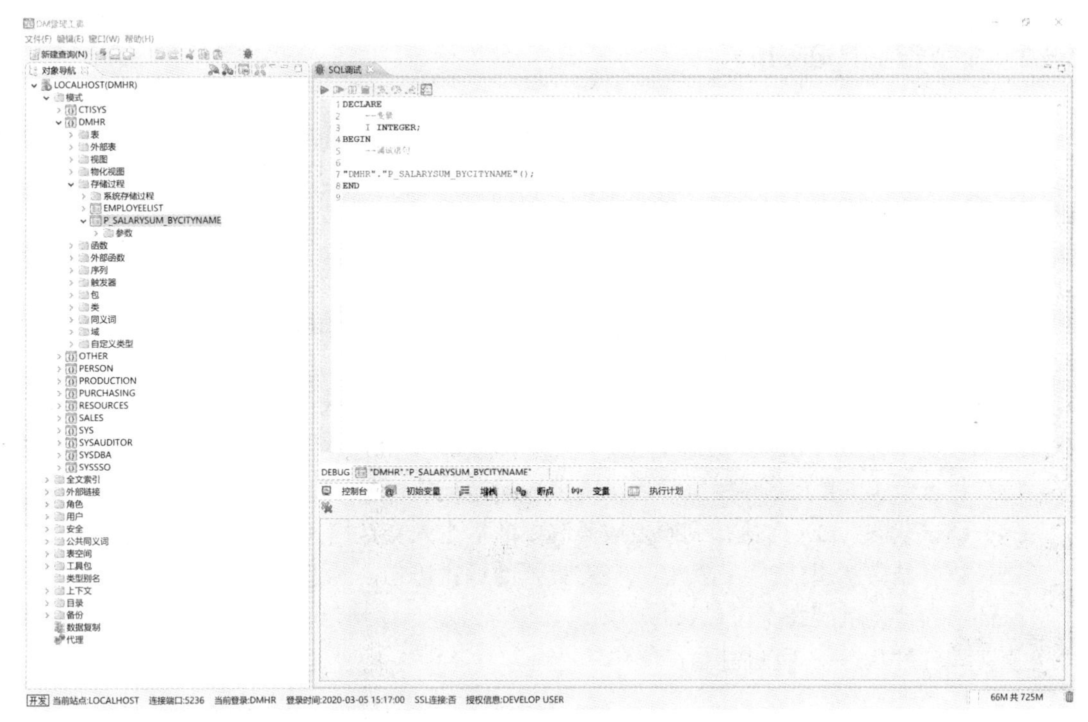

图 1-5　DM 管理工具“SQL 调试”窗口

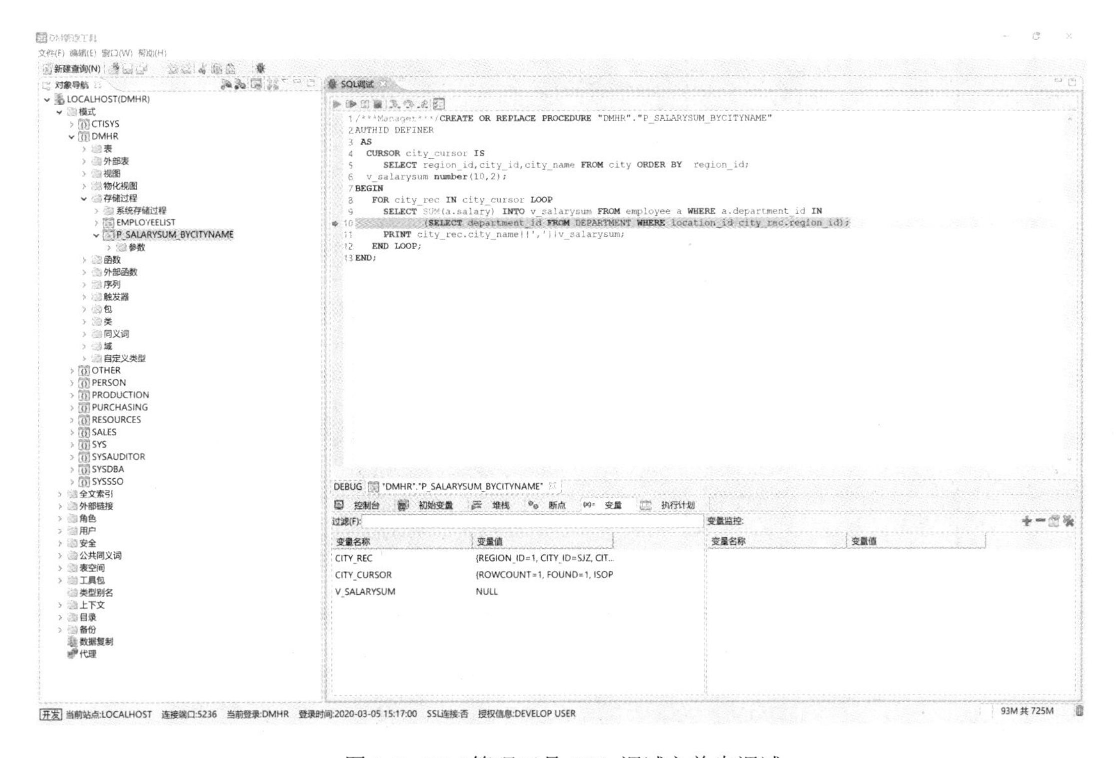

图 1-6　DM 管理工具 SQL 调试之单步调试

1.5.2 命令行工具 dmdbg

dmdbg 是达梦数据库提供的用于调试 DM SQL 程序的命令行工具，安装达梦数据库管理系统后，在安装目录的“bin”子目录下可找到 dmdbg 执行程序。使用 dmdbg，首先要调用系统过程 SP_INIT_DBG_SYS(1)创建调试所需要的包。

1. 工具状态及调试命令

dmdbg 在整个运行过程中可以处于初始状态（S）、待执行状态（W）、执行状态（R）、调试状态（D）、执行结束状态（O）等不同的状态。

（1）初始状态（S）：工具启动完成后，尚未设置调试语句。

（2）待执行状态（W）：设置调试语句后，等待用户执行。

（3）执行状态（R）：开始执行后，未中断而运行的过程。

（4）调试状态（D）：执行到断点或强制中断后进入交互模式。

（5）执行结束状态（O）：执行完当前设置的调试语句，并返回结果。

dmdbg 在不同的状态下可以执行不同的操作，如表 1-11 所示，其中备注表示不同的命令分别在哪几种状态下可以使用。

表 1-11　dmdbg 的调试命令

命　令	含　义	备　注
LOGIN	登录	S/W/D/O
SQL	设置调试语句	S/W/O
B	设置断点	W/D/O
INFO B	显示断点信息	W/D/O
D	取消断点	W/D/O
R	执行语句	W/O
CTRL+C	中断执行	R
L	显示调试脚本	D
C	继续执行	D
N	单步执行	D
S	执行进入	D
F 或 FINISH	执行跳出	D
P	打印变量	D
BT	显示堆栈	D
UP	上移栈帧	D
DOWN	下移栈帧	D
KILL	结束当前执行	W/D/O
QUIT	退出调试工具	S/W/D/O

2. 调试过程

下面以第 3 章例 3-5 中的存储过程“p_salarysum_ bycityname”为例，介绍应用 dmdbg

的方法。

第 1 步，登录。双击“dmdbg.exe”文件执行程序，进入 dmdbg 命令行工具窗口。在命令行工具窗口输入“LOGIN”命令进行登录，会提示用户输入服务名（LOCALHOST）、用户名（DMHR）、密码（dameng123）、端口号（5236）、SSL 路径和 SSL 密码。

第 2 步，设置调试用的 SQL 语句。如果 SQL 是单条语句，则以分号“;”结尾；如果是程序块，则程序块后必须以单独一行的斜杠符“/”结束。在调试中行数从 SQL 语句实际起始行开始计数。在命令行工具窗口输入如下命令：

```
DBG>SQL call p_salarysum_bycityname( );
```

第 3 步，显示脚本。每次显示 5 行代码，再次执行 L 命令时（不再需要带方法名），从已显示的下一行开始显示。在命令行工具窗口输入如下命令：

```
DBG>L p_salarysum_bycityname;
```

第 4 步，设置断点。对于断点的行号设置必须遵守以下原则：①定义声明部分不能设置断点；②如果一条语句跨多行，则断点应设置在语句的最后一行；③如果多条语句在同一行，则在第一条语句执行前执行中断；④如果设置断点的行不能中断，则自动将其下移到第一个可以中断的行；⑤可以在调试过程中动态添加断点，如果在同一位置重复设置断点，则重复断点会被忽略。在存储过程“p_salarysum_bycityname”的第 11 行设置断点，在命令行工具窗口输入如下命令：

```
DBG>B call p_salarysum_bycityname:11;
```

第 5 步，显示断点。显示的每个断点包含以下信息：①序号，这是一个自增值，从 1 开始，设置断点时自动为其分配；②方法名，如果为程序块，则方法名为空；③行号，在命令行工具窗口输入如下命令：

```
DBG>INFO B
```

第 6 步，运行。如果设置了断点，则执行到断点指定的位置时中断，转入调试状态，并显示当前执行所在行的语句；否则，执行完成并显示结果。R 返回结果结束执行之后，如果没有重新设置 SQL 语句，则再次运行的仍是之前设置的 SQL 语句，断点信息可以重用；如果重新设置了 SQL 语句，则断点信息会被清空。在命令行工具窗口输入如下命令：

```
DBG>R
```

第 7 步，显示 city_rec.city_name 变量值。在命令行工具窗口输入如下命令：

```
DBG>P city_rec.city_name
```

第 8 步，继续执行。在调试状态下，可以使用命令 C 继续 SQL 语句的执行，直到运行到断点或执行完成。在命令行工具窗口输入如下命令：

```
DBG>C
```

第 9 步，取消断点。断点序号可以通过 INFO B 命令获取，删除后断点的编号不会重用。取消断点命令可以在调试工具运行的任何时间调用。在命令行工具窗口输入如下命令：

```
DBG>D 1
```

第 10 步，结束执行。如果结束执行之后，必须重新设置 SQL 语句，且断点信息被清空，则在命令行工具窗口输入如下命令：

```
DBG>KILL
```

第 11 步，退出调试工具。如果不希望继续调试，可以输入命令 QUIT。dmdbg 将中断连接，退出执行。在命令行工具窗口输入如下命令：

```
DBG>QUIT
```

第 2 章

达梦数据库 SQL 程序设计基础

一条 SQL 语句只能完成某个单一功能的数据处理功能。为了提高数据库管理系统的数据处理能力，达梦数据库对 SQL 进行了扩展，将变量、控制结构、过程和函数等结构化程序设计要素引入 SQL 语言中，从而实现对数据库数据的各种复杂处理。在达梦数据库中，将这种程序称为 DM SQL 程序。本章主要介绍 DM SQL 程序的特点、语法结构、数据类型、控制结构和异常处理等内容。

2.1 DM SQL 程序的特点

DM SQL 程序是对 SQL 的扩充，它允许 SQL 的数据操作语句和查询语句包含在块结构和代码过程语言中，使 DM SQL 程序成为一种功能强大的事务处理语言。DM SQL 程序可以理解为控制语句和 SQL 语句的组合。DM SQL 程序的特点如下。

（1）在 SQL 语句中集成了过程式结构。

SQL 是非过程式语言，当向服务器提交 SQL 语句时，只能告诉数据库服务器做什么，而不能指定服务器如何执行 SQL 命令。在 DM SQL 程序中增加条件和过程控制语句，可以很方便地控制命令的执行。

（2）改善了系统性能。

利用 DM SQL 程序，把复杂的数据处理放在服务器端来执行，省去了数据在网络上的传输时间，减少了网络通信流量，从而改善了系统的性能。

（3）具有异常处理功能。

由于各种原因，程序在运行中会发生错误，DM SQL 程序提供异常处理机制，一旦程序执行发生错误，程序就能捕获到错误并处理，避免发生系统崩溃的现象。

（4）模块化编程。

DM SQL 程序的基本单元是块，可以把相关语句从逻辑上组成一个 DM SQL 程序块。

可以把块嵌套到一个更大的块中，以实现更强大的功能。DM SQL 程序允许把大的、复杂的程序分解为更小的、可管理的、相关的子模块，便于程序调试和维护。

2.2 DM SQL 程序块结构

程序块是 DM SQL 程序的基本单元。DM SQL 程序块的结构由声明部分、执行部分、异常处理部分组成，DM SQL 程序块语法格式如下：

```
DECLARE（可选）--声明部分
    /* 声明部分：在此声明DM SQL程序用到的变量、类型及游标*/
BEGIN（必有）--执行部分
    /* 执行部分：过程及SQL语句，即程序的主要部分*/
EXCEPTION（可选）--异常处理部分
    /* 异常处理部分：错误处理*/
END;（必有）
```

声明部分包含了变量和常量的数据类型和初始值。这个部分由关键字 DECLARE 开始。如果不需要声明变量或常量，那么可以忽略这一部分。需要说明的是，游标的声明也在这一部分进行。

执行部分是 DM SQL 程序块中的指令部分，由关键字 BEGIN 开始，以关键字 EXCEPTION 结束，如果 EXCEPTION 不存在，那么将以关键字 END 结束。所有的可执行语句都放在这一部分，其他的 DM SQL 程序块也可以放在这一部分。

异常处理部分是可选的，这一部分用于处理异常或错误，对异常处理的详细讨论在本书后面进行。

除在 DECARE、BEGIN、EXCEPTION 后面没有分号（英文的分号“;”）外，其他命令行都要以英文分号“;”结束。

2.3 DM SQL 程序代码编写规则

DM SQL 程序开发人员应遵循变量命名规范、大小写规则，并注意对代码进行注释，以提高程序代码的规范性和可读性，方便程序调试，提高程序设计效率。

2.3.1 变量命名规范

在命名变量时，需要遵循的规范如下。

（1）变量名必须以字母开头。

（2）变量名可以包含字母和数字。

（3）变量名可以包含美元符号、下画线、英镑符号等特殊字符。

（4）变量名长度限制在 30 个字符内。

（5）变量名应使用有意义的名称。

（6）不能用保留字。

为了便于阅读，提高程序的可读性，一般还遵循如下命名规则。

（1）当定义变量时，建议使用 v_作为前缀，如 v_empname、v_job。

（2）当定义常量时，建议使用 c_作为前缀，如 c_rate。

（3）当定义游标时，建议使用_cursor 作为后缀，如 emp_cursor。

（4）当定义异常时，建议使用 e_作为前缀，如 e_integrity_error。

如表 2-1 所示的是变量命名举例。

表 2-1　变量命名举例

变　量　名	是 否 合 法	原　　因
Name2	合法	—
90ora	不合法	必须以字母开头
P_count	合法	—
XS-count	不合法	不能使用不合法的特殊字符
Kc mc	不合法	不能含有空格
User	不合法	不能使用保留字

2.3.2　大小写规则

在 DM SQL 程序块中编写程序代码时，语句既可以采用大写格式，也可以采用小写格式。但是，为了提高程序的可读性和性能，一般按照如下大小写规则编写代码。

（1）SQL 关键字采用大写格式，如 SELECT、UPDATE、SET、WHERE 等。

（2）DM SQL 程序关键字采用大写格式，如 DECLARE、BEGIN、END 等。

（3）数据类型采用大写格式，如 INT、VARCHAR2、DATE 等。

（4）标识符和常量采用小写格式，如 v_sal、c_rate 等。

（5）数据库对象和表字段采用小写格式，例如，表名 employee、job 等，字段 employee_id、employee_name 等。

2.3.3　注释

注释用于解释单行代码或多行代码，从而提高 DM SQL 程序的可读性。当编译并执行 DM SQL 程序代码时，DM SQL 程序编译器会忽略注释。注释包括单行注释和多行注释。

1. 单行注释

单行注释是指放置在一行上的注释文本，并且单行注释主要用于说明单行代码的作用。在 DM SQL 程序中使用“--”符号编写单行注释。

【例 2-1】单行注释举例。

```
SELECT employee_name INTO v_employee_name FROM employee
```

```
WHERE employee_id ='1001' --取employee_id为'1001'的employee_name值
```

2. 多行注释

多行注释是指分布在多行上的注释文本，其主要作用是说明一段代码的作用。在 DM SQL 程序中使用“/*…*/”来编写多行注释。

【例 2-2】多行注释举例。

```
DECLARE
  v_employee_name    VARCHAR2(20);
BEGIN
   /*
     以下代码将employee_id为'1001'的employee_name值放到v_employee_name变量中
   */
  SELECT employee_name INTO v_employee_name    FROM    employee
  WHERE employee_id ='1001'; --取employee_id为'1001'的employee_name值;
  PRINT 'employee_id为1001的employee_name:'|| v_employee_name;
END;
```

2.4 DM SQL 程序变量声明、赋值及操作符

和其他高级语言一样，DM SQL 程序也具有变量。变量用来临时存储数据，数据在数据库与 DM SQL 程序之间是通过变量进行传递的。使用变量前必须先声明变量，实际上是指示计算机留出部分内存，这样用户以后就可以使用变量的名称来引用这一部分内存。

2.4.1 变量声明及初始化

声明一个变量需要给这个变量指定数据类型及名称，对于大多数据类型，都可以在定义的同时指定初始值。一个变量的名称一定要符合变量定义规则，在 DM 中标识符的定义规则与 C 语言相同。

对于要声明变量的数据类型，可以是基本的 SQL 数据类型，也可以是 DM SQL 程序数据类型，如一个游标、异常等。在语法中需要用关键字 CONSTANT 指定常量，同时必须要给这个常量赋值。不能修改常量的值，只能读取，不然会报错。语法格式如下：

```
标识符[CONSTANT]数据类型[NOT NULL] [:=| DEFAULT表达式];
```

语法说明如下。

（1）标识符：变量的名称。

（2）CONSTANT：表示变量为常量，它的值在初始化后不能改变。

（3）数据类型：指明该变量的数据类型，可以是标量类型、复合类型、引用类型或大

对象（Large Object，LOB）类型。

（4）NOT NULL：表示该变量值不能为空，必须初始化并赋值。

（5）表达式：可以是任何 DM SQL 程序表达式，如字符表达式、其他变量表达式及带有操作或函数的表达式。

【例 2-3】 变量定义举例。

```
DECLARE
    v_hire_date DATE;
    v_salary NUMBER(5) NOT NULL:=3000;
    v_employee_name VARCHAR2(200):='马学铭';
BEGIN
  SELECT * FROM employee WHERE employee_name=v_employee_name;
END;
```

2.4.2 变量赋值

在 DM SQL 程序块中，赋值语句的语法格式如下：

```
variable := expression;
```

或

```
SET variable:= expression;
```

其中，variable 是一个 DM SQL 程序变量；expression 是一个 DM SQL 程序表达式。

2.4.3 操作符

与其他程序设计语言相同，DM SQL 程序有一系列操作符。操作符分为算术操作符、关系操作符、比较操作符、逻辑操作符。

算术操作符如表 2-2 所示。

表 2-2　算术操作符

操　作　符	对 应 操 作
+	加
-	减
/	除
*	乘

关系操作符主要用于条件判断语句或用于 WHERE 子串中，关系操作符检查条件和结果是否为 TRUE 或 FALSE。表 2-3 中列出了关系操作符，表 2-4 中列出了比较操作符，表 2-5 中列出了逻辑操作符。

表 2-3 关系操作符

操作符	对应操作
<	小于操作符
<=	小于或等于操作符
>	大于操作符
>=	大于或等于操作符
=	等于操作符
!=	不等于操作符
< >	不等于操作符
:=	赋值操作符

表 2-4 比较操作符

操作符	对应操作
IS NULL	如果操作数为 NULL，则返回 TRUE
LIKE	比较字符串值
BETWEEN	验证值是否在范围之内
IN	验证操作数在设定的一系列值中

表 2-5 逻辑操作符

操作符	对应操作
AND	两个条件都必须满足
OR	只需要满足两个条件中的一个
NOT	取反

2.5 DM SQL 程序数据类型

DM SQL 程序支持所有的 DM SQL 数据类型，包括精确数值数据类型、近似数值数据类型、字符数据类型、多媒体数据类型、一般日期时间数据类型、时间间隔数据类型。

此外，为了进一步提高 DM SQL 程序的处理能力，DM SQL 程序还扩展支持了%TYPE、%ROWTYPE、记录类型、数组类型、集合类型和类类型，用户还可以自定义子类型。总体而言，DM SQL 程序数据类型包括标量（Scalar）数据类型、大对象数据类型、%TYPE 类型、%ROWTYPE 类型、记录类型、数组类型和集合类型等。

2.5.1 标量数据类型

标量容纳单个值，没有内部组成。例如，“256120.08”是数字型，“2009-10-01”是日期型，“TRUE”是逻辑型，“武汉市”是字符型。标量分为数字型、字符型、日期/时间型（DATE）、时间间隔型、布尔型（BOOLEAN）。标量数据类型语法及说明如表 2-6 所示。

表 2-6　标量数据类型语法及说明

数据类型	语　法	说　明
数字型	NUMERIC[(精度[,标度])] DEC[(精度[,标度])] DECIMAL[(精度[,标度])]	NUMERIC 数据类型用于存储 0、正/负定点数。其中，精度是一个无符号整数，定义了总的位数，精度范围是 1～38，标度定义了小数点右边的数字位数；定义时如果省略精度，则默认是 16，如果省略标度，则默认是 0。一个数的标度不应大于其精度。对于所有 NUMERIC 数据类型，如果其值超过精度，则达梦数据库返回一个出错信息，如果超过标度，则多余的位截断。例如，NUMERIC(4,1)定义了小数点前面 3 位和小数点后面 1 位共 4 位数字，范围为-999.9～999.9
	BIT	BIT 数据类型用于存储整数数据 1、0 或 NULL，可以用来支持 ODBC 和 JDBC 的布尔数据类型。达梦数据库的 BIT 数据类型与 SQL SERVER 2000 的 BIT 数据类型相似
	INTEGER INT PLS_INTEGER	用于存储有符号整数，精度为 10，标度为 0。取值范围为-2147483648～2147483647（-2^{31}～$2^{31}-1$）
	BIGINT	用于存储有符号的整数，精度为 19，标度为 0。取值范围可为-9223372036854775808～9223372036854775807(-2^{63}～$2^{63}-1$)
	BYTE	与 TINYINT 相似，精度为 3，标度为 0
	SMALLINT	用于存储有符号整数，精度为 5，标度为 0
	BINARY[(长度)]	BINARY 数据类型指定定长二进制数据，默认长度为 1B，最大长度由数据库页面大小决定。BINARY 常量以 0x 开始，后面跟着以十六进制表示的数据，如 0x2A3B4058
	VARBINARY[(长度)]	VARBINARY 数据类型指定变长二进制数据，用法类似 BINARY 数据类型，可以指定一个正整数作为数据长度，默认长度为 8188B，最大长度由数据库页面大小决定
	REAL	REAL 是带二进制精度的浮点数，但它不能由用户指定精度，系统指定其二进制精度为 24、十进制精度为 7。取值范围为-3.4E+38～3.4E+38
	FLOAT[(精度)]	FLOAT 是带二进制精度的浮点数，精度最大不超过 53，如果省略精度，则二进制精度为 53，十进制精度为 15。取值范围为-1.7E+308～1.7E+308
	DOUBLE[(精度)]	同 FLOAT 相似，精度最大不超过 53
	DOUBLE PRECISION	双精度浮点数，其二进制精度为 53、十进制精度为 15。取值范围为-1.7E+308～1.7E+308
字符型	CHAR[(长度)]	长字符串，最大长度由数据库页面大小决定。当长度不足时，会自动填充空格
	VARCHAR[(长度)] CHARACTER[(长度)]	可变长字符串，最大长度由数据库页面大小决定
日期/时间型	DATE	日期类型，包括年、月、日信息，如 DATA '1999-10-01'
	TIME	时间类型，包括时、分、秒信息，如 TIME '09:10:21'
	TIMESTAMP	时间戳，包括年、月、日、时、分、秒信息，如 TIMESTAMP '1999-07-13 10:11:22'
	TIME[(小数秒精度)] WITH TIME ZONE	描述一个带时区的 TIME 值，其定义是在 TIME 类型的后面加上时区信息，如 TIME '09:10:21 +8:00'
	TIMESTAMP[(小数秒精度)] WITH TIME ZONE	描述一个带时区的 TIMESTAMP 值，其定义是在 TIMESTAMP 类型的后面加上时区信息，如 TIMESTAMP '2002-12-12 09:10:21 +8:00'
	TIMESTAMP[(小数秒精度)]WITH LOCAL TIME ZONE	描述一个本地时区的 TIMESTAMP 值，能够将标准时区类型 TIMESTAMP WITH TIME ZONE 转化为本地时区类型，如果插入的值没有指定时区，则默认为本地时区

（续表）

数据类型	语　法	说　明
时间间隔型	INTERVAL YEAR(P)	年间隔，即两个日期之间的年数字，P 为时间间隔的首项字段精度(以下简称首精度)
	INTERVAL MONTH(P)	月间隔，即两个日期之间的月数字，P 为时间间隔的首精度
	INTERVAL DAY(P)	日间隔，即两个日期/时间之间的日数字，P 为时间间隔的首精度
	INTERVA L HOUR(P)	时间隔，即两个日期/时间之间的时数字，P 为时间间隔的首精度
	INTERVAL MINUTE(P)	分间隔，即两个日期/时间之间的分数字，P 为时间间隔的首精度
	INTERVAL SECOND(P,Q)	秒间隔，即两个日期/时间之间的秒数字，P 为时间间隔的首精度，Q 为时间间隔的秒精度
	INTERVAL YEAR(P) TO MONTH	年月间隔，即两个日期之间的年月数字，P 为时间间隔的首精度
	INTERVAL DAY(P) TO HOUR	日时间隔，即两个日期/时间之间的日时数字，P 为时间间隔的首精度
	INTERVAL DAY(P) TO MINUTE	日时分间隔，即两个日期/时间之间的日时分数字，P 为时间间隔的首精度
	INTERVAL DAY(P)TO SECOND(Q)	日时分秒间隔，即两个日期/时间之间的日时分秒数字，P 为时间间隔的首精度，Q 为时间间隔的秒精度
	INTERVALL HOUR(P) TO MINUTE	时分间隔，即两个日期/时间之间的时分数字，P 为时间间隔的首精度
	INTERVAL HOUR(P) TO SECOND(Q)	时分秒间隔，即两个日期/时间之间的时分秒数字，P 为时间间隔的首精度，Q 为时间间隔的秒精度
	INTERVAL MINUTE(P) TO SECOND(Q)	分秒间隔，即两个日期/时间之间的分秒间隔，P 为时间间隔的首精度，Q 为时间间隔的秒精度
布尔型	BOOL BOOLEAN	TRUE 和 FALSE。DM 的 BOOL 类型和 INT 类型可以相互转化。如果变量或方法返回的类型是 BOOL 类型，则返回值为 0 或 1。TRUE 和非 0 值的返回值为 1，FALSE 和 0 值的返回值为 0。BOOLEAN 类型与 BOOL 类型的用法完全相同

2.5.2 大对象数据类型

大对象数据类型用于存储类似图像、声音这样的多媒体数据，大对象数据对象可以是二进制数据，也可以是字符数据，其最大长度不超过 2GB。

在 DM SQL 程序中，大对象数据类型包括 BLOB、CLOB、TEXT、IMAGE、LONGVARBINARY、LONGVARCHAR 和 BFILE。大对象数据类型说明如表 2-7 所示。

表 2-7　大对象数据类型说明

数据类型	说　明
TEXT LONGVARCHAR	变长字符串类型，其字符串的长度最大为 2GB−1B，可用于存储长的文本串
IMAGE LONGVARBINARY	可用于存储多媒体信息中的图像类型数据。图像由不定长的像素点阵组成，长度最大为 2GB − 1B。该类型除了存储图像数据，还可以存储任何其他二进制数据
BLOB	用于指明变长的二进制大对象，长度最大为 2GB − 1B
CLOB	用于指明变长的字符串，长度最大为 2GB − 1B
BFILE	用于指明存储在操作系统中的二进制文件，文件存储在操作系统而非数据库中，仅能进行只读访问

2.5.3　%TYPE 类型

在程序中，变量可以被用来处理存储在数据库表中的数据。在这种情况下，变量应该与表列字段具有相同的类型。例如，表 employee 中字段 employee_name 的类型为 VARCHAR(20)，对应地，在程序块中，可以声明一个变量 DELCARE v_name VARCHAR(20)。但是如果 employee 表中的 employee_name 字段定义发生了变化，如变为 VARCHAR(50)，那么程序块中的变量 v_name 也要相应修改为 VARCHAR(50)。如果程序块中有很多变量，则手动处理所有变量是很麻烦的，也容易出错。

为了解决上述问题，DM 提供了%TYPE 类型。%TYPE 可以附加在表列或另一个变量上，并返回其类型。

【例 2-4】%TYPE 类型变量定义举例。

```
DECLARE
    v_employee_name    employee.employee_name % TYPE
```

通过使用%TYPE，v_employee_name 将拥有表 employee 中 employee_name 字段的类型；如果表 employee 的 employee_name 字段类型定义发生变化，v_employee_name 的类型也随之自动发生变化，不需要用户手动修改。因此，使用%TYPE 有两个好处：一是不必知道字段的数据类型；二是当字段数据类型改变时，对应的变量类型也随之改变。

2.5.4　%ROWTYPE 类型

与%TYPE 类似，%ROWTYPE 将返回一个基于表定义的复合类型变量，它将一个记录声明为具有相同结构的数据表的一行。如果表结构定义改变了，那么%ROWTYPE 定义的变量也会随之改变。

【例 2-5】使用%ROWTYPE 类型的变量存储表 employee 中的一行数据。

```
DECLARE
    emp_record    employee%ROWTYPE;
BEGIN
    SELECT * INTO emp_record from employee WHERE employee_id='1001';
    PRINT    emp_record.employee_id;
    PRINT    emp_record.employee_name;
END;
```

2.5.5　记录类型

%ROWTYPE 定义的变量结构与数据库中记录的结构是一致的，DM SQL 程序还可以根据用户的需要自定义记录的结构。方法是先定义记录的结构，然后定义记录类型的变量。语法格式如下：

```
TYPE  记录类型名  IS RECORD(
```

```
    记录字段名1 数据类型 [NOT NULL] [DEFAULT][:= default_value]
    …
);
```

参数说明如下。

（1）记录类型名：表示自定义记录类型的名称。

（2）记录字段名 1：表示记录类型中的记录成员名。

（3）数据类型：表示字段的数据类型。

【例 2-6】使用记录类型变量存储表 employee 中的一行数据。

```
DECLARE
    TYPE emp_record_type IS RECORD(
    v_name    employee.employee_name%TYPE,
     v_email    employee.email%TYPE,
    v_phone    employee.phone_num%TYPE);
    emp_record emp_record_type;
BEGIN
    SELECT employee_name, email, phone_num INTO emp_record
    FROM employee WHERE employee_id='1002';
    PRINT emp_record.v_name||','||emp_record.v_email||','||emp_record.v_phone;
END;
```

注意：记录成员的顺序、个数、类型需要与 SELECT 语句中选择的列完全匹配，否则会产生错误。

2.5.6 数组类型

数组类型包括静态数组和动态数组两类。静态数组是在声明时已经确定数组大小的数组，其长度是预先定义好的，在整个程序中，一旦大小给定后就无法改变。而动态数组则不然，它可以随程序需要而重新指定数组大小。动态数组的内存空间是从堆（Heap）上分配（动态分配）的，通过执行代码为其分配存储空间。当程序执行到这些语句时，才为其分配，程序员自己负责释放内存。需要注意的是，DM 中数组下标的起始值为 1。理论上 DM 支持的静态数组每个维度的最大长度为 65534B，动态数组每个维度的最大长度为 2147483646B，但是数组最大长度同时受系统内部堆栈（静态数组）和堆（动态数组）空间大小的限制。如果超出堆栈/堆的空间限制，系统就会报错。

1. 静态数组

静态数组的语法格式如下：

```
TYPE 数组名 IS ARRAY 数据类型[常量表达式,常量表达式,…];
```

【例 2-7】数组类型定义举例。

```
DECLARE
    TYPE arr_type IS ARRAY    INT[3]; --TYPE 定义数组类型
```

```
    a arr_type; --用自己定义的数组类型申明数组
    TYPE arr1_type IS ARRAY    INT[2,3]; --定义多维数组
    b arr1_type;
BEGIN
    FOR i IN 1..3 LOOP        --TYPE  定义的数组
        a[i] := i * 10;
        print a[i];
    END LOOP;
    FOR i IN 1..2 LOOP
        FOR j IN 1..3 LOOP
            b[i][j] :=i * 10 + j;
            PRINT b[i][j];
        END LOOP;
    END LOOP;
END;
```

2. 动态数组

动态数组与静态数组的用法类似，区别只在于动态数组没有指定下标，需要动态分配空间。动态数组的语法格式如下：

```
TYPE  数组名  IS ARRAY  数据类型[,…]
```

多维动态数组分配空间的语法格式如下：

```
数组名:= NEW  数据类型[常量表达式,…];
```

另外，可以使用如下两种语法格式对多维数组的某一维度进行空间分配。其中，第二种语法格式使用自定义类型来创建动态数组，前提是先定义好一个类型，该语法格式适用于含有精度或长度的数据类型。

```
数组名:= NEW  数据类型  [常量表达式][];
数组名:= NEW  自定义类型  [常量表达式][];
```

【例 2-8】动态数组使用举例。

```
DECLARE
    TYPE arr_type IS ARRAY INT[];
    a arr_type;
BEGIN
     a := NEW INT[3];  --动态分配空间
     FOR i IN 1..3 LOOP
          a[i] := i * 10;
          PRINT a[i];
     END LOOP;
END;
```

【例 2-9】使用自定义类型定义动态数组举例。

```
DECLARE
    TYPE v_var_type IS VARCHAR(100);
    TYPE v_varry_type IS ARRAY v_var_type[];
    b v_varry_type;
BEGIN
    b = NEW v_var_type[4]; --动态分配空间
    FOR i IN 1..3 LOOP
      b[i] := i * 11;
      PRINT b[i];
    END LOOP;
    PRINT ARRAYLEN(b);          --ARRAYLEN函数用于求取数组的长度
END;
```

【例 2-10】多维动态数组举例。

```
DECLARE
    TYPE v_arr_type IS ARRAY INT[ , ];
    a v_arr_type;
BEGIN
    a := NEW INT[3,4];               --为二维动态数组一次性分配空间
    FOR i IN 1..3 LOOP
        FOR j IN 1 .. 4 LOOP
            a[i][j] := i * j;
            PRINT a[i][j];
        END LOOP;
    END LOOP;
    PRINT ARRAYLEN(a);          --ARRAYLEN函数用于求取数组的长度
END;
```

DM 还支持索引数组，如例 2-11 所示。

【例 2-11】索引数组举例。

```
DECLARE
    TYPE v_arr_type IS TABLE OF INT INDEX BY INT;       --这种方式只能定义一维数组
    a v_arr_type;
BEGIN
   FOR i IN 1..3 LOOP
     a(i) := i * 10;
     PRINT a(i);
   END LOOP;
   PRINT a.COUNT;   --返回集合中元素的个数
END;
```

在 DM 中，可以利用查询语句查询数组信息。语法格式如下：

```
SELECT * FROM ARRAY <数组>;
```

目前，DM 只支持一维数组的查询。数组类型可以是记录类型或普通数据库类型。记录类型数组查询出来的列名为记录类型的每个属性名称。普通数据库类型数组查询出来的列名均为“C”。

【例 2-12】 数组与表的连接查询举例。

```
DECLARE
  TYPE rec_t IS RECORD (x INT, y INT);
  TYPE rec_c IS ARRAY rrr[];
  c rec_c;
BEGIN
  c = NEW rec_t [2];
  FOR i IN 1..2 LOOP
    c[i].x = i;
    c[i].y = i*2;
  END LOOP;
  SELECT arr.x, o.name FROM ARRAY c arr, SYSOBJECTS o WHERE arr.x = o.id;
END;
```

返回结果如下：

```
X    NAME
1    SYSINDEXES
2    SYSCOLUMNS
```

2.5.7　集合类型

1. 变长数组

变长数组是一种具有可伸缩性的数组，它有一个最大容量。变长数组的下标是从 1 开始的有序数字，并提供多种方法操作数组中的项。定义变长数组的语法格式如下：

```
TYPE 数组名 IS VARRAY(常量表达式) OF 数据类型;
```

数据类型可以是基本数据类型，也可以是自定义类型或对象、记录、其他变长数组类型等。变长数组使构造复杂的结构成为可能。

【例 2-13】 一个简单的 VARRAY 使用示例。

```
DECLARE
    TYPE my_array_type IS VARRAY(10) OF INTEGER;
    v my_array_type;
    i, k INTEGER;
BEGIN
    v=my_array_type(5,6,7,8);
```

```
    k=v.COUNT( );
    PRINT 'v.COUNT( )=' || k;
    FOR i IN 1..v.COUNT( ) LOOP
        PRINT 'v(' || i || ')=' ||v(i);
    END LOOP;
END;
```

2. 索引表

索引表提供了一种快速、方便地管理一组相关数据的方法，是程序设计中的重要内容。通过索引表可以对大量类型相同的数据进行存储、排序、插入及删除等操作，从而可以有效地提高程序开发效率，改善程序的编写方式。

内存索引表是一组数据的集合，数据按照一定规则组织起来，形成一个可操作的整体，是对大量数据进行有效组织和管理的手段之一，通过函数可以对大量性质相同的数据进行存储、排序、插入及删除等操作，从而可以有效地提高程序开发效率及改善程序的编写方式。

内存索引表和数组类似，只是内存索引表使用起来更加方便，但是性能不如数组。数组在定义时需要用户指定数组的大小，当用户访问超过数组大小的数组元素时，系统会报错；内存索引表相当于一个一维数组，但不需要用户指定大小，大小根据用户的操作自动增减。语法格式如下：

```
TYPE 内存索引表名 IS TABLE OF 数据类型 INDEX BY 数据类型;
```

第一个数据类型是索引表存放数据的类型，这个数据类型可以是基础数据类型，也可以是自定义类型或对象、记录、静态数组，但不能是动态数组；第二个数据类型是索引表的下标类型，目前仅支持 INTEGER/INT 和 VARCHAR 两种类型，分别代表整数下标和字符串下标。对于 VARCHAR 类型，长度不能超过 1024B。

索引表的成员函数可以用来遍历索引表，或者查看索引表的信息。

【例 2-14】索引表举例。

```
DECLARE
  TYPE  v_arr_type   IS TABLE OF INT INDEX BY INT;
  v_arr   v_arr_type;
  c   INT;
BEGIN
  v_arr(1) = 1;
  c :=v_arr.count;
  PRINT c;      -- 打印值为1，表示里面有一个元素
END;
```

【例 2-15】普通的索引表举例。

```
DECLARE
   TYPE v_arr_index_type IS TABLE OF VARCHAR(100) INDEX BY INT;
   x v_arr_index_type;
```

```
BEGIN
    x(1) := 'TEST1';
    x(2) := 'TEST2';
    x(3) := X(1)||X(2);
    PRINT x(3);
END;
```

【例 2-16】 索引表存储游标记录举例。

```
DECLARE
   TYPE v_arr_index_type IS TABLE OF VARCHAR(200) INDEX BY INT;
   x v_arr_index_type;
   i INT;
   CURSOR c1;
BEGIN
    I:= 1;
    OPEN c1 FOR SELECT name FROM SYSOBJECTS;
    LOOP
       IF c1%NOTFOUND THEN
           EXIT;
       END IF;
       FETCH c1 INTO x(i);          --遍历结果集，把每行的值都存放到索引表中
       I := I + 1;
    END LOOP;
    I = X."FIRST"();                --遍历输出索引表中的记录
    LOOP
       IF i IS NULL THEN
          EXIT;
       END IF;
       PRINT x(i);
       i = x."NEXT"(I);
    END LOOP;
END;
```

【例 2-17】 利用索引表管理记录举例。

```
DECLARE
    TYPE v_rd_type IS RECORD(id INT, name VARCHAR(128));
    TYPE v_arr_type IS TABLE OF v_rd_type INDEX BY INT;
    x v_arr_type;
    i INT;
    CURSOR c1;
```

```
BEGIN
    i := 1;
    OPEN c1 FOR SELECT id, name FROM SYSOBJECTS;
    LOOP
      IF c1%NOTFOUND THEN EXIT;
      END IF;
      FETCH C1 INTO x(i).id, x(i).name; --遍历结果集，把每行的值都存放到索引表中
      i := i + 1;
    END LOOP;
    i = x."FIRST"( ); --遍历输出索引表中的记录
    LOOP
      IF i IS NULL THEN EXIT;
      END IF;
      PRINT 'ID:' ||CAST(x(i).ID AS VARCHAR2(10))||', NAME:' || x(i).NAME;
      i = x."NEXT"(i);
    END LOOP;
END;
```

【例 2-18】多维索引表的遍历举例。

```
DECLARE
  TYPE v_arr_type IS TABLE OF VARCHAR(100) INDEX BY BINARY_INTEGER;
  TYPE v_arr2_type IS TABLE OF v_arr_type INDEX BY VARCHAR(100);
  x v_arr2_type;
  ind_i INT;
  ind_j VARCHAR(10);
BEGIN
  FOR i IN 1 .. 100 LOOP
    FOR j IN 1 .. 50 LOOP
        x(i)(j) := CAST(i AS VARCHAR(100))||'+'||CAST(j AS VARCHAR(10));
    END LOOP;
  END LOOP;
  --遍历多维数组
  ind_i := x."FIRST"();
  LOOP
    IF ind_i IS NULL THEN EXIT;
    END IF;
    ind_j :=x(ind_i)."FIRST"();
    LOOP
```

```
            IF ind_j IS NULL THEN EXIT;
            END IF;
            PRINT x(ind_i)(ind_j);
            ind_j := x(ind_i)."NEXT"(ind_j);
        END LOOP;
        ind_i := x."NEXT"(ind_i);
    END LOOP;
END;
```

3. 嵌套表

嵌套表元素的下标从 1 开始，并且元素个数没有限制。嵌套表语法格式如下：

```
TYPE 嵌套表名 IS TABLE OF 元素数据类型;
```

元素数据类型用于指明嵌套表元素的数据类型，当元素数据类型为一个定义了某个表字段的对象类型时，嵌套表就是某些行的集合，实现了表的嵌套功能。

【例 2-19】嵌套表的使用示例。

```
DECLARE
   TYPE job_table_type IS TABLE OF JOB%ROWTYPE;
   v_table job_table_type;
   v_count INTEGER;
BEGIN
   SELECT job_id,job_title,min_salary,max_salary BULK COLLECT INTO v_table FROM job;
   v_count:=v_table.count;
END;
```

4. 集合的属性和方法

集合类型中的变长数组、索引表和嵌套表都是对象类型的，它们本身有属性或方法。

（1）COUNT 属性。

COUNT 是一个属性，它用于返回集合中的元素个数。

【例 2-20】统计 3 种集合类型的元素个数。

```
DECLARE
   TYPE v_name_type IS TABLE OF VARCHAR2(20) INDEX BY BINARY_INTEGER;
   TYPE v_pwd_type IS TABLE OF VARCHAR2(20);
   TYPE v_date_type IS VARRAY(10) OF VARCHAR2(20);
   v_name v_name_type;
   v_pwd v_pwd_type:=v_pwd_type('123456','111111','qwer','asdf');
   v_date v_date_type:=v_date_type('星期一','星期二');
BEGIN
   v_name(1):='Tom';
   v_name(-1):='Jack';
```

```
    v_name(4):='Rose';
    PRINT v_name.count;
    PRINT v_pwd.count;
    PRINT v_date.count;
END;
```

（2）DELETE 方法。

DELETE 方法用于删除集合中的一个或多个元素。需要注意的是，由于 DELETE 方法执行删除操作的位置固定，因此对于可变数组来说没有 DELETE 方法。DELETE 方法有以下 3 种形式。

① DELETE：不带参数的 DELETE 方法将整个集合删除。

② DELETE(x)：将集合中第 x 个位置的元素删除。

③ DELETE(x,y)：将集合中从第 x 个元素到第 y 个元素之间的所有元素删除。

注意，执行 DELETE 方法后，集合的 COUNT 值将会立刻变化；而且当要删除的元素不存在时，DELETE 方法也不会报错，而是跳过该元素，继续执行下一步操作。

（3）EXISTS 属性。

EXISTS 属性用于判断集合中的元素是否存在。语法格式如下：

```
EXISTS(x);
```

EXISTS(x)判断位于位置 x 的元素是否存在，如果存在，则返回 TRUE；如果 x 超出集合的最大范围，则返回 FALSE。

注意，当使用 EXISTS 属性判断时，只要在指定位置处有元素存在即可，即使该位置的元素为 NULL，EXISTS 属性也会返回 TRUE。

（4）EXTEND 方法。

EXTEND 方法用于将元素添加到集合的末端，具体形式有以下 3 种。

① EXTEND：不带参数的 EXTEND 方法将一个 NULL 元素添加到集合的末端。

② EXTEND(x)：将 x 个 NULL 元素添加到集合的末端。

③ EXTEND(x,y)：将 x 个位于位置 y 的元素添加到集合的末端，也就是在集合末尾扩展 x 个与第 y 个元素值相同的元素。

说明：对内存索引表不适用。

（5）FIRST 属性和 LAST 属性。

FIRST 属性用于返回集合的第一个元素；LAST 属性则返回集合的最后一个元素。

（6）LIMIT 属性。

LIMIT 属性用于返回集合中的最大元素个数。由于嵌套表没有上限，因此当嵌套表使用 LIMIT 属性时，总是返回 NULL。

（7）NEXT 属性和 PRIOR 属性。

NEXT 属性和 PRIOR 属性返回指定位置之后或之前的元素。使用 NEXT 属性和 PRIOR 属性时，要有指定位置的参数。语法格式如下：

```
NEXT(x);
PRIOR(x);
```

其中，NEXT(x)表示返回位置 x 处元素后面的那个元素；PRIOR(x)表示返回位置 x 处元素前面的那个元素。

（8）TRIM 方法。

TRIM 方法用于删除集合末端的元素，其具体形式如下。

① TRIM：不带参数的 TRIM 方法从集合末端删除一个元素。

② TRIM(x)：从集合的末端删除 x 个元素，其中 x 要小于集合的 COUNT 值。

2.5.8　类类型

DM 通过类类型在 DM SQL 程序中实现面向对象方法的程序设计。类将结构化的数据及对其进行操作的过程或函数封装在一起。允许用户根据现实世界的对象建模，而不必再将其抽象成关系数据。

DM 的类的定义分为类头和类体两部分，类头完成类的声明；类体完成类的实现。类中可以有以下内容。

（1）类型定义。在类中可以定义游标、异常、记录、数组及内存索引表等数据类型。在类的声明中不能声明游标和异常，但是在类的实现中可以定义和使用。

（2）属性。类中的成员变量、数据类型可以是标准的数据类型，也可以是在类中自定义的特殊数据类型。

（3）成员方法。类中的函数或过程，在类头中声明，在类体中实现。成员方法及构造函数包含一个隐含参数，即自身对象，在方法实现中可以通过“this”来访问自身对象。如果不存在重名问题，那么也可以直接使用对象的属性和方法。

（4）构造函数。构造函数是类内定义及实现的一种特殊函数，这类函数用于实例化类的对象。构造函数满足以下条件。

① 函数名和类名相同。

② 函数返回值类型为自身类。

构造函数存在以下约束。

① 系统为每个类提供两个默认的构造函数，分别为无参构造函数和全参构造函数。

② 无参构造函数的参数个数为 0，实例对象内所有的属性初始化值都为 NULL。

③ 全参构造函数的参数个数及类型与类内属性的个数及属性相同，按照属性的顺序依次读取参数的值并给属性赋值。

④ 用户可以自定义构造函数，一个类可以有多个构造函数，但每个构造函数的参数个数必须不同。

⑤ 如果用户自定义了 0 个参数或参数个数同属性个数相同的构造函数，则会覆盖相应的默认构造函数。

下面从类的声明、类的实现、类的删除、类体删除和类的使用 5 个方面来详细介绍类类型的实现过程。

1. 类的声明

类的声明在类头中完成。类头定义通过 CREATE CLASS 语句完成，其语法格式如下：

```
CREATE [OR REPLACE] CLASS [<模式名>.]<类名> AS|IS <类内声明列表>    END [类名]
<类内声明列表> ::= <类内声明>;{<类内声明>;}
<类内声明> ::= <变量定义>|<过程定义>|<函数定义>|<类型声明>
<变量定义> ::= <变量名列表> <数据类型> [默认值定义]
<过程定义> ::= PROCEDURE <过程名> <参数列表>
<函数定义> ::= FUNCTION <函数名> <参数列表> RETURN <返回值数据类型> [PIPELINED]
<类型声明> ::= TYPE <类型名称> IS <数据类型>
```

语法说明如下。

（1）类中元素可以任意顺序出现，其中的对象必须在引用之前进行声明。

（2）过程和函数的声明都是前向声明，类声明中不包括任何实现代码。有权限使用该语句的用户必须是 DBA 或具有 CREATE CLASS 数据库权限的用户。

2. 类的实现

类的实现通过类体完成。类体的定义通过 CREATE CLASS BODY 语句完成，其语法格式如下：

```
CREATE [OR REPLACE] CLASS BODY [<模式名>.]<类名> AS|IS <类体部分> END [类名]
```

语法说明如下。

（1）类声明中定义的对象对于类体而言都是可见的，不需要声明就可以直接引用。这些对象包括变量、游标、异常和类型定义。

（2）类体中的过程、函数定义必须和类声明中的声明完全相同，包括过程名、参数列表的参数名和数据类型定义。

（3）类中可以有重名的成员方法，要求其参数列表各不相同。系统会根据用户的调用情况进行重载（Overload）。

（4）权限。使用该语句的用户必须是 DBA 或该类对象的拥有者，并且具有 CREATE CLASS 数据库权限的用户。

【例 2-21】 完整的类头、类体创建。

```
CREATE CLASS mycls AS TYPE rec_type IS RECORD (c1 INT, c2 INT); --类型声明
  id INT; --成员变量
  r rec_type; --成员变量
  FUNCTION f1(a INT, b INT) RETURN rec_type; --成员方法
  FUNCTION mycls(id INT , r_c1 INT, r_c2 INT) RETURN mycls;--用户自定义构造函数
END;
---类体创建
CREATE OR REPLACE CLASS BODY mycls AS
  FUNCTION f1(a INT, b INT) RETURN rec_type AS
  BEGIN
   r.c1 = a;
   r.c2 = b;
   return r;
```

```
    END;

    FUNCTION mycls(id INT, r_c1 INT, r_c2 INT) RETURN mycls AS
    BEGIN
      this.id = id;          --可以使用this访问自身的成员
      r.c1 = r_c1;           --this也可以省略
      r.c2 = r_c2;
      RETURN this;   --使用RETURN this返回本对象
    END;
END;
```

3. 类的删除

类的删除分为两种方式：一种是类头的删除，删除类头的同时会一并删除类体；另一种是类体的删除，这种方式只能删除类体，类头依然存在。

删除类头：类的删除通过 DROP CLASS 完成，即类头的删除。语法格式如下：

```
DROP CLASS [<模式名>.]<类名>;
```

语法说明如下。

（1）如果被删除的类不属于当前模式，则必须在语句中指明模式名。

（2）如果一个类的声明被删除，那么对应的类体被自动删除。

（3）权限说明：执行该操作的用户必须是该类的拥有者，或者具有 DBA 权限。

4. 类体删除

类体删除即从数据库中删除一个类的实现主体对象。语法格式如下：

```
DROP CLASS BODY [<模式名>.]<类名>;
```

语法说明如下。

（1）如果被删除的类不属于当前模式，则必须在语句中指明模式名。

（2）权限说明：执行该操作的用户必须是该类的拥有者，或者具有 DBA 权限。

5. 类的使用

类类型同普通的数据类型一样，可以作为表列的数据类型、程序块中变量的数据类型，以及过程和函数参数的数据类型。类的使用规则如下。

（1）作为表列的类型或其他类成员变量属性的类型，不能被修改或删除类中定义的数据类型，其名称只在类的声明及实现中有效。如果类内函数的参数或返回值是类内数据类型，或者进行类内成员变量的复制，则需要在 PL/SQL 程序块中定义一个结构与之相同的类型。根据类使用方式的不同，对象可分为变量对象及列对象。变量对象指的是在 PL/SQL 程序块中声明类类型的变量；列对象指的是表中类类型的列。变量对象可以修改其属性的值，而列对象不能。

（2）变量对象的实例化。实例化通过 NEW 表达式调用构造函数完成。

（3）变量对象的引用。通过“=”进行的类类型变量之间的赋值是对对象的引用，并没有复制一个新的对象。

（4）变量对象属性访问。可以通过<对象名>.<属性名>方式进行属性的访问。

（5）变量对象成员方法调用。成员方法的调用通过<对象名>.<成员方法名>(<参数>{,<参数>})方式进行。如果成员方法内修改了对象内属性的值，则该修改生效。

（6）列对象的插入。列对象的创建是通过使用 INSERT 语句向表中插入数据实现的，插入语句中的值是变量对象，插入后存储在表中的数据即列对象。

（7）列对象的复制。存储在表中的对象不允许对对象中的成员变量进行修改，通过 INTO 语句进行的查询或“=”操作符进行的列到变量的赋值是对象的赋值，生成了一个与列对象数据一样的副本，在该副本上进行的修改不会影响表中列对象的值。

（8）列对象的属性访问。通过<列名>.<属性名>方式进行属性的访问。

（9）列对象的方法调用。通过<列名>.<成员方法名>(<参数>{,<参数>})调用。

在列对象方法调用过程中对类型内属性的修改，都是在列对象的副本上进行的，不会影响列对象的值。

（10）对象表的更新。表中存储的列对象虽然不能进行修改，但是可以通过 UPDATE 语句直接更新某行数据，即并不是修改对象内属性的值，而是直接替换了对象。

【例 2-22】类类型的变量对象、列对象的应用。

（1）变量对象的应用实例如下：

```
DECLARE
  TYPE ex_rec_t IS RECORD(a INT, b INT);      --使用一个同结构的类型代替类定义的类型
  rec ex_rec_t;
  o1 mycls;
  o2 mycls;
BEGIN
  o1 = NEW mycls(1,2,3);
  o2 = o1;        --对象引用
  rec = o2.r;     --变量对象的成员变量访问
  PRINT rec.a;
  PRINT rec.b;
  rec = o1.f1(4,5); --成员方法调用
  PRINT rec.a;
  PRINT rec.b;
  PRINT o1.id; --成员变量访问
END;
```

（2）列对象的应用实例如下：

① 表的创建：

```
CREATE TABLE tt1(c1 INT, c2 mycls);
```

② 列对象的创建——插入数据：

```
INSERT INTO tt1 VALUES(1, mycls(1,2,3));
```

③ 列对象的复制及访问：

```
DECLARE
  o mycls;
  id INT;
BEGIN
  SELECT TOP 1 c2 INTO o FROM tt1;            --列对象的复制
  SELECT TOP 1 c2.id INTO id FROM tt1;        --列对象成员的访问
END;
```

2.6　DM SQL 程序控制结构

根据结构化程序设计理论，任何程序可以由 3 种基本控制结构组成，即分支结构、循环结构和顺序结构。DM SQL 程序也用相应的语句来支持这 3 种控制结构。

2.6.1　IF 语句

IF 语句控制执行基于分支结构的语句序列，以实现条件控制。

1. IF-THEN 形式

IF-THEN 是 IF 语句最简单的形式，将一个条件与一个语句序列相连。当条件表达式的值为 TRUE 时，执行语句序列。

【例 2-23】 IF 语句举例。

```
IF X>Y THEN
  high:= X;
END IF;
```

2. IF-THEN-ELSE 形式

IF-THEN-ELSE 形式比 IF-THEN 形式增加了关键字 ELSE，后跟另一语句序列。其形式如下：

```
IF 条件 THEN
  语句序列1;
ELSE
  语句序列2;
END IF;
```

ELSE 子句中的语句序列仅当条件表达式的值为 FALSE 或 NULL 时执行。在 THEN 和 ELSE 子句中可包含 IF 语句，即 IF 语句可以嵌套。

3. IF-THEN-ELSEIF 形式

IF-THEN-ELSEIF 形式利用 ELSEIF 关键字引入附加条件。形式如下：

```
IF 条件1 THEN
  语句序列1;
```

```
ELSEIF 条件2 THEN
  语句序列2;
ELSE
  语句序列3;
END IF;
```

当条件 1 表达式的值为 FALSE 或 NULL 时，ELSEIF 子句测试条件 2 表达式，当值为 TRUE 时，则执行语句序列 2。IF 语句可以有任何数目的 ELSEIF 语句，而最后的 ELSE 子句是可选项。在此种情况下，每个条件都对应一个语句序列，条件由顶向底计算。任何一个条件计算为 TRUE 时，执行相对应的语句序列。如果所有条件计算为 FALSE 或 NULL，则执行 ELSE 子句中的序列。

【例 2-24】 IF-THEN-ELSEIF 语句举例。

```
IF X>Y THEN
  high:=X;
ELSEIF X=Y THEN
  b:=FALSE;
ELSE
  c:=NULL;
END IF;
```

其中，*b* 和 *c* 是布尔数据类型（BOOLEAN）变量。布尔数据类型变量用于存储 TRUE、FALSE 或 NULL（空值）。它没有参数，仅可将 3 种值赋给 1 个布尔变量，不能将 TRUE、FALSE 值插入数据库的列中，也不能从数据库的列中选择或获取列值到 BOOLEAN 变量。

控制语句中支持的条件谓词有比较谓词、BETWEEN、IN、LIKE 和 IS NULL。下面以条件控制语句 IF 语句为例分别进行说明。

【例 2-25】 含 BETWEEN 谓词的条件表达式举例。

```
IF a BETWEEN -5 AND 5 THEN
  PRINT 'TRUE';
ELSE
  PRINT 'FALSE';
END IF;
```

【例 2-26】 含 IN 谓词的条件表达式举例。

```
IF a IN (1,3,5,7,9) THEN PRINT 'TRUE';
ELSE
  PRINT 'FALSE';
END IF;
```

【例 2-27】 含 LIKE 谓词的条件表达式举例。

```
IF a LIKE '%DM%' THEN
  PRINT 'TRUE';
ELSE
```

```
  PRINT 'FALSE';
END IF;
```

【例 2-28】含 IS NULL 谓词的条件表达式举例。

```
IF a IS NOT NULL THEN
   PRINT 'TRUE';
ELSE
   PRINT 'FALSE';
END IF;
```

2.6.2 循环语句

DM SQL 程序支持 4 种基本类型的循环语句，即 LOOP 语句、WHILE 语句、FOR 语句和 REPEAT 语句。LOOP 语句循环执行一系列语句，直到 EXIT 语句终止循环为止；WHILE 语句循环检测一个条件表达式，当表达式的值为 TRUE 时就执行循环体的语句；FOR 语句对一系列语句重复执行指定次数；REPEAT 语句重复执行一系列语句直至达到条件表达式的限制要求。

1. LOOP 语句

LOOP 语句实现对一系列语句的重复执行，是循环语句的最简单形式。它没有明显的终点，必须借助 EXIT 语句来跳出循环。LOOP 语句的语法格式如下：

```
LOOP
<执行部分>;
END LOOP;
```

【例 2-29】LOOP 语句用法举例。

```
DECLARE
  a INT;
BEGIN
  a:=10;
  LOOP
      IF a<=0 THEN
         EXIT;
      END IF;
      PRINT a;
      a:=a-1;
  END LOOP;
END;
```

第 5～11 行是一个 LOOP 循环，每次循环都打印参数 a 的值，并将 a 的值减 1，直到 a 小于等于 0 为止。

2. WHILE 语句

WHILE 语句在每次循环开始以前，先计算条件表达式，若该条件表达式的值为 TRUE，则语句序列被执行一次，然后控制重新回到循环顶部；若条件表达式的值为 FALSE，则结束循环。当然，也可以通过 EXIT 语句来终止循环。WHILE 语句的语法格式如下：

```
WHILE <条件表达式> LOOP
  <执行部分>;
END LOOP;
```

【例 2-30】 WHILE 语句用法举例。

```
DECLARE
  a  INT;
BEGIN
   a:=10;
   WHILE a>0 LOOP
      PRINT a;
      a:=a-1;
   END LOOP;
END;
```

这个例子的功能与例 2-29 相同，只是使用了 WHILE 语句。

3. FOR 语句

当 FOR 语句执行时，首先检查下限表达式的值是否小于上限表达式的值，如果下限数值大于上限数值，则不执行循环体。否则，将下限数值赋予循环计数器（如果语句中使用了 REVERSE 关键字，则把上限数值赋给循环计数器）；然后执行循环体内的语句序列；执行完后，循环计数器值加 1（如果有 REVERSE 关键字，则减 1）；检查循环计数器的值，若仍在循环范围内，则重新继续执行循环体；如此循环，直到循环计数器的值超出循环范围。同样，也可以通过 EXIT 语句来终止循环。FOR 语句的语法格式如下：

```
FOR <循环计数器> IN [REVERSE] <下限表达式> .. <上限表达式> LOOP
  <执行部分>;
END LOOP;
```

循环计数器是一个标识符，它类似于一个变量，但是不能被赋值，且作用域仅限于 FOR 语句内部。下限表达式和上限表达式用来确定循环的范围，它们的类型必须和整型兼容。循环范围是在循环开始之前确定的，即使在循环过程中下限表达式或上限表达式的值发生了改变，也不会引起循环范围的变化。

【例 2-31】 FOR 语句用法举例。

```
DECLARE
  a  INT;
BEGIN
  a:=10;
```

```
    FOR i IN REVERSE 1 .. a LOOP
        PRINT i;
        a:=i-1;
    END LOOP;
END;
```

这个例子的功能也与例 2-29 相同，只是使用了 FOR 语句。

FOR 语句中的循环计数器可与当前程序块内的参数或变量同名，这时该同名的参数或变量在 FOR 语句的范围内被屏蔽。

【例 2-32】FOR 语句中的循环计数器与当前程序块内的参数或变量同名举例。

```
DECLARE
    v1 DATE:=DATE '2000-01-01';
BEGIN
    FOR v1 IN 0 .. 5 LOOP
      PRINT v1;
    END LOOP;
    PRINT v1;
END;
```

此例中，循环计数器 v1 与 DATE 类型的变量 v1 同名。在 FOR 语句内，PRINT 语句将 v1 当作循环计数器。而 FOR 语句外的 PRINT 语句则将 v1 当作 DATE 类型的变量。

4. REPEAT 语句

REPEAT 语句用于重复执行一条或多条语句。REPEAT 语句的语法格式如下：

```
REPEAT
   <执行部分>;
UNTIL <条件表达式>;
```

【例 2-33】REPEAT 语句用法举例。

```
  a := 0;
  REPEAT
      a := a+1;
  UNTIL a>10;
```

5. EXIT 语句

EXIT 语句与循环语句一起使用，用于终止其所在循环语句的执行，将控制转移到该循环语句外的下一个语句继续执行。注意：EXIT 语句必须出现在一个循环语句中，否则将报错。EXIT 语句的语法格式如下：

```
EXIT [<标号名>] [WHEN <条件表达式>];
```

当 EXIT 后面的标号名省略时，该语句将直接终止包含它的那条循环语句；当 EXIT 后面带有标号名时，该语句用于终止标号名所标识的那条循环语句。需要注意的是，该标号名所标识的语句必须是循环语句，并且 EXIT 语句必须出现在此循环语句中。当 EXIT

语句位于多重循环中时，可以用该功能来终止其中的任何一重循环。

当 WHEN 子句省略时，EXIT 语句无条件地终止该循环语句；否则，先计算 WHEN 子句中的条件表达式，当条件表达式的值为 TRUE 时，终止该循环语句。

【例 2-34】不带标号名的 EXIT 语句举例。

```
DECLARE
    a INT;
    b INT;
BEGIN
    a := 0;
    LOOP
        FOR b in 1 .. 2 LOOP
            PRINT '内层循环' ||b;
            EXIT WHEN a > 3;
        END LOOP;
        a := a + 2;
        PRINT '---外层循环' ||a;
        EXIT WHEN a> 5;
    END LOOP;
END;
```

运行结果为：

```
内层循环1
内层循环2
---外层循环2
内层循环1
内层循环2
---外层循环4
内层循环1
---外层循环6
```

【例 2-35】带标号名的 EXIT 语句举例。

```
DECLARE
  a INT;
  b INT;
BEGIN
  a := 0;
  <<flag1>>
  LOOP
    FOR b in 1 .. 2 LOOP
      PRINT '内层循环' ||b;
```

```
            EXIT flag1 WHEN a > 3;
        END LOOP;
        a := a + 2;
        PRINT '---外层循环' ||a;
        EXIT WHEN a> 5;
    END LOOP;
END;
```

运行结果为：

```
内层循环1
内层循环2
---外层循环2
内层循环1
内层循环2
---外层循环4
内层循环1
```

6. CONTINUE 语句

CONTINUE 语句的作用是退出本次循环，并且将语句控制转移到下一次循环或者指定标签的循环的开始位置，继续执行。CONTINUE 语句的语法格式如下：

```
CONTINUE [[标签] WHEN <条件表达式>];
```

若 CONTINUE 后没有跟 WHEN 子句，则无条件立即退出本次循环，并且将语句控制转移到下一次循环或者指定标签的循环的开始位置，继续执行。

【例 2-36】 CONTINUE 语句举例。

```
DECLARE
    x INT:= 0;
BEGIN
    <<flag1>> -- CONTINUE跳出之后，回到这里
    FOR i IN 1..4 LOOP
        PRINT '循环内部, CONTINUE之前: x = ' || TO_CHAR(x);
        x := x + 1;
        CONTINUE flag1;
        PRINT '循环内部, CONTINUE之后: x = ' || TO_CHAR(x);
    END LOOP;
    PRINT '循环外部: x = ' || TO_CHAR(x);
END;
```

运行结果为：

```
循环内部，CONTINUE之前: x = 0
循环内部，CONTINUE之前: x = 1
循环内部，CONTINUE之前: x = 2
```

```
循环内部，CONTINUE之前: x = 3
循环外部: x = 4
```

CONTINUE WHEN 语句的作用是当 WHEN 后面的条件满足时，将语句控制转移到下一次循环或者指定标签的循环的开始位置并继续执行。每次循环到达 CONTINUE WHEN 时，都会对 WHEN 的条件表达式进行计算，如果值为 FALSE，则 CONTINUE WHEN 对应的语句不会被执行。为了防止出现死循环，可以将 WHEN 的条件设置为一个值肯定为 TRUE 的表达式。

【例 2-37】CONTINUE WHEN 语句举例。

```
DECLARE
    x INT:= 0;
BEGIN
    -- CONTINUE跳出之后，回到这里
    FOR i IN 1..4 LOOP
        PRINT '循环内部, CONTINUE之前: x = ' || TO_CHAR(x);
        x := x + 1;
        CONTINUE WHEN x > 3;
        PRINT '循环内部, CONTINUE之后: x = ' || TO_CHAR(x);
    END LOOP;
    PRINT '循环外部: x = ' || TO_CHAR(x);
END;
```

运行结果为：

```
循环内部，CONTINUE之前: x = 0
循环内部，CONTINUE之后: x = 1
循环内部，CONTINUE之前: x = 1
循环内部，CONTINUE之后: x = 2
循环内部，CONTINUE之前: x = 2
循环内部，CONTINUE之后: x = 3
循环内部，CONTINUE之前: x = 3
循环外部: x = 4
```

7. FORALL 语句

FORALL 语句的作用是将数据从一个集合传送给指定的使用集合的表，即当需要对数据表进行批量 INSERT、UPDATE 和 DELETE 操作时，可以使用 FORALL 语句，这样不仅可以简化代码，并且可以优化数据操作的性能。需要注意的是，优化处理会影响游标的属性值，导致其不可使用。可以通过 dm.ini 配置文件中的 USE_FORALL_ATTR 参数控制是否进行优化处理，值为 0 表示可以优化，不使用游标属性；值为 1 表示不优化，使用游标属性，默认值为 0。其语法格式如下：

```
FORALL <循环计数器> IN <bounds_clause> [SAVE EXCEPTIONS] <forall_dml_stmt>;
<bounds_clause> ::= <下限表达式>..<上限表达式>
```

```
| INDICES OF <集合> [BETWEEN ] <下限表达式> AND <上限表达式>
| VALUES OF <集合>
<forall_dml_stmt> ::= <INSERT语句> | <UPDATE语句> | <DELETE语句> | <MERGE INTO语句>
```

其中，SAVE EXCEPTIONS 设定，即使一些 DML 语句失败，也直到 FORALL 语句执行结束才抛出异常；INDICES OF <集合>表示跳过集合中没有赋值的元素，可用于指向稀疏数组的实际下标；VALUES OF <集合>把该集合中的值作为下标。

（1）用法 1。

```
FORALL 循环计算器 IN 下限..上限
  SQL 语句;
```

说明：①循环计算器是被遍历的数组元素的下标。②下标必须是连续的，否则执行会报错。③执行的 SQL 语句只能有一个。

【例 2-38】 创建表 t_student，并批量插入数据。

步骤 1：创建表 t_student。

```
CREATE TABLE t_student(
  gid NUMBER(38),
  name VARCHAR2(100)
);
```

步骤 2：批量插入数据。

```
DECLARE
  TYPE stu_table_type IS TABLE OF t_student%ROWTYPE INDEX BY BINARY_INTEGER;
  stu_table stu_table_type;
BEGIN
  FOR i IN 1..10 LOOP
    stu_table(i).gid:=i;
    stu_table(i).name:='NAME'||i;
  END LOOP;
  FORALL i IN stu_table.first..stu_table.last
    INSERT INTO t_student VALUES stu_table(i);
  COMMIT;
END;
```

（2）用法 2。

在用法 1 中，如果数组中的数据下标不连续，则执行 FORALL 语句时会发生错误，如下面的代码：

```
DECLARE
  TYPE stu_table_type IS TABLE OF t_student%ROWTYPE INDEX BY BINARY_INTGER;
  stu_table stu_table_type;
BEGIN
```

```
    FOR i IN 1..10 LOOP
      stu_table(i).gid:=i;
      stu_table(i).name:='NAME'||i;
    END LOOP;
    stu_table.delete(2);--删除数组第二个元素
    FORALL i IN stu_table.first..stu_table.last
      INSERT INTO t_student VALUES stu_table(i);
    COMMIT;
END;
```

为了解决上述问题，需要使用 INDICES OF 和 VALUES OF 两个子句，INDICES OF 子句语法格式如下。

```
FORALL 循环计算器 IN INDICES OF（跳过没有赋值的元素，如被 DELETE 的元素，NULL 也算值）集合 [BETWEEN 下限 AND 上限]
    SQL 语句;
```

说明：①循环计算器是被遍历的数组元素的下标。②INDICES OF 可以是循环跳过的没有赋值的元素，被赋予 NULL 也算有值。③BETWEEN 下限 AND 上限子句是可选的，作用是把子句的“下限”到“上限”范围之内的数值与数组元素下标做个交集，并遍历。这个交集可能是数组的全部元素，也可能是部分元素，或者为空。如果不指定，就遍历数组全部元素。④执行的 SQL 语句只能是一条。

【例 2-39】INDICES OF 用法举例。注意运行下面代码之前，先删除表 t_student 中的数据。

```
DECLARE
    TYPE student_tbl_type IS TABLE OF t_student%ROWTYPE INDEX BY BINARY_INTEGER;
    student_tbl student_tbl_type;
BEGIN
    FOR i IN 1..10 LOOP
      student_tbl(i).gid:=i;
      student_tbl(i).name:='NAME'||i;
    END LOOP;
    student_tbl.delete(3);
    student_tbl.delete(6);
    student_tbl.delete(9);--删除3,6,9三个元素
    FORALL i IN INDICES OF student_tbl
      INSERT INTO t_student VALUES student_tbl(i);
    COMMIT;
END;
```

（3）用法 3。

VALUES OF 子句语法格式如下。

```
FORALL 循环计算器 IN VALUES OF 集合
  SQL语句;
```

说明：①循环计算器是被遍历元素的值，且该集合值的类型只能是 PLS_INTEGER 或者 BINARY_INTEGER；②执行的 SQL 语句只能是一条。

【例 2-40】 VALUES OF 用法举例。

```
DECLARE
  TYPE index_poniter_type IS TABLE OF PLS_INTEGER;
  index_poniter index_poniter_type;
  TYPE student_tbl_type IS TABLE OF t_student%ROWTYPE INDEX BY BINARY_INTEGER;
  student_tbl student_tbl_type;
BEGIN
  index_poniter:=index_poniter_type(1,3,5,7);
  FOR i IN 1..10 LOOP
    student_tbl(i).gid:=i;
    student_tbl(i).name:='NAME'||i;
  END LOOP;
  FORALL i IN VALUES OF index_poniter
    INSERT INTO t_student VALUES student_tbl(i);
  COMMIT;
END;
```

2.6.3 CASE 语句

CASE 语句在一个序列条件中进行选择并执行相应的程序块，主要有简单形式和搜索形式两种。

1. 简单形式

将一个表达式与多个值进行比较，根据比较结果进行选择。这种形式的 CASE 语句会选择第一个满足条件的对应语句来执行，剩下的则不会执行。如果没有符合的条件，则它会执行 ELSE 语句。如果 ELSE 语句不存在，则不会执行任何语句。CASE 语句简单形式的语法格式如下：

```
CASE <条件表达式>
   WHEN <条件 1> THEN <语句 1>;
   WHEN <条件 2> THEN <语句 2>;
   WHEN <条件 n> THEN <语句 n>;
   [ ELSE <语句> ]
END CASE;
```

其中，每个条件都可以是立即数，也都可以是一个表达式。

【例 2-41】CASE 语句简单形式举例。

```
DECLARE
  i INT;
BEGIN
  i:=2;
  CASE (i+ 1)
      WHEN 2 THEN PRINT 2;
      WHEN 3 THEN PRINT 3;
      WHEN 4 THEN PRINT 4;
      ELSE PRINT 5;
  END CASE;
END;
```

2. 搜索形式

对多个条件进行计算，选择执行第一个结果为真的条件子句，在第一个为真的条件后面的所有条件都不会执行。如果所有的条件都不为真，则执行 ELSE 语句。如果 ELSE 语句不存在，则不执行任何语句。CASE 语句搜索形式的语法格式如下：

```
CASE
    WHEN <条件表达式> THEN <语句 1>;
    WHEN <条件表达式> THEN <语句 2>;
    WHEN <条件表达式> THEN <语句 n>;
    [ELSE <语句> ]
END CASE;
```

【例 2-42】CASE 语句搜索形式举例。

```
DECLARE
    i INT;
BEGIN
    i:=2;
    CASE
        WHEN i=1 THEN PRINT 2;
        WHEN i=2 THEN PRINT 3;
        WHEN i=4 THEN PRINT 4;
    END CASE;
END;
```

CASE 语句类似 C 语言中的 switch 语句，它的执行体可以被一个 WHEN 条件包含起来，与 IF 语句相似。一个 CASE 语句是由 END CASE 来结束的。

2.6.4　顺序结构语句

1. GOTO 语句

GOTO 语句无条件地跳转到一个标号所在的位置，将控制权交给带有标号的语句或程序块。标号的定义在一个程序块中必须是唯一的。GOTO 语句的语法格式如下：

```
GOTO   <标号名>
```

【例 2-43】 GOTO 语句举例。

```
BEGIN
   ...
   GOTO insert_row
   ...
   <<insert_row>>
   INSERT INTO mp values...
END;
```

为了保证 GOTO 语句的使用不会引起程序的混乱，GOTO 语句的使用有下列限制。

（1）GOTO 语句不能跳入 IF 语句、循环语句或下层程序块中。

（2）GOTO 程序不能从一个异常处理器跳回当前块，但是可以跳转到包含当前块的上层程序块。

例 2-44～例 2-46 是一些错误的 GOTO 语句举例。

【例 2-44】 GOTO 语句企图跳入一个 IF 语句举例。

```
BEGIN
   ...
   GOTO update_row;        /* 错误，企图跳入一个 IF 语句 */
   ...
   IF valid THEN
   ...
   <<update_row>> UPDATE emp SET…
   END IF;
END;
```

【例 2-45】 GOTO 语句企图从 IF 语句的一个子句跳入另一个子句举例。

```
BEGIN
   ...
   IF valid THEN
     ...
     GOTO update_row;       /* 错误，企图从IF语句的一个子句跳入另一个子句 */
   ELSE
   ...
```

```
    <<update_row>> UPDATE emp SET ...
    END IF;
END;
```

【例 2-46】GOTO 语句企图跳入一个下层程序块举例。

```
BEGIN
    …
    IF status = 'OBSOLETE' THEN
        GOTO delete_part;       /* 错误，企图跳入一个下层程序块*/
    END IF;
    BEGIN
        …
        <<delete_part>>
        DELETE FROM parts WHERE…
    END;
END;
```

2. NULL 语句

NULL 语句不做任何事情，只用于保证语法的正确性，或者增加程序的可读性。

【例 2-47】NULL 语句举例。

```
BEGIN
  IF score = 100 THEN
    PRINT 'YOUR ARE WONDERFUL! ';
  ELSE
    NULL;
  END IF;
END;
```

2.6.5 其他语句

1. PRINT 语句

PRINT 语句用于从 DM SQL 程序中向客户端输出一个字符串，语句中的表达式可以是各种数据类型，系统自动将其转换为字符类型。

PRINT 语句便于用户调试 DM SQL 程序代码。当 DM SQL 程序的行为与预期不一致时，可以在其中加入 PRINT 语句来观察各个阶段的运行情况。用户也可以使用 DM 系统包方法 DBMS_OUTPUT.PUT_LINE( )将信息打印到客户端。PRINT 语句的语法格式为：

```
PRINT <表达式>;
```

2. PIPE ROW 语句

PIPE ROW 语句只能在管道表函数中使用。管道表函数 PIPE ROW 可以返回行集合的函数，用户可以像查询数据库表一样查询它。目前 DM 管道表函数的返回值类型只支持 VARRAY 类型和嵌套表类型。PIPE ROW 语句将返回一行到管道表函数的结果集中。如果值表达式是类类型的表达式，则会复制一个对象输入管道表函数的结果集中，保证在将同一个对象多次输入管道表函数的结果集中时，后面的修改不会影响前面的输入。

【例 2-48】管道表函数举例。

```
CREATE TYPE mytype AS OBJECT (
    col1 INT,
    col2 VARCHAR (64)
);
CREATE TYPE mytypelist AS TABLE OF mytype;
CREATE OR REPLACE FUNCTION func_piperow RETURN mytypelist PIPELINED
IS
    v_mytype mytype;
BEGIN
  FOR i IN 1 .. 5 LOOP
    v_mytype := mytype (i, 'ROW ' || i);
    PIPE ROW(v_mytype);
  END LOOP;
  EXCEPTION
    WHEN OTHERS THEN NULL;
END;
```

查询管道表函数：

```
SELECT * FROM TABLE (func_piperow);
```

2.7 DM SQL 程序异常处理

在 DM SQL 程序的执行过程中，当各种原因使语句不能正常执行时，可能会发生错误或使整个系统崩溃，所以应该采取必要的措施防止这种情况的发生。

在 DM SQL 程序中出现的警告或错误称为异常，对异常的处理称为异常处理。虽然在 DM SQL 程序设计中，异常处理部分不是必须编写的，但建议养成在 DM SQL 程序设计中对可能出现的异常进行指定和处理的习惯。最好针对明显可能出现的错误加以描述并处理，这样在 DM SQL 程序执行过程中，无论何时发生错误，控制权都会自动地转向执行异常处理部分；否则，当程序在运行中出现错误时，程序就会被自动中止。另外，许多被中止的 DM SQL 程序是不容易被用户发现的。

【例 2-49】异常举例。

```
DECLARE
```

```
    v_employee_name    VARCHAR2(20);
BEGIN
    SELECT employee_name INTO v_employee_name FROM employee WHERE department_id=104;
    PRINT 'department_id是104的所属员工:'||v_employee_name;
END;
```

由于 SELECT INTO 语句每次只能获取一行数据，因此运行时会发生错误，程序异常中止。如果加上异常处理程序，程序就不会异常中止。正确的做法是：

```
DECLARE
    v_employee_name VARCHAR2(20);
BEGIN
    SELECT employee_name INTO v_employee_name FROM employee WHERE department_id=104;
    EXCEPTION
        WHEN TOO_MANY_ROWS THEN
        PRINT   '返回多行数据，建议采用游标。';
END;
```

异常包括预定义异常和用户自定义异常。预定义异常是DM数据库系统已定义的异常，可以在程序中直接使用，不必在定义部分声明，常用的预定义异常如表 2-8 所示。用户自定义异常需要在定义部分声明后才能在可执行部分使用。用户自定义异常不一定是达梦数据库的错误，也可以是其他错误，如数据错误。

表 2-8　常用的预定义异常

异常名称	SQLCODE	说　明
TOO_MANY_ROWS	−7046	SELECT INTO 中包含多行数据
NO_DATA_FOUND	−7065	数据未找到
DUP_VAL_ON_INDEX	−6602	违反唯一性约束
INVALID_CURSOR	−4535	无效的游标操作
ZERO_DIVIDE	−6103	除零错误

2.7.1　异常处理语法

异常一般是在 DM SQL 程序中执行错误时由服务器抛出的，也可以由程序员在 DM SQL 程序块中编写程序在一定的条件下显式抛出。无论是哪种形式的异常，都可以在 DM SQL 程序块的异常处理部分编写一段程序进行处理。如果不做任何处理，则异常将被传递到调用者，由调用者统一处理。如果要在 DM SQL 程序块中对异常进行处理，就需要在异常处理部分编写处理程序。异常处理程序的语法格式如下：

```
EXCEPTION
    WHEN exception1 [OR exception2…] THEN
        statement1;
        statement2;
…
```

```
  [WHEN exception3 [OR exception4…] THEN
      statement1;
      statement2;
…]
  [WHEN OTHERS THEN
      statement1;
      statement2;
…]
```

异常处理程序以关键字 EXCEPTION 开始。在这部分可以对多个异常分别进行不同的处理，也可以进行相同的处理。如果没有列出所有异常，则可以用关键字 OTHERS 代替其他的异常，在异常处理程序的最后加上 WHEN OTHERS 子句，用来处理前面没有列出的所有异常。

【例 2-50】 异常处理举例。

```
DECLARE
  tempvar CHAR(3);
BEGIN
  tempvar:= '1234' ;
  EXCEPTION
     WHEN Value_error THEN
        PRINT '所定义变量长度不够';
END;
```

如果 DM SQL 程序块执行出错，或者遇到显式抛出异常的语句，则程序立即停止执行，转去执行异常处理程序。异常处理结束后，整个 DM SQL 程序块的执行便告结束。所以当发生异常时，在 DM SQL 程序块的可执行部分中，从发生异常的地方开始，以后的代码将不再执行。

2.7.2　用户自定义异常

除了 DM 定义的预定义异常，在 DM SQL 程序中还可以由用户自定义异常。程序员可以把一些特定的状态定义为异常，在一定的条件下抛出，然后利用 DM SQL 程序的异常机制进行处理。用户自定义异常流程如图 2-1 所示。

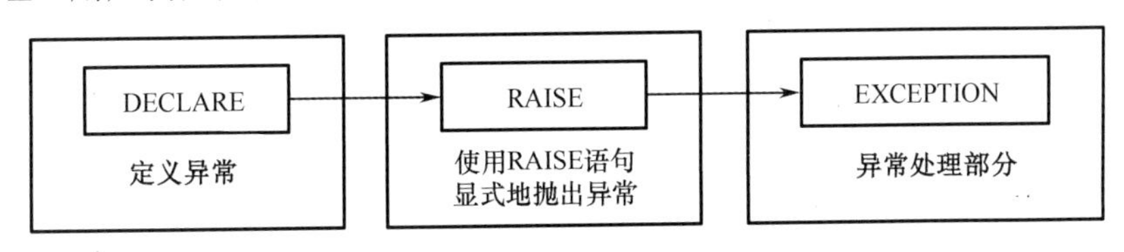

图 2-1　用户自定义异常流程

创建自定义异常的方法为：在程序块的说明部分定义一个异常变量，并将该异常变量与用户要处理的 DM 错误号绑定。

1. 使用 EXCEPTION FOR 定义异常

使用 EXCEPTION FOR 定义异常可以将异常变量与错误号绑定，其语法格式如下：

```
异常名称 EXCEPTION [FOR <错误号> [,<错误描述>]]
```

其中，FOR 子句用来为异常变量绑定错误号（SQLCODE 值）及错误描述串。错误号必须是-30000～-20000 的负数值，错误描述则为字符串类型。如果未显式地指定错误号，则系统在运行中会在-15000～-10001 顺序地绑定错误号。

2. 使用 EXCEPTION_INIT 定义异常

使用 EXCEPTION_INIT 定义异常可以将一个特定的错误号与程序中所声明的异常标识符关联起来，其语法格式如下：

```
<异常变量名> EXCEPTION;
PRAGMA EXCEPTION_INIT(<异常变量名>, <错误号>);
```

EXCEPTION_INIT 将异常变量名与 DM 错误号结合起来，这样可以通过名称引用任意的内部异常，并且可以通过名称为异常编写适当的异常处理程序。如果希望使用 RAISE 语句抛出一个用户自定义异常，则与异常关联的错误号必须是-30000～-20000 的负数值。

DM8 支持两种自定义异常变量的方法。异常变量类似于一般的变量，必须在块的说明部分说明，有同样的生存期和作用域。但是异常变量不能传递参数，也不能被赋值。需要注意的是，为异常变量绑定的错误号不一定是 DM 返回的系统错误，但是该错误号必须是一个负整数。自定义异常使用户可以把违背事务规则的行为也当作异常看待。

3. 异常抛出

（1）有异常名。

在存储执行的过程中，如果发生错误，则系统将自动抛出一个异常。此外，可以用 RAISE 语句抛出异常。例如，当操作合法但违背了事务规则时，一旦异常被抛出，执行权就被传递给程序块的异常处理部分。RAISE 语句的语法格式如下：

```
RAISE   <异常名>
```

其中，<异常名>可以是系统预定义异常，也可以是用户自定义异常。

（2）无异常名。

上述的方法已经定义了异常变量。如果还没有定义异常变量，则可以用 RAISE_APPLICATION_ERROR 直接抛出错误信息。错误码和错误信息可以像其他错误码和错误信息一样被捕获。语法格式如下：

```
RAISE_APPLICATION_ERROR ( ERR_CODE IN INT, ERR_MSG IN INT);
```

其中：

ERR_CODE 表示错误码，取值范围为-30000～-20000；

ERR_MSG 表示用户自定义的错误信息。字符串不超过 2000 字节。

【例 2-51】异常抛出举例。

```
DECLARE
  invalid_employee_id EXCEPTION;
  v_employee_id INTEGER:='1006';
```

```
    v_employee_name VARCHAR2(20):='张四';
BEGIN
    UPDATE employee SET employee_name = v_employee_name WHERE employee_id=v_employee_id;
    IF SQL%NOTFOUND THEN
        RAISE invalid_employee_id;
    END IF;
    COMMIT;
    EXCEPTION
      WHEN invalid_employee_id    THEN
          PRINT '没有该编码的员工.';
END;
```

2.7.3 异常处理函数

内置函数 SQLCODE 和 SQLERRM 用在异常处理部分，分别用来返回错误码和错误描述。SQLCODE 函数返回的是负数，对于 SQLERRM 函数，如果找到对应的系统错误描述，则返回相应描述，否则有以下几种情况。

（1）如果 ERROR_NUMBER 为-19999～-15000，则返回'User-Defined Exception'；

（2）如果 ERROR_NUMBER 为-30000～-20000，则返回'DM-<ERROR_NUMBER 绝对值>'；

（3）如果 ERROR_NUMBER 大于 0 或小于-65535，则返回'-<ERROR_NUMBER 绝对值>: non-DM exception'；

（4）除以上 3 种情况外，返回'DM-<ERROR_NUMBER 绝对值>:Message<ERROR_NUMBER 绝对值> not found;'。

另外，SQLERRM 函数也可以带参数。带参数的 SQLERRM 用法如下：

```
VARCHAR SQLERRM(ERROR_NUMBER INT(4))
```

SQLERRM 函数返回错误码对应的错误描述。该函数不能直接用于 SQL 语句，需要将 SQLERRM 函数的返回值赋给本地变量。

其中，ERROR_NUMBER 为错误码。

【例 2-52】异常处理函数应用举例。

```
DECLARE
    invalid_employee_id EXCEPTION;
    v_employee_id INT:='1006';
    v_employee_name VARCHAR2(20):='张四';
    error_code NUMBER;
    error_message VARCHAR2(255);
BEGIN
    UPDATE employee SET employee_name = v_employee_name
```

```
    WHERE   employee_id=v_employee_id;
    IF SQL%NOTFOUND THEN
        RAISE invalid_employee_id;
    END IF;
    COMMIT;
    EXCEPTION
      WHEN invalid_employee_id   THEN
          PRINT '没有该编码的员工.';
          error_code:= SQLCODE;
          error_message:= SQLERRM;
          PRINT error_code;
          PRINT error_message;
END;
```

【例 2-53】除零错误异常。

```
DECLARE
    a INTEGER:=1;
BEGIN
  a:=a/0;   /* 除零错误 */
  EXCEPTION
      WHEN ZERO_DIVIDE THEN
          PRINT   TO_CHAR(SQLCODE)|| SQLERRM;
END;
```

2.8 游标

SELECT INTO 语句可以用于获取数据库表格中的数据，但每次都只能获取一行数据，不能同时获取多行数据。当在复杂的应用中需要对数据库表格中的数据逐条进行处理时，需要一种方法来解决这个问题。解决的方法是采用游标。

DM SQL 程序通过游标提供了对一个结果集进行逐行处理的能力。游标实际上是一个指针，它与某个查询结果相联系，指向结果集的任意记录，以便对指定位置的数据进行处理。

使用游标必须先定义，定义游标实际上是定义一个游标工作区，并给该工作区分配一个指定名称的游标（指针）。在打开游标时，就可从指定的基表中取出所有满足查询条件的行送入游标工作区并根据需要分组排序，同时将游标置于第一行前以备读出该工作区中的数据。当对行集合操作结束后，应关闭游标，释放与游标有关的资源。

DM SQL 程序提供了 4 条有关游标的语句：定义游标语句、打开游标语句、获取数据语句和关闭游标语句。游标的控制流程包括：①定义游标；②打开游标；③循环读取数据，游标前移；④测试数据是否提取完毕，如果没有，则继续提取数据；⑤关闭游标。游标控制流程如图 2-2 所示。

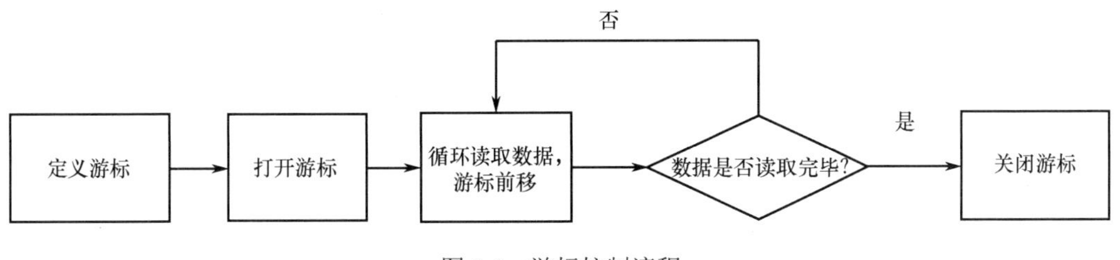

图 2-2　游标控制流程

2.8.1　游标控制和属性

1. 定义游标

定义一个游标，给它一个名称和与之相联系的 SELECT 语句。语法格式如下：

```
CURSOR 游标名 [(参数1 数据类型[,参数2 数据类型]…)]
  [RETURN  返回数据类型]  [FAST | NOFAST]  IS SELECT语句;
```

其中，FAST 属性指定游标是否为快速游标，默认为 NO FAST 对应的普通游标。在定义游标时，若通过 FAST 属性将游标定义为快速游标，则该游标在执行过程中会提前返回结果集，速度上提升明显，但是存在以下的使用约束。

（1）使用快速游标的 PL/SQL 程序块中不能修改快速游标所涉及的表。

（2）游标上不能创建引用游标。

（3）不支持动态游标。

（4）不支持游标更新和删除。

（5）不支持 NEXT 以外的 FETCH 方向。

【例 2-54】不带参数的游标定义举例。

```
DECLARE
  CURSOR emp_cursor IS
  SELECT  employee_id, employee_name, email, salary FROM employee WHERE department_id=101;
```

不带参数的游标名称为 emp_cursor，该游标要从表 employee 中查出部门编号 department_id 为 101 的员工的员工编号、姓名、电子邮箱、薪资。该语句定义了存取这个行集合的工作区及取数游标 emp_cursor。

【例 2-55】带参数的游标定义举例。

```
DECLARE
  CURSOR emp_cursor(v_depart_id INT) IS
  SELECT employee_id, employee_name, email, salary FROM employee
  WHERE department_id=v_depart_id;
```

带参数的游标名称为 emp_cursor，参数是 v_depart_id，该游标要从表 employee 中查出部门编号 department_id 为参数值 v_depart_id 的员工的员工编号、姓名、电子邮箱、薪资。该语句定义了存取这个行集合的工作区及取数游标 emp_cursor。

2. 打开游标

打开游标的作用是：DM 服务器分配内存空间，解析和执行 SQL 语句，游标指向第一行。其语法格式如下：

```
OPEN游标名[(参数值1[,参数值2]…)]
```

【例 2-56】打开不带参数的游标举例。

```
DECLARE
  CURSOR emp_cursor IS
  SELECT employee_id, employee_name, email, salary FROM employee WHERE department_id=101;
BEGIN
     OPEN bd_cursor;
END;
```

【例 2-57】打开带参数的游标举例。

```
DECLARE
  CURSOR emp_cursor(v_depart_id INT) IS
  SELECT employee_id, employee_name, email, salary FROM employee
  WHERE department_id=v_depart_id;
BEGIN
  OPEN emp_cursor(101);
END;
```

3. 循环读取数据并测试数据是否提取完毕

游标打开后，就可以用 FETCH 语句获取数据到变量中，同时将游标向前移动一行。

注意，读取数据的变量数量和类型必须与定义游标时的 SELECT 语句选择的字段一致。语法格式如下：

```
FETCH [[NEXT|PRIOR|FIRST|LAST|ABSOLUTE n|RELATIVE n] [FROM] ] <游标名> [INTO <赋值对象>{,<赋值对象>>}];
```

其中：

（1）NEXT 表示游标下移一行；

（2）PRIOR 表示游标前移一行；

（3）FIRST 表示游标移动到第一行；

（4）LAST 表示游标移动到最后一行；

（5）ABSOLUTE *n* 表示游标移动到第 *n* 行；

（6）RELATIVE *n* 表示游标移动到当前指示行后的第 *n* 行；

（7）游标名指明被读取数据游标的名称。

【例 2-58】游标读取数据举例。

```
DECLARE
  CURSOR emp_cursor(v_depart_id INT) IS
  SELECT employee_id, employee_name, email, salary FROM employee
```

```
    WHERE department_id=v_depart_id;
    v_id employee.employee_id%TYPE;
    v_name employee.employee_name%TYPE;
    v_email employee.email%TYPE;
    v_salary employee.salary%TYPE;
BEGIN
    OPEN emp_cursor(101);
    FETCH emp_cursor INTO v_id, v_name, v_email, v_salary;
    PRINT v_id;
    PRINT v_name;
    PRINT v_email;
    PRINT v_salary;
END;
```

为了逐行读取游标数据，需要采用游标循环方式。游标循环有 3 种方式：LOOP…END LOOP、WHILE…LOOP 和游标 FOR 循环。

（1）LOOP…END LOOP 循环。

【例 2-59】 LOOP…END LOOP 循环读取游标数据举例[①]。

```
DECLARE
    CURSOR emp_cursor(v_depart_id INT) IS
    SELECT employee_id, employee_name, email, salary FROM employee
    WHERE department_id=v_depart_id;
    v_id employee.employee_id%TYPE;
    v_name employee.employee_name%TYPE;
    v_email employee.email%TYPE;
    v_salary employee.salary%TYPE;
BEGIN
    OPEN emp_cursor (101);
    LOOP
        FETCH emp_cursor INTO v_id, v_name, v_email, v_salary;
        EXIT WHEN emp_cursor%NOTFOUND;
        PRINT v_id||','||v_name||','||v_email||','||v_salary;
    END LOOP;
END;
```

（2）WHILE…LOOP 循环。

【例 2-60】 WHILE…LOOP 循环读取游标数据举例。

```
DECLARE
```

① 如没有显示列表结果，可通过DM管理器主菜单执行“窗口|选项|查询分析器|消息区|显示最大字符数”命令，将显示最大字符数设置为100000。

```
    CURSOR emp_cursor(v_depart_id INT) IS
    SELECT employee_id,employee_name,email,salary FROM employee
    WHERE department_id=v_depart_id;
    v_id employee.employee_id%TYPE;
    v_name employee.employee_name%TYPE;
    v_email employee.email%TYPE;
    v_salary employee.salary%TYPE;
BEGIN
    OPEN emp_cursor (101);
    FETCH emp_cursor INTO v_id,v_name,v_email,v_salary;
    WHILE emp_cursor%FOUND
    LOOP
        PRINT v_id||','||v_name||','||v_email||','||v_salary;
      FETCH emp_cursor into v_id,v_name,v_email,v_salary;
    END LOOP;
    CLOSE emp_cursor;
END;
```

（3）FOR 循环。

FOR 循环是一种简化的游标循环方法。它自动打开、关闭游标及提取数据、推进游标。语法格式如下：

```
FOR 记录名 IN 游标名 LOOP
    statement1;
    statement2;
    …
END LOOP;
```

【例 2-61】FOR 循环读取游标数据举例。

```
DECLARE
    CURSOR emp_cursor(v_depart_id INT) IS
    SELECT * FROM employee WHERE department_id=v_depart_id;
BEGIN
    FOR v_emp_rec IN emp_cursor(101) LOOP
        PRINT v_emp_rec.employee_id ||','||v_emp_rec.employee_name;
    END LOOP;
END;
```

4. 关闭游标

游标使用完毕后，要及时关闭游标，从内存释放活动集。关闭游标使用 CLOSE 语句。其语法格式如下：

```
    CLOSE 游标名;
```

【例 2-62】关闭游标举例。

```
CLOSE emp_cursor;
```

5. 游标属性

利用游标的属性可以得到游标执行的相关信息。游标的属性如表 2-9 所示。

表 2-9　游标的属性

属　性	类　型	说　明
%ISOPEN	BOOLEAN	用于判断游标是否打开，如果游标打开，则返回“TRUE”
%NOTFOUND	BOOLEAN	用于判断游标是否存在数据，如果游标按照条件没有查询出一行数据，则返回“TRUE”
%FOUND	BOOLEAN	用于判断游标是否存在数据，如果游标按照条件查询出数据，则返回“TRUE”
%ROWCOUNT	BOOLEAN	用于计算从游标取回数据的行数

2.8.2　游标变量

前面介绍的游标是静态游标，也就是游标与一个 SQL 语句关联，并且 SQL 语句在编译时已经确定，因此，显得不够灵活。游标变量是一个引用类型的变量，可以在运行时指定不同的查询，与 C 语言或 Pascal 语言中的指针类似。游标变量的打开、读取数据、关闭与游标类似。

1. 定义游标变量

定义游标变量的语法格式如下：

```
TYPE 游标变量名类型 IS REF CURSOR [RETURN   返回类型];
游标变量名 游标变量类型
```

其中，游标变量类型是在游标变量中使用的类型；返回类型表示一条记录或数据库表的一行。

【例 2-63】定义游标变量举例。

```
DECLARE
  TYPE emp_cursor_type IS REF CURSOR RETURN employee%ROWTYPE;
  emp_cursor emp_cursor_type;
```

2. 打开游标变量

使用游标变量的步骤是 OPEN→FETCH→CLOSE。首先，使用 OPEN 语句打开游标变量；然后使用 FETCH 语句从结果集中读取行；当所有的行都处理完毕时，使用 CLOSE 语句关闭游标。打开游标变量的语法格式如下：

```
OPEN 游标变量名 FOR SELECT语句
```

游标变量同样可以用游标属性%FOUND、%ISOPEN 和%ROWCOUNT。在使用过程中，其他的 OPEN 语句可以为不同的查询打开相同的游标变量。需要注意的是，在重新打开之前，不要关闭该游标变量。

【例 2-64】打开游标变量举例。

```
BEGIN
  IF your_choice = 1 THEN
      OPEN emp_cursor FOR SELECT * FROM employee
  ELSEIF your_choice = 2 THEN
     OPEN emp_cursor FOR SELECT * FROM employee WHERE department_id=1001;
  ELSEIF your_choice = 3 THEN …
```

2.8.3 游标更新数据、删除数据

在嵌入方式或过程中，可以通过游标对基表进行修改或删除。但这些操作要求游标表必须是可更新的。可更新游标的条件是游标定义中给出的查询说明必须是可更新的。DM 系统对可更新的查询说明规定如下。

（1）查询说明的 FROM 后只带一个表名，且该表必须是基表或可更新视图。

（2）查询说明是单个基表或单个可更新视图的行列子集，SELECT 后的每个值表达式都只能是单纯的列名，如果基表上有聚集索引键，则必须包含所有聚集索引键。

（3）查询说明不能带 GROUP BY 子句、HAVING 子句、ORDER BY 子句。

（4）查询说明不能嵌套子查询。不满足以上条件的游标表是不可更新的，其实，可更新游标的条件与可更新视图的条件是一致的。

1. 游标定位删除语句

DM 系统除提供一般的数据删除语句外，还提供了游标定位删除语句。其语法格式如下：

```
DELETE FROM <表引用> [WHERE CURRENT OF <游标名>];
```

使用说明：

（1）语句中的游标在程序中已定义并被打开；

（2）指定的游标表应该是可更新的；

（3）该基表应是游标定义中第一个 FROM 子句中所标识的表；

（4）游标结果集必须确定，否则 WHERE CURRENT OF <游标名>无法定位。

【例 2-65】游标定位删除语句举例。

```
DECLARE
  CURSOR emp_cursor IS
  SELECT * FROM employee WHERE department_id=101 FOR UPDATE;
BEGIN
    OPEN emp_cursor;
    FETCH ABSOLUTE 2 emp_cursor;
    DELETE FROM employee WHERE CURRENT OF emp_cursor;
END;
```

游标打开后，游标定位在第一行的前面，执行 FETCH 语句后，游标下移两行，再执行 DELETE 语句，删除游标所指的第二行，游标顺序下移。

2. 游标定位修改语句

DM 系统除了提供一般的数据修改语句，还提供游标定位修改语句。其语法格式如下：

```
UPDATE <表引用>
SET <列名>=<值表达式>{,<列名>=<值表达式>}
[WHERE CURRENT OF <游标名>];
```

使用说明：

（1）语句中的游标在程序中应已被定义并打开；

（2）指定的游标表应是可更新的；

（3）该表应是游标定义中第一个 FROM 子句中所标识的表，所指的<列名>必须是表中的一个列，且不应在语句中多次出现；

（4）语句中的值表达式不应包含集函数说明；

（5）如果指定的表是可更新视图，其视图定义中使用了 WITH CHECK OPTION 子句，则该语句给定的列值不应产生使视图定义中 WHERE 条件为假的行；

（6）游标结果集必须确定，否则 WHERE CURRENT OF <游标名>无法定位。

【例 2-66】游标定位修改语句举例。

```
DECLARE
  CURSOR emp_cursor IS
  SELECT * FROM employee WHERE department_id=101 FOR UPDATE;
BEGIN
   OPEN emp_cursor;
   FETCH ABSOLUTE 2 emp_cursor;
   UPDATE employee SET salary=8888 WHERE CURRENT OF emp_cursor;
END;
```

2.9　基于 C 语言和 Java 语言的 DM SQL 程序

2.9.1　基于 C 语言的 DM SQL 程序

在 DM8 中，可以将 C 语言语法作为 DM SQL 程序的一个可选语法，这就为熟悉 C 语言的人提供了方便。定义一个 C 语句程序块时，直接用花括号括住 C 语言代码，不需要用 BEGIN 和 END 把代码包含起来。

【例 2-67】基于 C 语言的 DM SQL 程序举例。

（1）DM SQL 程序利用 C 语言中的函数。

```
{
  string str='hello world';
  int count = 0;
  for(count = 0; count < 10; count++)
     {
```

```
            if(power(count, 2) % 2 == 0)
            print concat(cast(power(count, 2) AS int), str);
        }
    }
```

（2）DM SQL 程序利用 C 语言语法进行异常处理。

```
{
  try
    {
      select 1/0;
    }
  catch(exception ex)
     {
        throw   NEW   exception(-20002,'test');
     }
}
```

从此例中可以看出，利用 C 语言语法编写 DM SQL 程序时，程序可以变得非常简单易懂，可以很自由地调用一些系统内部函数（如此例中的 concat( )、power( )）、存储函数、存储过程等；可以定义类似 C#语言中的一些数据类型，如此例中的 string 类型；还可以定义 C 语言中的基本数据类型，如此例中的 int；另外，还支持全部的 SQL 类型，达梦数据库内部定义的类型包括 EXCEPTION 类型、数组类型、游标类型等。

2.9.2 基于 Java 语言的 DM SQL 程序

在 DM8 中，可以在 DM SQL 中利用 Java 语言语法编写程序，首先采用 Java 语言风格定义一个类，然后在 DM SQL 程序中就可以以 Java 语言风格创建这个类对象并调用类的属性和方法。

【例 2-68】基于 Java 语言的 DM SQL 程序举例。

```
CREATE OR REPLACE JAVA PUBLIC CLASS class1 {
  int b = 5;
  class1 (int a)
    {
      this.b = a;
    }
   int testfun(int a)
    {
      b = a;
      return b;
    }
```

```
}
DECLARE
  c1 class1;
  c2 class1;
BEGIN
  c1 = NEW class1( );
  PRINT c1.b;
  PRINT c1.testfun(9);
  c2 = NEW class1(8);
  PRINT c2.testfun(c2.b);
END;
```

注意，在基于 Java 语言的 DM SQL 程序中使用游标时，需要在 OPEN、FETCH、CLOSE 后使用“CURSOR”关键字。

【例 2-69】 基于 Java 语言的 DM SQL 程序操纵游标举例。

```
CREATE OR REPLACE JAVA PUBLIC CLASS cls_java
{
  VARCHAR v_name;
  VARCHAR v_phone;
    int i=0;
    int fun1( )
      {
          CURSOR csr FOR SELECT employee_name, phone_num FROM employee;
          OPEN CURSOR csr;
          WHILE(i<=csr%ROWCOUNT)
            {
                FETCH CURSOR csr INTO v_name, v_phone;
                PRINT CONCAT(v_name, v_phone);
                i++;
            }
          CLOSE CURSOR csr;
      }
}
DECLARE
  c1 cls_java;
BEGIN
  c1 = new cls_java( );
  c1.fun1( );
END;
```

3

第 3 章 达梦数据库 SQL 程序设计

在 DM 中，可以定义存储过程、存储函数、触发器和包，它们与表和视图等数据库对象一样被存储在数据库中，可以在不同用户和应用程序之间共享。本章主要介绍存储过程、存储函数、触发器和包的程序设计及应用方法。

3.1 存储过程

在 DM 中，可以定义子程序，这种程序块被称为存储过程或函数。创建存储过程或函数的好处如下。

（1）具有更高的编程效率。在设计应用时，围绕存储过程或函数设计应用，可以避免重复编码；在自顶向下设计应用时，不必关心实现的细节；从 DM7 开始，DM SQL 程序支持全部 C 语言语法，因此用户在对自定义的 DM SQL 程序语法不熟悉的情况下也可以对数据库进行各种操作，而且对数据库的操作更加灵活，也更加容易。

（2）便于维护。用户的存储过程或函数（统称为存储模块）在数据库中集中存放，用户可以随时对其进行查询、删除，而应用程序可以不进行任何修改，或只进行少量调整。存储模块能被其他的 DM SQL 程序或命令调用，任何客户/服务器工具都能访问 DM SQL 程序，具有很好的可重用性。

（3）具有更好的性能。存储模块在创建时被编译成伪码序列，在运行时不需要重新进行编译和优化处理，具有更快的执行速度，可以同时被多个用户调用，能够减少操作错误。存储模块在服务端运行，使用存储模块可减少应用对 DM 的调用，减少系统资源占用，显著提高性能，对在网络上与 DM 通信的应用来说，其效果更显著。

（4）安全性高。存储模块在执行时数据对用户是不可见的，这提高了数据库的安全性。可以使用 DM 的管理工具管理存储模块的安全，也可以授权或撤销数据库其他用户访问存储模块的权限。

3.1.1　存储过程的定义和调用

1. 存储过程的定义

定义一个存储过程的语法格式如下：

```
CREATE [OR REPLACE ] PROCEDURE <模式名.存储过程名> [WITH ENCRYPTION]
[(<参数名>  <参数模式>  <参数数据类型> [<默认值表达式>]
{,<参数名>  <参数模式>  <参数数据类型> [<默认值表达式>] })]
AS | IS
   [<说明语句段>]
BEGIN
  <执行语句段>
  [EXCEPTION
    <异常处理语句段>]
END;
```

其中：

（1）<模式名.存储过程名>：指明被创建的存储过程名称。

（2）<参数名>：指明存储过程参数的名称。

（3）WITH ENCRYPTION：可选项，如果指定 WITH ENCRYPTION 选项，则对 BEGIN 到 END 之间的程序块进行加密，防止非法用户查看其具体内容，加密后的存储过程定义可在 SYS.SYSTEXTS 系统表中查询。

（4）<参数模式>：指明存储过程参数的输入/输出方式。参数模式可设置为 IN、OUT 或 IN OUT（OUT IN），默认为 IN。IN 表示向存储过程传递参数，OUT 表示从存储过程返回参数，而 IN OUT 表示传递参数和返回参数。

（5）<参数数据类型>：指明存储过程参数的数据类型。

（6）<说明语句段>：由变量、游标和子程序等对象的声明构成。

（7）<执行语句段>：由 SQL 语句和过程控制语句构成的执行代码。

（8）<异常处理语句段>：各种异常的处理程序，存储过程执行异常处理时调用，可默认。

注意：使用该语句的用户必须是 DBA 或该存储过程的拥有者且具有 CREATE PROCEDURE 数据库权限的用户；参数的数据类型只能指定变量类型，不能指定长度。

【例 3-1】创建一个简单的带参数的存储过程 PROC_1。

```
CREATE OR REPLACE PROCEDURE PROC_1(a IN OUT INT)   AS
  b   INT;
BEGIN
  a:=a+b;
  EXCEPTION
    WHEN OTHERS THEN NULL;
END;
```

代码中第 2 行是该存储过程的说明部分，这里声明了一个变量 *b*；第 4 行是该程序块运行时的执行语句段，这里将 *a* 与 *b* 的和赋值给参数 *a*。如果发生了异常，第 5 行开始的异常处理部分就对产生的异常情况进行处理，WHEN OTHERS 异常处理器处理所有不被其他异常处理器处理的异常。

2. 存储过程的调用

存储过程可以被其他存储模块或应用程序调用。同样，在存储模块中也可以调用其他存储过程。调用存储过程时，应给存储过程提供输入参数值，并获取存储过程的输出参数值。调用的语法格式如下：

```
[CALL] [<模式名>.]<存储过程名> [@dblink_name][(<参数值1>{, <参数值2>})];
```

其具体含义如下。

（1）<模式名>：指明被调用存储过程所属的模式。

（2）<存储过程名>：指明被调用存储过程的名称。

（3）dblink_name：表示创建的 DBLINK 名字，如果添加了该选项，则表示调用远程实例的存储模块。

（4）<参数值>：指明提供给存储过程的参数。

使用说明如下：

（1）如果被调用的存储过程不属于当前模式，则必须在语句中指明存储过程的模式名。

（2）参数的个数和类型必须与被调用的存储过程一致。

（3）存储过程的输入参数可以是嵌入式变量，也可以是值表达式；存储过程的输出参数必须是可赋值对象，如嵌入式变量。

（4）执行该操作的用户必须拥有该存储过程的 EXECUTE 权限。存储过程的所有者和 DBA 用户隐式具有该过程的 EXECUTE 权限，该权限也可通过授权语句显式授予其他用户。所有用户都可调用自己创建的存储过程，如果要调用其他用户的存储过程，则需要对该存储过程具有 EXECUTE 权限，即存储过程的所有者将 EXECUTE 权限授予该用户。授予 EXECUTE 权限的语法格式如下：

```
GRANT EXECUTE ON 过程名 TO 用户;
```

【例 3-2】存储过程的调用。

以用户 SYSDBA 的身份创建存储过程 P1。

```
CREATE OR REPLACE PROCEDURE P1(a IN OUT INT) AS
    v1 INT:=a;
BEGIN
  a:=0;
  FOR b IN 1 .. v1 LOOP
    a:=a+b;
  END LOOP;
END;
```

在存储过程 P2 中调用存储过程 P1。

```
CREATE OR REPLACE PROCEDURE P2(a IN INT) AS
  v1 INT :=a;
```

```
BEGIN
    P1(v1);
    PRINT v1;
END;
```

【例 3-3】按参数名调用存储过程。

创建存储过程 P1。

```
CREATE OR REPLACE PROCEDURE P1(a INT, b IN OUT INT) AS
    v1 INT:=a;
BEGIN
    b:=0;
    FOR c IN 1 .. v1 LOOP
        b:=b+c;
    END LOOP;
END;
```

在存储过程 P2 中以按参数名方式调用存储过程 P1。

```
CREATE OR REPLACE PROCEDURE P2(a IN INT) AS
    v1 INT:=a;
    v2 INT;
BEGIN
    P1(b=v2, a=v1);
    PRINT v2;
END;
```

【例 3-4】DBLINK 调用远程实例的存储模块举例。

（1）假设远程数据库（实例名 dmserver2，端口号 5237）中已创建 DBLINK，名为 TEST_LINK。该远程数据库上存在存储过程 dm_get_next_val。

```
CREATE OR REPLACE PROCEDURE dm_get_next_val(a IN OUT INT) AS
BEGIN
    a:= a + 1;
END;
```

（2）在本地（实例名 dmserver，端口号 5236）通过 DBLINK 的名字 TEST_LINK 调用上述远程过程。

```
DECLARE
    x INT;
BEGIN
    x:= 1;
    dm_get_next_val@TEST_LINK(x);
    PRINT x;
END;
```

3.1.2 存储过程应用举例

【例 3-5】设计一个不带参数的存储过程 p_salarysum_bycityname，统计公司在各大城市的员工工资之和，并且显示各城市名称和工资总额[①]。

```
CREATE OR REPLACE PROCEDURE p_salarysum_bycityname AS
    CURSOR city_cursor IS
        SELECT region_id,city_id,city_name FROM city ORDER BY region_id;
    v_salarysum NUMBER(10,2);
BEGIN
    FOR city_rec IN city_cursor LOOP
      SELECT SUM(a.salary) INTO v_salarysum FROM employee a WHERE a.department_id IN
              (SELECT department_id FROM DEPARTMENT WHERE location_id=city_rec.region_id);
      PRINT city_rec.city_name||','||v_salarysum;
    END LOOP;
END;
```

【例 3-6】设计一个带参数的存储过程 p_salarysum_bycityname (v_cityname IN VARCHAR2, salarysum OUT NUMBER)，参数是城市名称和工资总额，根据输入的城市名称统计该城市员工的工资之和，并且显示各城市名称和工资总额。

```
CREATE OR REPLACE PROCEDURE
p_salarysum_bycityname(v_cityname IN VARCHAR2, salarysum OUT NUMBER) AS
    v_salarysum NUMBER(10,2);
    v_region_id NUMBER;
BEGIN
    SELECT region_id INTO v_region_id FROM city WHERE city_name=v_cityname;
    SELECT SUM(a.salary) INTO v_salarysum FROM employee a WHERE a.department_id IN
    (SELECT department_id FROM DEPARTMENT WHERE location_id=v_region_id);
    PRINT v_cityname||','||v_salarysum;
    salarysum:= v_salarysum;
    EXCEPTION
      WHEN NO_DATA_FOUND    THEN
      PRINT    '在该城市没有员工';
END;
```

注意：在定义带参数的存储过程时，注意存储过程名称后的参数数据类型，不要定义参数数据类型的长度，否则会出错。

① 若没有显示列表结果，则执行“窗口|选项|查询分析器|消息区|显示最大字符数”命令，将显示最大字符数设置为100000。

在 DM SQL 中调用存储过程 p_salarysum_bycityname 的方法如下：

```
DECLARE
  v_salary NUMBER(10,2);
BEGIN
  p_salarysum_bycityname('上海', v_salary);
  PRINT v_salary;
END;
```

3.1.3　存储过程编译

在存储过程中会用到表、索引等对象，这些对象可能已经被修改或删除，这就意味着存储过程可能已经失效了。当用户需要调用存储过程时，先重新编译一下该存储过程，用来判断在当前情况下存储过程是否可用。重新编译一个存储过程的语法格式如下：

```
ALTER PROCEDURE <存储过程名> COMPILE [DEBUG];
```

【例 3-7】 重新编译存储过程 p_salarysum_bycityname。

```
ALTER PROCEDURE p_salarysum_bycityname COMPILE;
```

3.1.4　存储过程删除

当用户需要从数据库中删除一个存储过程时，可以使用存储过程删除语句。其语法格式如下：

```
DROP PROCEDURE <存储过程名定义>;
```

使用说明：如果被删除的存储过程不属于当前模式，则必须在语句中指明过程的模式名。执行该操作的用户必须是该存储过程的拥有者，或者具有 DBA 权限。

【例 3-8】 删除存储过程 p_salarysum_bycityname。

```
DROP PROCEDURE p_salarysum_bycityname;
```

3.2　存储函数

存储函数与存储过程在结构和功能上十分相似，也是具有一定功能的代码段，但它们还是有差异的。它们的区别如下：

（1）存储过程没有返回值，调用者只能通过访问 OUT 或 IN OUT 参数来获得执行结果，而存储函数有返回值，它把执行结果直接返回给调用者；

（2）存储过程中可以没有返回语句，而存储函数必须通过返回语句结束；

（3）不能在存储过程的返回语句中带表达式，而存储函数必须带表达式；

（4）存储过程不能出现在表达式中，而存储函数只能出现在表达式中。

3.2.1 存储函数的定义和调用

1. 存储函数的定义

定义存储函数的语法格式如下：

```
CREATE OR REPLACE FUNCTION
存储函数名 [WITH ENCRYPTION] [FOR CALCULATE] (参数1 参数模式 参数类型, 参数2 参数模式 参数类型, …) RETURN 返回数据类型 [PIPELINED]
AS
   声明部分
BEGIN
   可执行部分
   RETURN 表达式;
EXCEPTION
   异常处理部分
END;
```

其具体说明如下。

（1）存储函数名：指明被创建的存储函数的名称。

（2）WITH ENCRYPTION：可选项，如果指定 WITH ENCRYPTION 选项，则对 BEGIN 到 END 之间的程序块进行加密，防止非法用户查看其具体内容，加密后的存储函数的定义可在 SYS.SYSTEXTS 系统表中查询。

（3）FOR CALCULATE：指定存储函数为计算函数。计算函数中不支持：对表进行 INSERT、DELETE、UPDATE、SELECT、上锁、设置自增列属性；对游标的 DECLARE、OPEN、FETCH、CLOSE；对事务的 COMMIT、ROLLBACK、SAVEPOINT，设置事务的隔离级别和读写属性；动态 SQL 语句的执行 EXEC、创建 INDEX、创建子过程。计算函数体内的函数调用必须是系统函数或计算函数。计算函数可以被指定为表列的默认值。

（4）参数模式：指明存储函数参数的输入/输出方式。参数模式可设置为 IN、OUT 或 IN OUT（OUT IN），默认为 IN，其中，IN 表示向存储函数传递参数，OUT 表示从存储函数返回参数，IN OUT 表示传递参数和返回参数。

（5）参数类型：指明存储函数参数的数据类型。

（6）RETURN 返回数据类型：指明函数返回值的数据类型。

（7）PIPELINED：指明函数为管道表函数。

（8）声明部分：由变量、游标和子程序等对象的声明构成。

（9）可执行部分：由 SQL 语句和过程控制语句构成的执行代码。

（10）异常处理部分：各种异常的处理程序，存储函数执行异常时调用。

注意：使用该语句的用户必须是 DBA 或该存储函数的拥有者，并且具有 CREATE FUNCTION 数据库权限的用户；参数类型只能指定变量类型，不能指定长度。

【例 3-9】创建 f_salaryavg_bycityname 函数，计算给定城市名称的员工平均工资，该函数返回的数据类型是数字型。

```
CREATE OR REPLACE FUNCTION f_salaryavg_bycityname (v_cityname IN VARCHAR2)
    RETURN NUMBER AS
    v_salarysum NUMBER(10,2);
    v_region_id NUMBER;
BEGIN
    SELECT region_id INTO v_region_id FROM city WHERE city_name=v_cityname;
    SELECT AVG(a.salary) INTO v_salarysum FROM employee a WHERE a.department_id IN
    (SELECT department_id FROM DEPARTMENT WHERE location_id=v_region_id);
    RETURN v_salarysum;
    EXCEPTION
      WHEN NO_DATA_FOUND    THEN
      PRINT    '在该城市没有员工';
END;
```

2. 存储函数的调用

调用存储函数的语法格式如下：

```
变量名:=函数名[(参数值1,参数值2, …)];
```

【例 3-10】利用函数 f_salaryavg_bycityname 计算该公司在“上海”的员工平均工资。

```
DECLARE
  v_salary NUMBER(8,2);
BEGIN
  v_salary:=f_salaryavg_bycityname('上海');
  PRINT v_salary;
END;
```

每个用户都可以直接调用自己创建的存储函数，如果要调用其他用户创建的存储函数，则需要具有相应存储函数的 EXECUTE 权限。为此，存储函数的所有者要将 EXECUTE 权限授予适当的用户，授予 EXECUTE 权限的语法格式如下：

```
GRANT EXECUTE ON  函数名  TO  用户;
```

3.2.2　存储函数编译

在存储函数中会用到一些表、索引等对象，这些对象可能已经被修改或删除，这就意味着存储函数可能已经失效了。当用户需要调用存储函数时，应先重新编译该存储函数，用来判断在当前情况下存储函数是否可用。重新编译一个存储函数的语法格式如下：

```
ALTER FUNCTION <存储函数名> COMPILE [DEBUG];
```

【例 3-11】重新编译存储函数 f_salaryavg_ bycityname。

```
ALTER FUCTION f_salaryavg_bycityname COMPILE;
```

3.2.3 存储函数删除

当用户需要从数据库中删除一个存储函数时，可以使用存储函数删除语句。其语法格式如下：

```
DROP FUCTION <存储函数名定义>;
```

使用说明：如果被删除的存储函数不属于当前模式，则必须在语句中指明函数的模式名。执行该操作的用户必须是该存储函数的拥有者，或者具有 DBA 权限。

【例 3-12】删除存储函数 f_salaryavg_ bycityname。

```
DROP FUNCTION    f_salaryavg_bycityname;
```

3.2.4 C 语言外部函数

为了能够在创建和使用自定义 DM SQL 程序时使用其他语言实现的接口，DM7、DM8 都提供了 C 语言外部函数。C 语言外部函数的调用都通过代理进程进行，这样即使 C 语言外部函数在执行中出现了问题，也不会影响服务器的正常运行。

C 语言外部函数是使用 C 语言或 C++语言编写，在数据库外编译并保存在 .dll、.so 共享库文件中，被用户通过 DM SQL 程序调用的函数。

当用户调用 C 语言外部函数时，服务器操作步骤为：确定调用 C 语言外部函数使用的共享库及函数；通知代理进程工作；代理进程装载指定的共享库，并在函数执行后将结果返回给服务器。

1. 生成动态库

用户必须严格按照如下格式编写代码。C 语言外部函数的语法格式如下：

```
de_data  函数名(de_args *args)
{
  C  语言外部函数实现体;
}
```

参数说明如下。

（1）de_data：返回值类型。de_data 结构体类型如下：

```
struct de_data
{
  int   null_flag;        /*参数是否为空，1 表示非空，0 表示空*/
  union     /*只能为 int、double 或 char 类型*/
     {
         int   v_int;
         double   v_double;
         char   v_str[ ];
     }data;
};
```

（2）de_args：参数类型。de_args 结构体类型如下：

```
struct de_args
{
  int n_args;          /*参数个数*/
  de_data* args;       /*参数列表*/
};
```

（3）C 语言外部函数实现体：C 语言外部函数对应的函数实现体。

在使用 C 语言外部函数参数时，应注意以下几点。

① C 语言外部函数的参数可通过调用 DM8 提供的一系列 get 函数得到，同时可调用 set 函数重新设置这些参数的值。

② 根据返回值类型，调用不同的 return 函数接口。

③ 必须根据参数类型、返回值类型，调用相同类型的 get、set 和 return 函数。当调用 de_get_str 和 de_get_str_with_len 函数得到字符串后，必须调用 de_str_free 函数释放空间。

（4）DM8 提供的编写 C 语言外部函数动态库的接口如表 3-1 所示。

表 3-1　DM8 提供的编写 C 语言外部函数动态库的接口

函数名	函　　数	功能说明
get	int de_get_int(de_args *args, int arg_id①);	第 arg_id 个参数的数据类型为整型，从参数列表 args 中取出第 arg_id 个参数的值
	double de_get_double(de_args *args, int arg_id);	第 arg_id 个参数的数据类型为 double 类型，从参数列表 args 中取出第 arg_id 个参数的值
	char* de_get_str(de_args *args, int arg_id);	第 arg_id 个参数的数据类型为字符串类型，从参数列表 args 中取出第 arg_id 个参数的值
	char* de_get_str_with_len(de_args *args, int arg_id, int* len);	第 arg_id 个参数的数据类型为字符串类型，从参数列表 args 中取出第 arg_id 个参数的值及字符串长度
set	void de_set_int(de_args *args, int arg_id, int ret);	第 arg_id 个参数的数据类型为整型，设置参数列表 args 的第 arg_id 个参数的值为 ret
	void de_set_double(de_args *args, int arg_id, double ret);	第 arg_id 个参数的数据类型为 double 类型，设置参数列表 args 的第 arg_id 个参数的值为 ret
	void de_set_str(de_args *args, int arg_id, char* ret);	第 arg_id 个参数的数据类型为字符串类型，设置第 arg_id 个参数的值为 ret
	void de_set_str_with_len(de_args *args, int arg_id, char* ret, int len);	第 arg_id 个参数的数据类型为字符串类型，将字符串 ret 的前 len 个字符赋值给参数列表 args 的第 arg_id 个参数
	void de_set_null(de_args *args, int arg_id);	设置参数列表 args 的第 arg_id 个参数为空
return	de_data de_return_int(int ret);	返回值类型为整型
	de_data de_return_double(double ret);	返回值类型为 double 类型
	de_data de_return_str(char* ret);	返回值类型为字符串型
	de_data de_return_str_with_len(char* ret, int len);	返回字符串 ret 的前 len 个字符
	de_data de_return_null( );	返回空值

① 参数个数 arg_id 的起始值为 0。

（续表）

函数名	函　　数	功能说明
de_str_free	void de_str_free(char* str);	调用 de_get_str 函数后，需要调用此函数释放字符串空间
de_is_null	int de_is_null(de_args *args, int arg_id);	判断参数列表 args 的第 arg_id 个参数是否为空

2. C 语言外部函数创建

创建自定义 C 语言外部函数的语法格式如下：

```
CREATE OR REPLACE FUNCTION [模式名.]函数名[(参数列表)] RETURN  返回值类型
EXTERNAL '<动态库路径>' [<引用的函数名>] USING C;
```

其中：

（1）[模式名.]：指明被创建的 C 语言外部函数所属模式的名称，默认为当前模式名。

（2）函数名：指明被创建的 C 语言外部函数的名称。

（3）(参数列表)：指明 C 语言外部函数参数信息，参数模式可设置为 IN、OUT 或 IN OUT（OUT IN），默认为 IN。

（4）<动态库路径>：用户按照 DM8 规定的 C 语言外部函数格式编写的.dll 文件生成的动态库所在的路径。

（5）<引用的函数名>：指明<函数名>在<动态库路径>中对应的函数名。

C 语言外部函数在创建时需要注意：

（1）如果<引用的函数名>为空，则默认与函数名相同。

（2）<动态库路径>分为 .dll 文件（Windows）和 .so 文件（Linux）两种。使用该语句的用户必须具有 DBA 权限或者是该存储过程的拥有者，并且具有 CREATE FUNCTION 数据库权限。

3. 举例说明

【例 3-13】 编写 C 语言外部函数 C_CONCAT，用于连接两个字符串。

（1）生成动态库。

第 1 步，使用 Microsoft Visual Studio 2012 创建新项目 newp，位于 D:\xx\tt 目录中。将 dmde.lib 动态库和 de_pub.h 头文件复制到 D:\xx\tt\newp 目录中。dmde.lib 动态库和 de_pub.h 头文件位于达梦数据库安装目录下的 include 子目录中。

第 2 步，在 newp 项目中，添加新的 tt.h 头文件。tt.h 头文件内容如下：

```
#include "de_pub.h"
#include "string.h"
#include "stdlib.h"
```

第 3 步，在 newp 项目中，添加源文件 tt.c，内容如下：

```
#include "tt.h"
de_data C_CONCAT(de_args *args)
{
  de_data de_ret;
```

```
    char* str1;
    char* str2;
    char* str3;
    int len1;
    int len2;
    str1 = de_get_str(args, 0); /*从参数列表中取第 0 个参数*/
    str2 = de_get_str_with_len(args, 1, &len2); /*从参数列表中取第 1 个参数的值及长度*/
    len1 = strlen(str1);
    str3 = malloc(len1 + len2);
    memcpy(str3, str1, len1);
    memcpy(str3 + len1, str2, len2);
    de_str_free(str1); /*调用get函数得到字符串之后，需要调用此函数释放字符串空间*/
    de_str_free(str2);
    de_ret = de_return_str_with_len(str3, len1 + len2);/*返回字符串*/
    free(str3);
    return de_ret;
}
```

第 4 步，在 newp 项目的源文件中，添加模块定义文件 tt.def，内容如下：

```
LIBRARY   "newp.dll"
EXPORTS
C_CONCAT
```

第 5 步，在 Microsoft Visual Studio 2012 界面中，单击项目名称，找到 newp 属性，单击“打开”按钮。执行“配置属性 | 链接器 | 输入”命令，添加附加依赖项“dmde.lib”，执行“配置属性 | 常规”命令，调整配置类型为动态库（.dll）。

第 6 步，生成 newp 项目,得到 newp.dll 文件，默认位于 D:\xx\tt\newp\debug 目录下。至此，外部函数的使用环境准备完毕。

（2）创建并使用外部函数。

第 1 步，启动数据库服务器，启动 disql。

第 2 步，在 disql 中，创建外部函数 my_concat，语句如下：

```
CREATE OR REPLACE FUNCTION my_concat(a VARCHAR, b VARCHAR) RETURN VARCHAR
EXTERNAL 'd:\xx\tt\newp\debug\newp.dll' C_CONCAT USING C;
```

第 3 步，调用 C 语言外部函数，语句如下：

```
SELECT my_concat ('hello ', 'world!');
```

第 4 步，查看结果为“hello world!”。

3.2.5　Java 语言外部函数

Java 语言外部函数是使用 Java 语言编写的，在数据库外编译生成 jar 包，被用户通过

DM SQL 程序调用的函数。

当用户调用 Java 语言外部函数时，服务器操作步骤为：确定调用（外部函数使用的）jar 包及函数；通知代理进程工作；代理进程装载指定的 jar 包，并且在函数执行后将结果返回服务器。

1. 生成 jar 包

用户必须严格按照 Java 语言的语法格式编写代码，完成后生成 jar 包。

2. Java 语言外部函数创建

创建自定义 Java 语言外部函数的语法格式如下：

```
CREATE OR REPLACE FUNCTION [模式名.]函数名[(参数列表)]
RETURN  返回值类型
EXTERNAL '<jar包路径>' [<引用的函数名>] USING JAVA;
```

其具体说明如下。

（1）[模式名.]：被创建的 Java 语言外部函数所属模式的名称，默认为当前模式名。

（2）函数名：被创建的 Java 语言外部函数的名称。

（3）(参数列表)：Java 语言外部函数参数信息，参数模式可设置为 IN、OUT 或 IN OUT（OUT IN），默认为 IN。参数类型、个数和返回值类型都应与 jar 包里的一致。目前支持的函数参数类型有 int、字符串（char、varchar、varchar2）、bigint、double，分别对应 Java 的 int、string、long、double 类型。

（4）<jar 包路径>：用户按照 DM8 规定的 Java 函数格式编写的源码生成的 jar 包所在的路径。

（5）<引用的函数名>：指明函数名在<jar 包路径>中对应的函数名。

使用说明如下：

（1）<引用的函数名>如果为空，则默认与函数名相同。

（2）使用该语句的用户必须具有 DBA 权限或者是该存储过程的拥有者，并且具有 CREATE FUNCTION 数据库权限。

3. 举例说明

【例 3-14】编写 Java 语言外部函数：testAdd 函数用于求两个数之和，testStr 函数用于在一个字符串后面加上 hello。

（1）生成 jar 包。

第 1 步，使用 Eclipse 创建新项目 newp，位于 F:\workspace 目录中。

第 2 步，在 newp 项目中，添加类文件。右键单击“src”节点，新建（new）一个 class，命名（name）为 test。Modifiers 选择 public。class 文件内容如下：

```
public class test {
    public static int testAdd(int a, int b) {
        return a + b;
    }
```

```
    public static String testStr(String str) {
        return str + " hello";
    }
}
```

第 3 步，生成 jar 包。在 newp 项目中右键单击，在弹出的快捷菜单中选择“Export”选项，再选择“JAR file”选项，取消对.classpath 和.project 复选框的勾选。将目标路径 JAR file 设置为“E:\test.jar”，然后单击“finish”按钮。

第 4 步，查看 E 盘中 test.jar 是否存在。若存在，则此 Java 语言外部函数的使用环境准备完毕。

（2）创建并使用 Java 语言外部函数。

第 1 步，启动数据库服务器 dmserver，启动 DM 管理工具。

第 2 步，在 DM 管理工具中，创建外部函数 MY_INT 和 MY_chr，语句如下：

```
CREATE OR REPLACE FUNCTION MY_INT(a int, b int)
  RETURN INT EXTERNAL 'E:\test.jar' "test.testAdd" USING java;
CREATE OR REPLACE FUNCTION MY_chr(s varchar)
  RETURN VARCHAR EXTERNAL 'E:\test.jar' "test.testStr" USING java;
```

第 3 步，调用 Java 语言外部函数，语句如下：

```
select MY_INT(1,2);
select MY_chr('abc');
```

第 4 步，查看结果，分别为

```
3
abc hello
```

3.3　触发器

触发器是一种特殊类型的存储过程，是一段存储在数据库中由 DM SQL 程序编写的执行某种功能的程序，当特定事件发生时，由系统自动调用执行，而不能由应用程序显式地调用执行。此外，触发器不能含有任何参数。

3.3.1　触发器概述

1. 触发器的触发事件

触发器的触发事件如下。

（1）DML 操作。当对表进行数据的 INSERT、UPDATE 和 DELETE 操作时，会激发相应的 DML 触发器。

① INSERT 操作，在特定的表或视图中增加数据。

② UPDATE 操作，在特定的表或视图中修改数据。

③ DELETE 操作，删除特定表或视图中的数据。

（2）DDL 操作。当对模式进行 CREATE、ALTER、DROP 等操作时，会激发相应的事件触发器，如创建对象、修改对象、删除对象等操作。

（3）数据库系统事件。当数据库发生服务器启动/关闭、用户登录/注销，以及服务器发出错误消息等事件时，会激发系统触发器。

① STARTUP/SHUTDOWN，服务器的启动或关闭。

② LOGON/LOGOFF，用户登录或注销。

③ ERRORS，服务器发出特定的错误消息等。

2．触发器的作用

触发器主要用于维护创建表时的声明约束不可能实现的复杂完整性约束，并且对数据库中特定的事件进行监控和响应。其主要作用包括：

（1）自动生成自增长字段；

（2）执行更加复杂的业务逻辑；

（3）防止无意义的数据操作；

（4）提供审计；

（5）允许或限制修改某些表；

（6）实现完整性规则；

（7）保证数据的同步复制。

3．触发器的组成

触发器由触发器头部和触发器体两部分组成，主要包括以下参数。

（1）作用对象，指触发器对谁发生作用，作用的对象包括表、视图、数据库和模式。

（2）触发事件，指激发触发器执行的事件，如 DML、DDL、数据库系统事件等，可以将多个事件用关系运算符 OR 组合。

（3）触发时间，用于指定触发器在触发事件完成之前或之后执行。如果指定为 AFTER，则表示先执行触发事件，然后执行触发器；如果指定为 BEFORE，则表示先执行触发器，再执行触发事件。

（4）触发级别，用于指定触发器响应触发事件的方式。默认为语句级触发器，即触发器触发事件发生后，触发器只执行一次。如果指定为 FOR EACH ROW，即行级触发器，则触发事件每作用于一条记录，触发器就会执行一次。

（5）触发条件，由 WHEN 子句指定一个逻辑表达式，当触发事件发生且 WHEN 条件为 TRUE 时，触发器才会执行。

（6）触发操作，指触发器执行时所进行的操作。

4．设计触发器的原则

在应用中使用触发器功能时，应遵循以下设计原则，以确保程序的正确和高效。

（1）如果希望一个操作能引起一系列相关动作的执行，则应使用触发器。

（2）不要用触发器来重复实现 DM 中已有的功能。例如，如果用约束机制能完成完整性检查，就不应使用触发器。

（3）避免递归触发。所谓递归触发，就是触发器体内的语句会再次激发该触发器，导致语句的执行无法终止。例如，在表 t1 上创建 BEFORE UPDATE 触发器，而该触发器中又有对表 t1 的 UPDATE 语句。

（4）合理地控制触发器的大小和数目。应用时一旦触发器被创建，任何用户在任何时间执行的相应操作都会导致触发器的执行，从而影响系统性能。

3.3.2 触发器创建

触发器分为表触发器和事件触发器。表触发器用于对表内数据操作引发的数据库的触发；事件触发器用于对数据库对象操作引起的数据库的触发。另外，INSTEAD OF 触发器是一种特殊的表触发器，时间触发器是一种特殊的事件触发器。

1. 表触发器

用户可以使用触发器定义语句（CREATE TRIGGER）在一张基表上创建触发器。触发器定义语句的语法格式如下：

```
CREATE [OR REPLACE] TRIGGER [<模式名>.]<触发器名> [WITH ENCRYPTION]<
触发限制描述> [REFERENCING OLD [ROW] [AS] <引用变量名> | NEW [ROW] [AS] <引用变量名>|
OLD [ROW] [AS] <引用变量名> NEW [ROW] [AS] <引用变量名>]
[FOR EACH {ROW | STATEMENT}][WHEN <条件表达式>]<触发器体>
<触发限制描述>::=<触发限制描述1> | <触发限制描述2>
<触发限制描述1>::= {BEFORE | AFTER <触发事件> {OR <触发事件>} ON <触发表名>
<触发限制描述2>::= INSTEAD OF <触发事件> {OR <触发事件>} ON <触发视图名>
<触发表名>::=[<模式名>.]<基表名>
```

其具体含义如下。

（1）<触发器名>：指明被创建的触发器的名称。

（2）WITH ENCRYPTION：可选项，指定是否对触发器定义进行加密。

（3）REFERENCING 子句：指明相关名称可以在元组级触发器的<触发器体>和 WHEN 子句中利用相关名称来访问当前行的新值或旧值，相关的默认名称为 OLD 和 NEW。

（4）<引用变量名>：指明行的新值或旧值的相关名称。

（5）FOR EACH 子句：指明触发器为元组级或语句级触发器。FOR EACH ROW 表示为元组级触发器，它受被触发命令影响，并且 WHEN 子句的条件表达式计算为真的每条记录触发一次。FOR EACH STATEMENT 为语句级触发器，它对每个触发命令执行一次。FOR EACH 子句默认为语句级触发器。

（6）WHEN 子句：为元组级触发器指定 WHEN 子句，它包含一个布尔型条件表达式，当表达式的值为 TRUE 时，执行触发器；否则，跳过该触发器。

（7）<触发器体>：触发器被触发时执行的 SQL 过程程序块。

（8）BEFORE：指明触发器在执行触发语句之前激发。

（9）AFTER：指明触发器在执行触发语句之后激发。

（10）INSTEAD OF：指明触发器执行时要替换的原始操作。

（11）<触发事件>：指明激发触发器的事件，可以是 INSERT、DELETE 或 UPDATE，其中 UPDATE 事件可通过 UPDATE OF <触发列清单>的形式来指定所修改的列。

（12）<基表名>：指明被创建触发器的基表的名称。

行级触发器是指执行 DML 操作时，每操作一个记录，触发器就执行一次。一个 DML 操作涉及多少个记录，触发器就执行多少次。在行级触发器中可以使用 WHEN 条件进一步控制触发器的执行。在触发器体中，可以对当前操作的记录进行访问等操作。

在行级触发器中引入了:old 和:new 两个标识符，用于访问和操作当前被处理记录中的数据。DM SQL 程序将:old 标识符和:new 标识符作为 triggering_table%ROWTYPE 类型的两个变量。在不同触发事件中，:old 标识符和:new 标识符的含义不同，如表 3-2 所示。

表 3-2　:old 标识符和:new 标识符的含义

触发事件	:old 标识符的含义	:new 标识符的含义
INSERT	未定义，所有字段都为 NULL	当语句完成时，被插入的记录
UPDATE	更新前原始记录	当语句完成时，更新后的记录
DELETE	记录被删除前的原始记录	未定义，所有字段都为 NULL

触发事件可以是多个数据操作的组合，即一个触发器可能既是 INSERT 触发器，又是 DELETE 或 UPDATE 触发器。

当一个触发器可以被多个 DML 语句触发时，在这种触发器体内部可以使用 3 个谓词 INSERTING、DELETING 和 UPDATING 来确定当前执行的是何种操作。这 3 个谓词的含义如表 3-3 所示。

表 3-3　触发器谓词的含义

谓　词	含　义
INSERTING	当触发语句为 INSERT 时为真，否则为假
DELETING	当触发语句为 DELETE 时为真，否则为假
UPDATING	未指定列名时，当触发语句为 UPDATE 时为真，否则为假；指定某一列名时，当触发语句为对该列的 UPDATE 时为真，否则为假

【例 3-15】 建立触发器 tri_salary_check，在增加新员工或调整员工工资时，保证其工资涨幅不超过 25%。

```
CREATE OR REPLACE TRIGGER tri_salary_check BEFORE INSERT OR UPDATE ON employee
    FOR EACH ROW
DECLARE
    salary_out_of_range EXCEPTION FOR -20002;
BEGIN
    /* 如果工资涨幅超出 25%，报告异常 */
    IF UPDATING AND(:NEW.salary - :OLD.salary)/ :OLD.salary > 0.25 THEN
```

```
        RAISE salary_out_of_range;
    END IF;
END;
```

【例 3-16】建立引用完整性维护触发器 tri_dept_delorupd_cascade。当删除被引用表 department 中的数据时，级联删除引用表 employee 中引用该数据的记录；当更新被引用表 department 中的数据时，更新引用表 employee 中引用该数据的记录的相应字段。

```
CREATE OR REPLACE TRIGGER tri_dept_delorupd_cascade
AFTER DELETE OR UPDATE ON department FOR EACH ROW BEGIN
    IF DELETING THEN
        DELETE FROM employee WHERE department_id =:OLD.department_id;
    ELSE
        UPDATE employee SET department_id =:NEW.department_id
        WHERE department_id =:OLD.department_id;
    END IF;
END;
```

2. INSTEAD OF 触发器

当对视图进行插入、删除或修改数据等操作时，如果视图定义包括下列任何一项，则不可直接对视图进行插入、删除或修改等操作，需要通过 INSTEAD OF 触发器来实现。

- 集合操作符（UNION，UNION ALL，MINUS，INTERSECT）；
- 聚集函数（SUM，AVG）；
- GROUP BY、CONNECT BY 或 START WITH 子句；
- DISTICT 操作符；
- 由表达式定义的列；
- 伪列 ROWNUM；
- 涉及多个表的连接操作。

INSTEAD OF 触发器是建立在视图上的触发器，响应视图上的 DML 操作。由于对视图的 DML 操作最终会转换为对基本表的操作，因此激发 INSTEAD OF 触发器的 DML 语句本身并不执行，而是转换到触发器体中处理，所以这种类型的触发器被称为 INSTEAD OF（替代）触发器。此外，INSTEAD OF 触发器必须是行级触发器。

【例 3-17】创建基于多表的视图 view_empbydep，然后在该视图创建一个 INSTEAD OF 触发器。

（1）创建 view_empbydep 视图，用来保存“行政部”员工的单位信息。

```
CREATE VIEW view_empbydep AS
    SELECT a.employee_id, a.employee_name, a.email, a.hire_date, a.job_id, a.department_id
    FROM employee a, department b
    WHERE a.department_id=b.department_id AND a.department_id=102;
```

（2）创建触发器 trig_empview。

```
CREATE OR REPLACE TRIGGER trig_empview
INSTEAD OF INSERT ON view_empbydep FOR EACH ROW
BEGIN
  INSERT INTO employee(employee_id,employee_name,email,hire_date,job_id,department_id)
              VALUES(:new.employee_id,:new.employee_name,:new.email,
                     :new.hire_date,:new.job_id,:new.department_id);
END;
```

（3）插入数据。

```
INSERT INTO view_empbydep VALUES(1199,'周红','zhouhong@dameng.com','2016-08-08',52,102);
```

3. 事件触发器

定义事件触发器的语法格式如下：

```
CREATE [OR REPLACE] TRIGGER [<模式名>.]<触发器名> [WITH ENCRYPTION]
BEFORE| AFTER <触发事件子句> ON <触发对象名>[WHEN <条件表达式>]<触发器体>
<触发事件子句>:=<DDL事件子句>|<系统事件子句>
<DDL事件子句>:=<DDL事件>{OR <DDL事件>}
<DDL事件>:=<CREATE>|<ALTER>|<DROP>|<GRANT>|<REVOKE>|<TRUNCATE>| <COMMENT>
<系统事件子句>:=<系统事件>{OR <系统事件>}
<系统事件>:= <LOGIN>|<LOGOUT>|<SERERR>|<BACKUP DATABASE>|
<RESTORE DATABASE>|<AUDIT>|<NOAUDIT>|<TIMER>|<STARTUP>|<SHUTDOWN>
<触发对象名>:=[<模式名>.]SCHEMA|DATABASE
```

其具体说明如下。

（1）<模式名>：指明被创建的触发器所在的模式名称或触发事件发生的对象所在的模式名称，默认为当前模式。

（2）<触发器名>：指明被创建的触发器的名称。

（3）WITH ENCRYPTION，指定是否对触发器定义进行加密。

（4）BEFORE：指明触发器在执行触发语句之前触发。

（5）AFTER：指明触发器在执行触发语句之后触发。

（6）WHEN 子句：只允许为元组级触发器指定 WHEN 子句，它包含一个布尔型条件表达式，当表达式的值为 TRUE 时，执行触发器；否则，跳过该触发器。

（7）<触发器体>：触发器被触发时执行的 SQL 过程程序块。

（8）<DDL 事件子句>：指明触发触发器的 DDL 事件，可以是 CREATE、ALTER、DROP、GRANT、REVOKE、TRUNCATE、COMMENT 等。

（9）<系统事件子句>：LOGIN/LOGON、LOGOUT/LOGOFF、SERERR、BACKUP DATABASE、RESTORE DATABASE、AUDIT、NOAUDIT、TIMER、STARTUP、SHUTDOWN。

【例 3-18】 只要登录，服务器就会打印出 SUCCESS[①]。

```
CREATE OR REPLACE TRIGGER test_trigger AFTER LOGIN ON DATABASE
BEGIN
    PRINT   'SUCCESS';
END;
```

4. 时间触发器

从 DM7 开始，触发器模块中新增了一种特殊的事件触发器类型，就是时间触发器，时间触发器的特点是用户可以定义在任何时间点、时间区域、时间间隔激发触发器，而不是通过数据库中的某些操作（包括 DML、DDL 操作等）来激发触发器，它的时间精度精确到分钟。

时间触发器与其他触发器的不同之处在于触发事件上，在 DM SQL 程序块（BEGIN 和 END 之间的语句）的定义上是完全相同的。时间触发器的创建语句语法格式如下：

```
CREATE [OR REPLACE] TRIGGER [<模式名>.]<触发器名>[WITH ENCRYPTION]
AFTER TIMER ON DATABASE
<{FOR ONCE AT DATETIME [时间表达式]}|{{<month_rate>|<week_rate>|<day_rate>}
{once_in_day|times_in_day} {during_date}}>
[WHEN <条件表达式>]
<触发器体>
<month_rate>:= {FOR EACH <整型变量> MONTH{day_in_month}}| FOR EACH <整型变量>
MONTH{day_in_month_week}}
<day_in_month>:= DAY <整型变量>
<day_in_month_week>:= {DAY <整型变量> OF WEEK<整型变量>}|{DAY <整型变量> OF WEEK
LAST}
<week_rate>:=FOR EACH <整型变量> WEEK {day_of_week_list}
< day_of_week_list >:= {<整型变量>}|{, <整型变量>}
<day_rate>:=FOR EACH <整型变量> DAY
< once_in_day >:= AT TIME <时间表达式>
< times_in_day >:={ duaring_time } FOR EACH <整型变量> MINUTE
<duaring_time>:={NULL}|{FROM TIME <时间表达式>}|{FROM TIME <时间表达式> TO TIME
<时间表达式>}
<duaring_date>:={NULL}|{FROM DATETIME <日期时间表达式>}|{FROM DATETIME <日期时间
表达式> TO DATETIME <日期时间表达式>}
```

---

① 此触发器需要 SYSDBA 用户登录并创建。若要看到此触发器运行结果，则需要按以下步骤启动达梦服务器实例。首先，在“DM 服务查看工具”中，将“DM 数据库实例服务”停止；其次，在命令行中启动“DM 数据库实例服务”，如 C:\dmdbms\bin\dmserver.exe，C:\dmdbms\data\dameng\dm.ini；最后，如果有用户在 DISQL 中使用 LOGIN 命令登录数据库，那么在服务器启动命令行窗口中就可以看到触发器运行结果。

其具体说明如下。

（1）<模式名>：指明被创建的触发器所在的模式名称或触发事件发生的对象所在的模式名称，默认为当前模式。

（2）<触发器名>：指明被创建的触发器的名称。

（3）WHEN 子句：包含一个布尔型条件表达式，当表达式的值为 TRUE 时，执行触发器；否则，跳过该触发器。

（4）<触发器体>：触发器被触发时执行的 SQL 程序块。

【例 3-19】在每个月的第 28 天，从早上 9 点开始到晚上 18 点结束，每隔 1 分钟就打印 1 个字符串“HELLO WORLD”[①]。

```
CREATE OR REPLACE TRIGGER timer2
AFTER TIMER ON DATABASE FOR EACH 1 MONTH DAY 28
FROM TIME '09:00' TO TIME '18:00' FOR EACH 1 MINUTE
DECLARE
    str VARCHAR;
BEGIN
   PRINT 'HELLO WORLD';
END;
```

时间触发器实用性很强，如在凌晨（通常此时服务器的负荷比较轻）进行数据的备份操作或对数据库中表的统计信息进行更新操作等，同时也可以作为定时器通知一些用户在未来的某些时刻要做的事情。

3.3.3 触发器管理

1. 触发器删除

当用户需要从数据库中删除一个触发器时，可以使用触发器删除语句。其语法格式如下：

```
DROP TRIGGER [<模式名>.]<触发器名>;
```

其中，有

（1）<模式名>：指明被删除的触发器所属的模式。

（2）<触发器名>：指明被删除的触发器的名称。

在使用该语句时，当触发器的触发表被删除时，表上的触发器将被自动删除；除 DBA 用户外，其他用户必须是该触发器所属基表的拥有者才能删除触发器。执行该操作的用户必须是该触发器所属基表的拥有者，或者具有 DBA 权限。

【例 3-20】删除触发器 TRG1。

```
DROP TRIGGER TRG1;
```

① 此触发器需要 SYSDBA 用户登录并创建。若要看到此触发器运行结果，则需要启动达梦服务器实例。具体步骤参见前文内容。

【**例 3-21**】删除模式 SYSDBA 下的触发器 TRG2。

```
DROP TRIGGER SYSDBA.TRG2;
```

2. 禁止和允许触发器

每个触发器创建成功后都自动处于允许（ENABLE）状态，只要基表被修改，触发器就会被激发，但是不包含下面的几种情况。

（1）触发器体内引用的某个对象暂时不可用。

（2）载入大量数据时，希望屏蔽触发器以提高执行速度。

（3）重新载入数据。用户可能希望触发器暂时不被触发，但是又不想删除这个触发器。这时，可将其设置为禁止（DISABLE）状态。

当触发器处于允许状态时，只要执行相应的 DML 语句，且触发条件计算为真，触发器体的代码就会被执行；当触发器处于禁止状态时，在任何情况下触发器都不会被激发。根据不同的应用需要，用户可以使用触发器修改语句将触发器的状态设置为允许或禁止状态。其语法格式如下：

```
ALTER TRIGGER [<模式名>.]<触发器名> DISABLE | ENABLE;
```

其中

（1）<模式名>：指明被修改的触发器所属的模式。

（2）<触发器名>：指明被修改的触发器的名称。

（3）DISABLE：指明将触发器设置为禁止状态。当触发器处于禁止状态时，在任何情况下触发器都不会被激发。

（4）ENABLE：指明将触发器设置为允许状态。当触发器处于允许状态时，只要执行相应的 DML 语句，且触发条件计算为真，触发器就会被激发。

3. 触发器编译

对触发器进行编译，如果编译失败，则将触发器设置为禁止状态。编译功能主要用于检验触发器的正确性。其语法格式如下：

```
ALTER TRIGGER [<模式名>.]<触发器名> COMPILE
```

其中

（1）<模式名>：指明被修改的触发器所属的模式。

（2）<触发器名>：指明被修改的触发器的名称。

执行该操作的用户必须是触发器的拥有者，或者具有 DBA 权限。

【**例 3-22**】编译触发器。

```
ALTER TRIGGER test_trigger COMPILE;
```

3.4　包

DM8 支持包扩展数据库功能，用户可以通过包来创建应用程序，或者使用包来管理过程和函数。

3.4.1 创建包

包的创建包括包头和包体的创建。

1. 包头的创建

包头中包含了有关包的内容信息，但是它不包含任何过程的代码。其语法格式如下：

```
CREATE [OR REPLACE] PACKAGE [<模式名>.]<包名> AS|IS <包内声明列表> END [包名]
```

其中：

（1）包中的对象可以任意顺序出现，但对象必须在引用之前被声明。

（2）过程和函数的声明都是前向声明，包头中不包括任何实现代码。

注意：使用该语句的用户必须是 DBA 用户或者该包对象的拥有者，并且具有 CREATE PACKAGE 数据库权限。

2. 包体的创建

包体中包含了在包规范中前向子程序声明的相应代码。它的创建语法格式如下：

```
CREATE [OR REPLACE] PACKAGE BODY [<模式名>.]<包名> AS|IS
  <包体部分>
END [包名]
```

其中：

（1）包头定义的对象对于包体而言都是可见的，不需要声明就可以直接引用。这些对象包括变量、游标、异常定义和类型定义。

（2）包体中不能使用未在包头中声明的对象。

（3）包体中的过程、函数定义必须和包头中的前向声明完全相同，包括过程的名称、参数定义列表的参数名和数据类型定义。

（4）包中可以有重名的过程和函数，只要它们的参数定义列表不相同即可。系统会根据用户的调用情况进行重载（OVERLOAD）。

（5）用户在第一次调用包内过程、函数时，系统会自动将包对象实例化。每个会话都根据数据字典内的信息在本地复制包内变量的副本。如果用户定义了 PACKAGE 的初始化代码，则必须执行这些代码（类似于一个没有参数的构造函数执行）。

（6）对于一个会话，包头中声明的对象都是可见的，只要指定包名，用户就可以访问这些对象。可以将包头内的变量理解为一个 SESSION 内的全局变量。

（7）关于包内过程、函数的调用：DM 支持按位置调用和按名调用两种模式。除了需要在过程、函数名前加入包名作为前缀，调用包内的过程、函数的方法和普通的过程、函数并无区别。

（8）未在包头内声明的变量、方法被称为局部变量、局部方法，局部变量、局部方法只能在包体内使用，用户无法直接使用它们。

（9）在包体声明列表中，局部变量必须在所有的方法实现之前进行声明；局部方法必须在使用之前进行声明或实现。

注意：使用该语句的用户必须是 DBA 用户或该包对象的拥有者且具有 CREATE PACKAGE 数据库权限。

3.4.2 删除包

包的删除与创建方式类似，包对象的删除分为包头的删除和包体的删除。

1. 删除包头

从数据库中删除一个包对象。其语法格式如下：

```
DROP PACKAGE [<模式名>.]<包名>;
```

其中

（1）<模式名>：指明被删除的包所属的模式，默认为当前模式。

（2）<包名>：指明被删除的包的名称。

2. 删除包体

从数据库中删除一个包的主体对象。其语法格式如下：

```
DROP PACKAGE BODY [<模式名>.]<包名>;
```

其中

（1）<模式名>：指明被删除的包所属的模式，默认为当前模式。

（2）<包名>：指明被删除的包的名称。

注意：如果被删除的包不属于当前模式，则必须在语句中指明模式名；执行该操作的用户必须是该包的拥有者，或者具有 DBA 权限。

3.4.3 包应用举例

【例 3-23】创建一个包 employeepackage，包括增加、删除员工数据及列出员工列表的存储过程，以及计算员工数量的函数。

1. 创建包头

```
CREATE OR REPLACE PACKAGE employeepackage AS e_noemployee EXCEPTION;
   v_employeecount INT;
   employee_cursor CURSOR;
   PROCEDURE addemployee(v_id NUMBER, v_name VARCHAR2, v_identified_id VARCHAR2,
   v_email VARCHAR2, v_phone VARCHAR2, v_hiredate DATE, v_job VARCHAR2, v_salary
   NUMBER, v_commission_pct NUMBER, v_manager_id NUMBER, v_department_id NUMBER);
   PROCEDURE removeemployee(v_name VARCHAR2, v_department_id NUMBER);
   PROCEDURE removeemployee(v_id NUMBER);
   FUNCTION getemployeecount RETURN INT;
   PROCEDURE employeelist;
END employeepackage;
```

这个包头的部件中包括 1 个变量定义、1 个异常定义、1 个游标定义、4 个过程定义和 1 个函数定义。

2. 创建包体

以下代码是一个包体的实例，它对应于前面的包头的定义，包括 4 个子过程和 1 个子函数的代码实现。在包体的末尾，是这个包对象的初始化代码。当一个会话第一次引用包时，变量 employeecount 被初始化为表 employee 中的记录数。

```
CREATE OR REPLACE PACKAGE BODY employeepackage AS
    PROCEDURE addemployee(v_id NUMBER, v_name VARCHAR2, v_identified_id VARCHAR2,
        v_email VARCHAR2, v_phone VARCHAR2, v_hiredate DATE, v_job VARCHAR2,
        v_salary NUMBER, v_commission_pct NUMBER, v_manager_id NUMBER,
        v_department_id NUMBER) AS
  BEGIN
      INSERT INTO employee
      VALUES(v_id, v_name, v_identified_id, v_email,v_phone, v_hiredate, v_job, v_salary,
      v_commission_pct, v_manager_id, v_department_id);
      v_employeecount:= v_employeecount + SQL%ROWCOUNT;
  END addemployee;

  PROCEDURE removeemployee(v_name VARCHAR2, v_department_id NUMBER) AS
  BEGIN
     DELETE FROM employee
     WHERE employee_name LIKE v_name AND department_id=v_department_id;
     v_employeecount:= v_employeecount - SQL%ROWCOUNT;
  END removeemployee;

  PROCEDURE removeemployee(v_id NUMBER) AS
  BEGIN
     DELETE FROM employee WHERE employee_id = v_id;
     v_employeecount:=v_employeecount - SQL%ROWCOUNT;
     IF SQL%NOTFOUND THEN
       RAISE e_noemployee;
     END IF;
     EXCEPTION
       WHEN e_noemployee    THEN
       PRINT '没有该编码的员工.';
  END removeemployee;

  FUNCTION getemployeecount RETURN INT AS
```

```
    BEGIN
      SELECT COUNT(*) INTO v_employeecount FROM employee;
      RETURN v_employeecount;
    END getemployeecount;

    PROCEDURE employeelist AS
    DECLARE
      v_name VARCHAR(20);
      v_salary NUMBER(8,2);
    BEGIN
      v_employeecount:=getemployeecount;
      IF v_employeecount = 0 THEN RAISE e_noemployee;
        END IF;
        OPEN employee_cursor FOR SELECT employee_name, salary FROM employee;
        LOOP
            FETCH employee_cursor INTO V_name, v_salary;
            EXIT WHEN employee_cursor%NOTFOUND;
            PRINT v_name||'的工资是,'||cast(v_salary as VARCHAR(10));
        END LOOP;
        CLOSE employee_cursor;
        EXCEPTION
          WHEN e_noemployee THEN
          PRINT '没有该编码的员工.';
    END employeelist;
  END employeepackage;
```

调用 employeepackage 包中的 employeelist 过程，列出员工姓名和工资列表。相应代码如下[①]：

```
CALL employeepackage.employeelist;
```

调用包 employeepackage 中的 removeemployee(11145)过程，删除 employee_id 为 11145 的员工记录。相应代码如下：

```
CALL employeepackage.removeemployee(11145);
```

① 如果没有显示列表结果，则通过 DM 管理器中主菜单执行“窗口|选项|查询分析器|消息区|显示最大字符数”命令，将显示最大字符数设置为 100000。

4

第 4 章

达梦数据库嵌入式 SQL 程序设计

DM SQL 语言作为结构化的查询语言，可以完成对数据库的定义、查询、更新、控制、维护、恢复、安全管理等一系列操作，充分体现了关系数据库的特征。但 SQL 语言是非过程性语言，本身没有过程性结构，大多数语句都是独立执行的，与上下文无关，而绝大多数完整的应用都是过程性的，需要根据不同的条件来执行不同的任务，因此，单纯用 SQL 语言很难实现这样的应用。为此，DM SQL 提供了两种使用方式：一种是交互方式，另一种是嵌入方式。嵌入方式是指将 DM SQL 语言嵌入高级语言中，既发挥了高级语言数据类型丰富、处理方便灵活的优势，又以 SQL 语言弥补了高级语言难以描述数据库操作的不足，从而为用户提供了建立大型管理信息系统和处理复杂事务所需要的工作环境。在这种方式下使用的 DM SQL 语言被称为嵌入式 SQL，而嵌入式 SQL 的高级语言被称为主语言或宿主语言。DM 系统允许将 C 语言作为嵌入式 SQL 的主语言。本章以 C 语言为例，说明嵌入式 SQL 程序的设计方法。

4.1　嵌入式 SQL 程序组成及编译过程

4.1.1　嵌入式 SQL 程序组成

在 DM 系统中，将嵌有 DM SQL 语句的 C 程序称为 PRO *C 程序。一般来说，PRO *C 文件由以下 4 部分构成。

（1）宿主变量定义。宿主变量定义是嵌入 EXEC SQL BEGIN DECLARE SECTION 语句与 EXEC SQL END DECLARE SECTION 语句之间的部分。

（2）登录数据库。使用 EXEC SQL LOGIN 语句登录数据库。

（3）数据库操作。登录成功之后，就可以对数据库进行各种操作。

（4）退出登录。使用 EXEC SQL LOGOUT 语句退出登录。

【例 4-1】下面是一个名为 test.pc 的简单嵌入式程序。这个程序查询并输出 employee 表中编号为“1001”的员工姓名和联系电话。

```
/* test.pc */
#include <stdio.h>
/*宿主变量的定义*/
EXEC SQL BEGIN DECLARE SECTION;
   char username[20], password[20], servername[20];
   varchar employee_name[20];
   varchar employee_phone[20];
EXEC SQL END DECLARE SECTION;
void main(void) {
   printf(" please input username:");
   scanf("%s",username);
   printf(" please input password :");
   scanf("%s",password);
   printf(" please input servername :");
   scanf("%s",servername);
   /*登录数据库*/
   EXEC SQL LOGIN :username password :password server :servername;
   /*对数据库进行操作*/
     EXEC SQL SELECT employee_name, phone_num into :employee_name,:employee_phone
                   FROM employee WHERE employee_id ='1001';
     printf("\n  对应的员工姓名为：  %s\n", employee_name);
     printf("\n  对应的员工联系电话为：  %s\n", employee_phone);
     /*退出数据库*/
   EXEC SQL LOGOUT;
}
```

4.1.2　嵌入式 SQL 程序编译过程

嵌入主语言程序中的 DM SQL 语句并不能直接被主语言编译程序识别，必须对这些 SQL 语句进行预处理，将其翻译成主语言语句，生成由主语言语句组成的目标文件，然后由编译程序编译成可执行文件，再执行该文件，方可得到用户所需要的结果。下面以 test.pc（例 4-1）为例，说明 PRO *C 的编译调试过程，其操作步骤如下。

第 1 步，使用记事本或其他文本编辑工具，编辑文件 test.pc，编辑完成后保存该文件，如保存为 D:\test.pc。

第 2 步，使用 dpc_new.exe 预编译 test.pc。dpc_new.exe 文件位于达梦数据库安装目录的 bin 子目录下，通过控制台进入该目录，运行命令“dpc_new.exe file=d:\test.pc check=false;”，生成 test.c 文件，该文件位于当前目录下，即与文件 dpc_new.exe 位于同一目录中。

第 3 步，使用 Microsoft Visual Studio 2012 创建新项目 buildin，假设其位于 D:\xx\tt 目录中。将 test.c 文件复制到 D:\xx\tt\buildin\buildin 目录中，并将达梦数据库相关安装目录下的 sqlca.h、DPItypes.h、DPI.h、dpc_dll.h、dmdpc.lib 和 dmdpc.dll 文件复制到 D:\xx\tt\ buildin\buildin 目录中。

第 4 步，在 buildin 项目中，添加上述 sqlca.h、DPItypes.h、DPI.h、dpc_dll.h 头文件和 test.c 源文件。

第 5 步，在 Microsoft Visual Studio 的界面上，单击“项目”按钮，找到 buildin 属性，单击“打开”按钮。执行“配置属性|链接器|输入”命令，添加附加依赖项 dmdpc.lib。

第 6 步，在 Microsoft Visual Studio 界面空白处右击，在弹出的快捷菜单中单击“生成”或“重新生成”按钮生成可执行文件。在目录 D:\xx\tt\buildin\debug 中将生成 buildin.exe 可执行文件。

第 7 步，运行 buildin.exe 还需要很多 DLL 文件，因此可将达梦安装目录下 bin 子目录中的所有 DLL 文件复制到 buildin.exe 的所在目录中。

第 8 步，通过控制台进入 buildin.exe 所在的目录，执行 buildin.exe 命令，输入用户名、密码和服务器名，即可得到 employee 表中编号为“1001”的员工姓名和联系电话。

4.2 嵌入式 SQL 常用语法

4.2.1 SQL 前缀和终结符

嵌入式 SQL 语句必须具有 1 个前缀和 1 个终结符。DM 嵌入式 SQL 语句的前缀是 EXEC SQL，而终结符是分号。在 EXEC SQL 和分号之间必须是有效的 SQL 语句，不能有主语言语句及其注释。DM 嵌入式 SQL 前缀语法格式如下：

```
EXEC SQL <SQL语句>;
```

其中：

<SQL 语句>指明使用的嵌入式 DM SQL 语句。

语法说明如下。

（1）该语句只能在嵌入式方式中使用。EXEC 和 SQL 必须在一起出现，不能在分开的行中。

（2）DM 嵌入式 SQL 语句包括说明性嵌入式 SQL 语句和可执行嵌入式 SQL 语句两类。说明性嵌入式 SQL 语句包括嵌入变量声明节的开始和结束语句、异常声明语句及游标声明语句。除此之外，其他的数据操纵语句皆为可执行的 SQL 语句，可执行语句又分为数据定义、数据控制、数据操纵 3 种。

4.2.2　宿主变量

嵌入式 SQL 任何可放置标量表达式的地方都可以含有宿主变量。宿主变量可用于在程序和 SQL 数据之间传送数据。在 SQL 语句中，<宿主变量名>必须前置一个冒号以同 SQL 对象名相区别。宿主变量只能返回标量值。

声明节是任何嵌入式 SQL 程序的一个重要部分。变量说明出现在 EXEC SQL BEGIN DECLARE SECTION 和 EXEC SQL END DECLARE SECTION 之间。声明节语法格式如下：

```
EXEC SQL BEGIN DECLARE SECTION;
{
  <宿主变量定义语句>;
}
EXEC SQL END DECLARE SECTION;
```

其中

<宿主变量定义语句>：指明在 DM 嵌入式 SQL 中使用的宿主变量的数据类型。

例 4-1 中宿主变量的定义为：

```
EXEC SQL BEGIN DECLARE SECTION;
  char username[20],
       password[20],
       servername[20];
  varchar employee_name[20];
  varchar employee_phone[20];
EXEC SQL END DECLARE SECTION;
```

从中可以看出，嵌入式 SQL 定义了 5 个宿主变量，分别存放登录用户名、密码、服务器名、员工姓名和电话号码信息。

4.2.3　输入和输出变量

宿主变量分为输入宿主变量和输出宿主变量两种。输入和输出都是从 DBMS 的角度出发的，“输入”是指输入 DBMS，而“输出”是指从 DBMS 输出。找到嵌入式 SQL 程序中的宿主变量很容易，因为它们的名称前面都带有冒号，语法格式如下：

```
: <宿主变量>
```

注意：宿主变量的数据类型必须与 SQL 语句中的列类型相容。

【例 4-2】输入和输出变量举例。

```
EXEC SQL CREATE TABLE t1 ( c1 INT, c2 CHAR(20) );
  num = 1;
  strcpy(str, "1234");
EXEC SQL INSERT INTO t1 VALUES ( :num, :str );
```

4.2.4 指示符变量

为了能够处理 NULL 值，在主语言程序中引入了指示符变量。它是一个跟在宿主变量后的数字变量，标记该宿主变量的数据是否为空。在 DM 嵌入式 SQL 语句中，指示符变量语法格式如下：

```
:<宿主变量> [:<指示符名>]
```

【例 4-3】指示符变量举例。

```
EXEC SQL BEGIN DECLARE SECTION;
  … /*其他宿主变量的定义*/
  short str_indicator;
EXEC SQL END DECLARE SECTION;
  …
  str_indicator = -1;
  EXEC SQL INSERT INTO t1 VALUES ( :num, :string :str_indicator);
/* 插入结果：对t1的c2列插入一个NULL值*/
```

对于输入宿主变量，预置指示符变量的值为-1，表明插入一个空值。对于输出宿主变量，指示符表示返回结果是否为空或有截取的情况。一个指示变量的取值有 3 种：取值为 0，说明返回值非空且赋给宿主变量时不发生截取；取值为-1，说明返回的值为空值；取值大于 0，说明返回值为非空值，但在赋给宿主变量时，字符串的值被截断，这时指示变量的值为截断之前的长度。

4.2.5 服务器登录与退出

在 DM 嵌入式方式下，用户在与 DBMS 进行交互前，必须先用命令 LOGIN 登录 DM 服务器，在与服务器交互结束后，用 LOGOUT 命令与服务器断开连接。

1. 登录服务器

在嵌入式方式下，LOGIN 命令供用户向系统报告自己的登录名和口令，以便系统检查是否为合法用户。其语法格式如下：

```
LOGIN <嵌入式变量1> PASSWORD <嵌入式变量2> SERVER <嵌入式变量3>;
```

其中

（1）<嵌入式变量 1>：指明登录系统的用户使用的用户名称，该用户当前须具有数据库级权限。

（2）<嵌入式变量 2>：指明与登录系统用户名对应的口令。

（3）<嵌入式变量 3>：指明所登录系统服务器的主机名。

【例 4-4】在 PRO *C 嵌入式环境中，用户 DMHR 登录服务器 DMSERVER。

```
#include <stdio.h>
#include <string.h>
```

```
EXEC SQL BEGIN DECLARE SECTION;
  char loginname[20] = "DMHR";
  char userpwd[20] = "dameng123";
  char appsrv[20] = "orcl";
EXEC SQL END DECLARE SECTION;
long SQLCODE;
dm_hdbc dm_con;
dm_hdiag dm_diag;
void main( )
{
    EXEC SQL LOGIN :loginname PASSWORD :userpwd SERVER :appsrv;
    if (SQLCODE != 0)
      { printf("用户%s登录失败\n\n", loginname); return ; }
    else
      printf("用户%s登录成功\n\n", loginname);
    EXEC SQL LOGOUT;
      printf("用户%s断开成功\n\n", loginname);
}
```

2. 退出服务器

在嵌入式方式下，当程序退出时，必须断开与数据库服务器的连接。断开数据库服务器连接的语法格式如下：

```
LOGOUT;
```

使用说明如下。

（1）该语句只能在嵌入式方式中使用。

（2）在程序结束时，需要执行 LOGOUT 语句，以断开与服务器的连接，回收服务器的资源。

4.2.6 单元组查询语句

DM SQL 提供了单元组查询语句，即从指定表中查询满足条件的一行，并将取到的数据赋给对应的变量。单元组查询语法格式如下：

```
SELECT [ALL | DISTINCT] <值表达式> {, <值表达式>}
  INTO <主变量名>{, <主变量名>}
  FROM [<表引用> [[AS] <相关名>] {,[<表引用> [[AS]<相关名>] }
  [WHERE <搜索条件>]
<表引用>::= [<模式名>.] <基表或视图名>
<基表或视图名>::=<基表名> | <视图名>
```

其中

（1）ALL：返回所有被选择的行，包括所有重复行的复制，默认值为 ALL。

（2）DISTINCT：从被选择的具有重复行的每组中仅返回一个这些行的复制。

（3）<值表达式>：从在 FROM 子句中列出的表、视图中选择一个表达式，通常是基于列的值。如果表、视图具有指定的用户名限定，则列要用该用户名限定。

（4）<主变量名>：指明存储数据的变量名。

使用说明如下：

（1）用户对该语句中包含的每个表名都应具有 SELECT 权限。

（2）该语句中不应包含 GROUP BY 子句或 HAVING 子句，且不应出现分组视图。

（3）INTO 后的主变量个数、类型必须与 SELECT 后<值表达式>的个数、类型一一对应。

（4）WHERE 子句中的查询条件不得带集函数。

（5）不处理多媒体数据类型。

（6）如果没有行满足 WHERE 子句条件，则没有行能被获取且 DM 将返回一个错误码。

【例 4-5】 单元组查询语句举例。

```
EXEC SQL BEGIN DECLARE SECTION;
    char a[20];
    char b[20];
EXEC SQL END DECLARE SECTION;
EXEC SQL SELECT employee_name, phone_num INTO :a,:b
FROM employee WHERE employee_id=1001;
```

查询结果为"a='马学铭', b='15312348552'"。

4.3 动态 SQL

在编程时，有时候需要编写更为通用的程序，例如，当查询条件不确定时，或者当要查询的属性列也不确定时，就无法通过静态 SQL 语句实现。因为在这些情况下，SQL 语句不能完整地写出来，而且这类语句在每次执行时都可能变化，只有在程序执行时才能构造完整。像这种在程序执行过程中临时生成的 SQL 语句称为动态 SQL 语句。

实际上，如果在预编译时下列信息不能确定，就必须使用动态 SQL 方法。

（1）SQL 语句正文。

（2）主变量个数。

（3）主变量的数据类型。

（4）SQL 语句中引用的数据库对象（如列、索引、基本表、视图等）。

动态 SQL 方法允许在程序运行过程中临时"组装"SQL 语句，主要有 3 种形式：语句可变、条件可变及数据对象和查询条件均可变。

这 3 种动态形式几乎覆盖所有的可变要求。为了实现上述 3 种动态形式，在 DM 嵌入式 SQL 程序中提供了相应的语句（EXECUTE IMMEDIATE、PREPARE、EXECUTE）来实现这种需求。

4.3.1　EXECUTE IMMEDIATE 立即执行语句

用立即执行语句执行动态 SQL 语句的语法格式如下：

```
EXECUTE IMMEDIATE <SQL动态语句文本>;
[INTO <赋值对象> {,<赋值对象>}]
[USING <绑定参数> {,<绑定参数>}]
```

其中

（1）<SQL 动态语句文本>：指明立即执行的动态语句文本。

（2）<赋值对象>：用来存储查询语句返回的数据，可以是变量，也可以是 OUT 或 IN OUT 类型的参数，其个数与类型应与查询返回结果的各列相对应。

（3）<绑定参数>：每个参数对应的实参，它可以是存储模块的参数或变量，其个数与出现顺序应与形参对应。

使用说明如下：

（1）该语句首先分析 SQL 动态语句文本，检查是否有错误，如果有错误则不执行它，抛出异常并通过 SQLCODE 返回错误码；如果没发现错误则执行它。

（2）SQL 动态语句中可以有参数，每个形参的形式为一个“?”符号。通过 USING 子句可以指定每个参数对应的实参值。

（3）INTO 子句仅用于动态 SQL 语句为单行查询的情况。

（4）用该方法处理的 SQL 语句一定不是 SELECT 语句，而且不包含任何虚拟的输入宿主变量。

（5）一般来说，应该使用一个字符串变量来表示一个动态 SQL 语句的文本，下列语句不能作为动态 SQL 语句：CLOSE、DECLARE、FETCH、OPEN、WHENEVER。

（6）如果动态 SQL 语句的文本中有多条 SQL 语句，那么只执行第一条语句。

（7）对于仅执行一次的动态语句，用立即执行语句较合适。

（8）用户可以通过绑定不同的实参来重复执行一条动态 SQL 语句，但是每次重复执行时，系统都会重新准备该语句后再执行，所以这样做并不能降低系统开销。

【例 4-6】假定变量 SQLSTMT 是声明节中定义的字符数组。

```
strcpy(SQLSTMT,"DELETE FROM SALES.SALESPERSON;");
EXEC SQL EXECUTE IMMEDIATE :SQLSTMT;
```

4.3.2　PREPARE 准备语句

在嵌入式方式下，PREPARE 准备语句为 EXECUTE 语句的执行准备一条语句，语法格式如下：

```
PREPARE <SQL语句名> FROM <SQL动态语句文本>;
```

其中

（1）<SQL 语句名>：指明被分析的动态语句文本的标识符。

（2）<SQL 动态语句文本>：指明被分析的动态语句文本。

使用说明如下：

（1）该语句只能在嵌入式方式中使用。

（2）<SQL 语句名>标识被分析的动态 SQL 语句，它是供预编译程序使用的标识符，而不是宿主变量。

（3）SQL 动态语句文本中的 SQL 语句不能是 SELECT 语句。

（4）该语句可能包含虚拟输入宿主变量（用问号表示），而且变量的类型是已知的。

（5）如果 SQL 动态语句文本中含有多条 SQL 语句，那么只执行第一条 SQL 语句（第一条以分号结束的 SQL 语句）。

【例 4-7】用 stmt 标识被分析的 SQL 语句，“?”表示一个虚拟输入宿主变量。

```
strcpy(sql_stmt, "DELETE FROM employee WHERE employee_id = ?");
EXEC SQL PREPARE stmt FROM :sql_stmt;
```

4.3.3　EXECUTE 执行语句

在嵌入式方式下，EXECUTE 执行语句执行一个由 PREPARE 语句准备好的动态 SQL 语句。其语法格式如下：

```
EXECUTE <SQL语句名> [USING <实宿主变量名>{,<实宿主变量名>];
```

其中

（1）<SQL 语句名>：指明准备执行的动态语句文本的标识符。

（2）<实宿主变量名>：指明用于替换虚宿主变量的相应实宿主变量的名称。

使用说明如下：

（1）该语句只能在嵌入式方式中使用。

（2）在该语句执行前，必须先使用 PREPARE 语句准备一个 SQL 语句并获得 SQL 语句名。

【例 4-8】假定变量 employeeid 和 sqlstmt 是声明节中已定义的字符数组，下面 4 条语句的功能相当于执行删除语句“DELETE FROM employee WHERE employee_id= 1002;”。

```
strcpy(employeeid, "2");
strcpy(sqlstmt, "DELETE FROM employee WHERE employee_id=?");
EXEC SQL PREPARE STMT FROM :sqlstmt;
EXEC SQL EXECUTE STMT USING :employeeid;
```

4.4　嵌入式程序的异常处理

在 C 语言程序中，任何可出现说明语句的位置，皆可嵌入异常声明/处理语句。其作用是：在该异常声明/处理语句的作用域内，当发生 SQL 语句操作异常时，异常能够得到处理。

4.4.1　异常声明/处理语句

异常声明/处理语句语法格式如下：

```
<嵌入的异常声明>::= EXEC SQL WHENEVER <条件> <异常动作>;
<条件>::= SQLERROR | NOT FOUND
<异常动作>::= STOP |  CONTINUE | GOTO <标号>  | GO TO <标号>  | DO<用户代码>
```

其中，<标号>为标准的 C 语言标号。

异常声明/处理语句使用说明如下。

（1）WHENEVER 语句的作用域。

一个 WHENEVER 语句的作用域是从该语句出现的位置开始，到下一个指明相同条件的 WHENEVER 语句之前的所有 SQL 语句（若没有下一个相同条件的 WHENEVER 语句，则到文件结束）。这种起始、终止位置是指源程序的物理位置，与该程序逻辑执行顺序无关。

（2）异常动作的说明。

如果<异常动作>为 STOP，则停止操作；如果<异常动作>为 CONTINUE，则即使产生异常，也不需要进行异常处理。使用 CONTINUE 的主要作用是取消前面与之具有相同条件的异常声明/处理语句的作用。如果动作为 GOTO <标号>，则程序转移到标号处执行。如果动作为 DO <用户代码>，则程序继续执行用户的代码。

（3）动作的触发条件。

当一个 SQL 语句执行后返回的 SQLCODE<0 时，SQLERROR 为真；当一个 SQL 语句执行后返回的 SQLCODE=100 时，NOT FOUND 为真。当嵌入的异常声明的条件得到满足时，触发异常动作的执行。

4.4.2 异常声明/处理语句使用举例

在对含有异常声明/处理语句的程序进行预编译时，所有的异常声明/处理语句都被删除。根据其作用域，在相应的 SQL 语句的调用函数之后，生成与 SQLCODE 相对应的语句。

【例 4-9】按员工编号查询员工姓名、联系电话。设该文件名称为 test1.pc。

```
EXEC SQL BEGIN DECLARE SECTION;
  long sqlcode;
  char sqlstate[6];
  varchar employee_name[50];
  varchar employee_phone[25];
  number employe_id[10];
EXEC SQL END DECLARE SECTION;
//①定义游标
EXEC SQL DECLARE c1 CURSOR FOR
  SELECT employee_name, phone_num FROM emplyee
  WHERE employee_id=:employee_id;
EXEC SQL WHENEVER SQLERROR GOTO err_proc;
```

```
strcpy(employee_id,"1");
EXEC SQL OPEN c1;
//②打开游标
EXEC SQL WHENEVER NOT FOUND GOTO aaa;
for(;;)
{
  //③拨动游标
  EXEC SQL FETCH c1 INTO :employee_name, :employee_phone;
  printf("%s,%s ", employee_name,employee_phone);
} …
aaa:
EXEC SQL WHENEVER NOT FOUND CONTINUE;
EXEC SQL CLOSE c1;
//④关闭游标
exit(0);
err_proc: printf("error = %d",sqlcode); exit(1);
```

若打开游标出错，则转至标号 err_proc 处执行。同样，若在取值过程中出错，则也要转至 err_proc 处执行。若游标 c1 移至游标表的最后一行，则返回的 SQLCODE 为 100，程序将跳转到标号为 aaa 的语句处执行。

5

第5章 基于数据库访问接口标准的应用程序设计

应用系统对数据库的访问和操作需要借助数据库系统提供的接口来实现，为方便程序员开发基于达梦数据库系统的应用程序或对原有应用程序进行数据库迁移等升级改造，达梦数据库针对不用应用场景和不同编程语言，并严格遵循国际数据库标准或行业标准，提供了丰富、标准和可靠的编程接口。本章主要介绍 DM ODBC、DM JDBC 和 DM .NET Data Provider 编程接口的使用方法。

5.1 DM ODBC 程序设计

5.1.1 ODBC 主要功能

ODBC（Open Database Connectivity，开放式数据库连接）是由 Microsoft 开发和定义的一种访问数据库的应用程序接口，其定义了访问数据库 API 的一组规范，这些 API 独立于各种数据库系统和编程语言。因此，ODBC 支持不同编程语言，同时支持不同的数据库管理系统。借助 ODBC 接口，应用程序能够使用相同的程序与各种各样的数据库进行交互。这使得应用程序开发人员不需要考虑各类数据库管理系统的构造细节，只需要使用相应的 ODBC 驱动程序，将 SQL 语句发送到目标数据库中，就能访问和操作各类数据库中的数据。

也就是说，一个基于 ODBC 的应用程序，对数据库的操作不依赖任何数据库管理系统，所有的数据库操作由对应的 ODBC 驱动程序完成。无论是 SQL Server、Access、Oracle，还是 DM，均可借助 ODBC API 进行访问。ODBC 体系结构如图 5-1 所示，ODBC 驱动程序管理器用于管理各种 ODBC 驱动程序，基于 ODBC 开发的应用程序通过 ODBC 驱动程序管理器调用针对不同数据库的驱动程序，进行数据对象的维护、数据的查询和修改等操作。

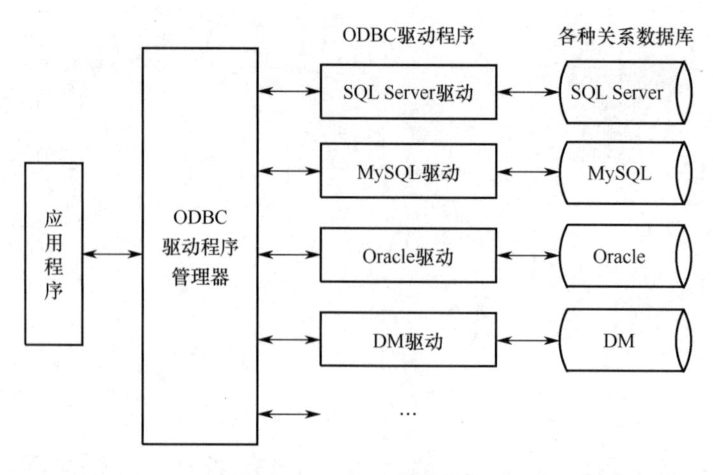

图 5-1　ODBC 体系结构

DM8 提供的 DM ODBC 3.0 接口遵照 Microsoft ODBC 3.0 规范设计与开发，实现了 ODBC 应用程序对达梦数据库的连接和操作。其由 C 语言编写，底层调用 DM DCI 接口实现。因此，应用程序开发人员可基于 ODBC 接口规范使用 DM ODBC 驱动访问和操作 DM8。

5.1.2　DM ODBC 主要函数

由于 DM ODBC 遵照 Microsoft ODBC 3.0 规范设计与开发，因此 DM ODBC 接口提供的函数与标准 ODBC 一致。由于 DM ODBC 接口函数较多，表 5-1 仅列出了 DM ODBC 接口的主要函数，读者在开发基于 DM ODBC 的应用程序时可参阅标准 ODBC 编程相关文档。

表 5-1　DM ODBC 接口的主要函数

函数功能	函数名称	注　释
连接数据源	SQLAllocHandle	分配环境、连接、语句或描述符句柄
	SQLConnect	建立与驱动程序或数据源的连接，访问数据源的连接句柄包含了状态、事务申明和错误信息的所有连接信息
	SQLDriverConnect	与 SQLConnect 相似，用来连接驱动程序或数据源。但它比 SQLConnect 所支持数据源的连接信息更多，它提供了一个对话框来提示用户设置所有的连接信息及系统信息表没有定义的数据源
获取驱动程序和数据源信息	SQLDataSources	能够被调用多次来获取应用程序使用的所有数据源名称
	SQLDrivers	返回所有安装过的驱动程序清单，包括对它们的描述及属性关键字
	SQLGetInfo	返回连接的驱动程序和数据源的元信息
	SQLGetFunctions	返回指定的驱动程序是否支持某个特定函数的信息
	SQLGetTypeInfo	返回指定的数据源支持的数据类型信息
设置或获取驱动程序属性	SQLSetConnectAttr	设置连接属性值
	SQLGetConnectAttr	返回连接属性值
	SQLSetEnvAttr	设置环境属性值
	SQLGetEnvAttr	返回环境属性值
	SQLSetStmtAttr	设置语句属性值
	SQLGetStmtAttr	返回语句属性值

（续表）

函数功能	函数名称	注释
设置或获取描述符字段	SQLSetDescField	设置单个描述符字段的值
	SQLSetDescRec	设置描述符记录的多个字段的值
	SQLGetDescField	返回单个描述符字段的值
	SQLGetDescRec	返回描述符记录的多个字段的值
准备 SQL 语句	SQLPrepare	准备要执行的 SQL 语句
	SQLBindParam	在 SQL 语句中分配参数的缓冲区
	SQLGetCursorName	返回与语句句柄相关的游标名称
	SQLSetCursorName	设置与语句句柄相关的游标名称
	SQLSetScrollOptions	设置控制游标行为的选项
提交 SQL 请求	SQLExecute	执行准备好的 SQL 语句
	SQLExecDirect	执行一条 SQL 语句
	SQLNativeSql	返回驱动程序对一条 SQL 语句的翻译
	SQLDescribeParam	返回对 SQL 语句中指定参数的描述
	SQLNumParams	返回 SQL 语句中参数的个数
	SQLPutData	在 SQL 语句运行时给部分或全部参数赋值
	SQLParamData	与 SQLPutData 联合使用，在运行时给参数赋值
检索结果集及其相关信息	SQLRowCount	返回 INSERT、UPDATE 或 DELETE 等语句影响的行数
	SQLNumResultCols	返回结果集中列的数目
	SQLDescribeCol	返回结果集中列的描述符记录
	SQLColAttribute	返回结果集中列的属性
	SQLBindCol	为结果集中的列分配缓冲区
	SQLFetch	在结果集中检索下一行元组
	SQLFetchScroll	返回指定的结果行
	SQLGetData	返回结果集中当前行某一列的值
	SQLSetPos	在取到的数据集中设置游标的位置。这个记录集中的数据能够刷新、更新或删除
	SQLBulkOperations	执行块插入和块书签操作，其中包括根据书签更新、删除或取数据
	SQLMoreResults	确定是否能够获得更多的结果集，如果能就执行下一个结果集的初始化操作
	SQLGetDiagField	返回一个字段值或一个诊断数据记录
	SQLGetDiagRec	返回多个字段值或多个诊断数据记录
取得数据源系统表的信息	SQLColumnPrivileges	返回一个关于指定表的列的列表及相关的权限信息
	SQLColumns	返回指定表的列信息列表
	SQLForeignKeys	返回指定表的外键信息列表
	SQLPrimaryKeys	返回指定表的主键信息列表
	SQLProcedureColumns	返回指定存储过程的参数信息列表
	SQLProcedures	返回指定数据源的存储过程信息列表
	SQLSpecialColumns	返回唯一确定某一行的列的信息，或者当某一事务修改一行的时候自动更新各列的信息
	SQLStatistics	返回一个单表的相关统计信息和索引信息
	SQLTablePrivileges	返回相关表的名称及权限信息
	SQLTables	返回指定数据源中的表信息

（续表）

函数功能	函数名称	注　释
终止语句执行	SQLFreeStmt	终止语句执行，关闭所有相关的游标，放弃没有提交的结果，选择释放与指定语句句柄相关的资源
	SQLCloseCursor	关闭一个打开的游标，放弃没有提交的结果
	SQLCancel	放弃执行一条 SQL 语句
	SQLEndTran	提交或回滚事务
中断连接	SQLDisconnect	关闭指定连接
	SQLFreeHandle	释放环境、连接、语句或描述符句柄

5.1.3　DM ODBC 应用程序设计流程及示例

1. DM ODBC 应用程序设计流程

DM ODBC 为程序员提供了基于 ODBC 接口设计应用程序的工具，程序员使用 DM ODBC 设计应用程序的总体流程如图 5-2 所示。首先，安装 DM ODBC 驱动程序；其次，配置 DM ODBC 数据源；最后，基于 DM ODBC 编程规范编写代码，设计程序访问和操作 DM8。

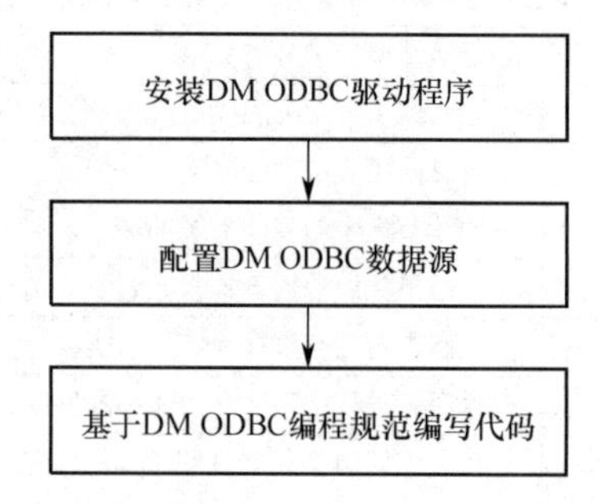

图 5-2　DM ODBC 应用程序设计总体流程

（1）安装 DM ODBC 驱动程序。

在借助 DM ODBC 编程接口开发应用程序时，需要先在客户端安装 DM ODBC 驱动程序。在 Windows 操作系统下，DM ODBC 驱动程序的安装主要有两种方式：一种是安装 DM 客户端；另一种是复制 DM ODBC 3.0 驱动程序并注册。

第 1 种方式：在安装 DM 客户端时，勾选 DM ODBC 驱动程序的相关选项，安装工具将复制 DM ODBC 3.0 驱动程序到硬盘，并在 Windows 注册表中登记 DM ODBC 驱动程序信息。

第 2 种方式：首先，将驱动程序（dodbc.dll）复制到客户端某一目录下；其次，创建一个注册文件并运行该注册文件（如 installDmOdbc.reg）；最后，完成驱动程序的注册。该文件可参考以下代码编写。

```
REGEDIT4
[HKEY_LOCAL_MACHINE\Software\ODBC\ODBCINST.INI\ODBC Drivers]
"DM8 ODBC DRIVER"="Installed"
```

```
[HKEY_LOCAL_MACHINE\Software\ODBC\ODBCINST.INI\DM8 ODBC DRIVER]
"Driver"="%DM_HOME%\\bin\\dodbc.dll"    //此处修改成dodbc.dll所在目录
"Setup"="%DM_HOME%\\bin\\dodbc.dll"     //此处修改成dodbc.dll所在目录
```

（2）配置 DM ODBC 数据源。

基于 DM ODBC 接口的应用程序访问 DM 服务器是通过配置的 ODBC 数据源来访问的。因此，在设计基于 DM ODBC 接口的应用程序时，应先配置 ODBC 数据源。ODBC 数据源的配置可借助操作系统提供的 ODBC 数据源管理器来完成。在配置 DM ODBC 数据源时，选择 DM ODBC 驱动程序，并且设置服务器、端口号等相关参数。

（3）基于 DM ODBC 编程规范编写代码。

在 DM ODBC 驱动程序安装完成，并且成功配置 DM ODBC 数据源后，开始编写代码访问数据库，进行数据对象的管理、数据的查询修改等操作。

2. DM ODBC 程序设计流程

DM ODBC 数据源配置成功后，即可设计程序访问和操作数据库。遵循 DM ODBC 编程规范，基于 DM ODBC 接口设计程序访问和操作数据库的大致流程如图 5-3 所示。

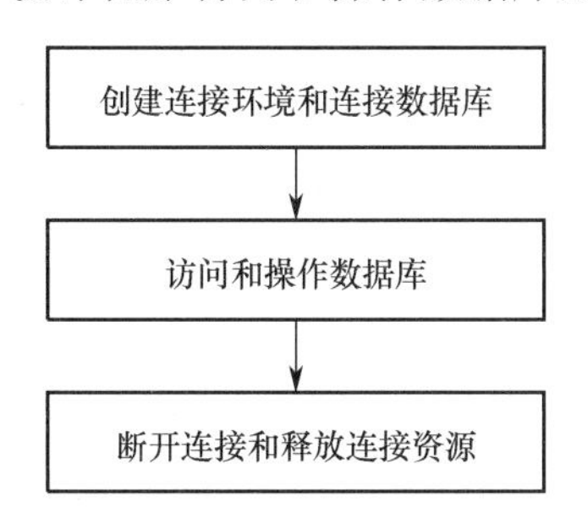

图 5-3　DM ODBC 程序设计流程

首先，创建连接环境和连接数据库，主要包括调用相关函数分配环境句柄、设置环境属性、分配连接句柄和建立数据库连接等过程。

其次，访问和操作数据库，主要通过建立的连接分配语句句柄执行相关 SQL 语句。该过程是操作数据库的主体部分，与数据库的所有交互均在该过程实现。

最后，断开连接和释放连接资源。数据库操作完成后，程序需要关闭数据库连接，并且释放连接资源。

3. DM ODBC 程序设计示例

【例 5-1】基于 DM ODBC 编程接口，利用已配置的 DM ODBC 数据源 DM 设计程序，获取数据源 DM 对应数据库中 DMHR.EMPLOYEE 表的数据，包括职员编号、姓名、联系电话等信息。

在 Visual Studio 2012 集成开发环境中，首先，新建一个 C/C++空项目，为该项目添加一个.cpp 程序文件；其次，添加依赖文件“dodbc.lib”和达梦数据库安装目录下的 bin 和 include 两个依赖目录（针对数据库的版本类型，选择 32 位或 64 位编译环境，建议选择 64 位编译环境）；最后，基于 DM ODBC 接口设计程序。

（1）创建连接环境和连接数据库。

应用程序与达梦数据库进行通信，需要建立数据库连接。

① 调用函数 SQLAllocHandle 申请环境、连接句柄；

② 调用函数 SQLSetEnvAttr 设置环境句柄属性；

③ 调用函数 SQLSetConnectAttr 设置连接句柄属性；

④ 调用连接函数 SQLConnect、SQLDriverConnect 或 SQLBrowseConnect 连接数据源。

（2）访问和操作数据库。

与 ODBC 数据源建立连接后，即可通过 ODBC 函数访问和操作数据。

① 调用函数 SQLAllocHandle 申请语句句柄，通过该句柄执行 SQL 语句；

② 调用函数 SQLPrepare 对 SQL 语句和操作进行准备；

③ 调用 SQLDescribeCol、SQLDescribeParam 等函数获取相关描述信息，依据描述信息调用 SQLBindCol、SQLBindParam 等函数绑定相关的列和参数；

④ 调用函数 SQLExecute 执行 SQL 语句，实现相关的 SQL 操作。

应用程序也可以调用 SQLExecDirect 直接执行 SQL 语句进行相关的 SQL 操作。

（3）断开数据连接和释放连接资源。

数据库操作完成后，程序需要关闭数据库连接，释放连接资源。如果要终止客户程序与服务器之间的连接，则客户程序应当完成以下操作：

① 调用函数 SQLFreeHandle 释放语句句柄，关闭所有打开的游标，释放相关的语句句柄资源（在非自动提交模式下，需要事先提交当前的事务）；

② 调用函数 SQLDisconnect 关闭所有的连接；

③ 调用函数 SQLFreeHandle 释放连接句柄及其相关的资源；

④ 调用函数 SQLFreeHandle 释放环境句柄及其相关的资源。

程序实现如下所示。

```
#include <windows.h>
#include <stdio.h>
#include <sql.h>
#include <sqltypes.h>
#include <sqlext.h>
/* 检测返回代码是否为成功标志，当为成功标志时返回 TRUE，否则返回 FALSE */
#define RC_SUCCESSFUL(rc) ((rc) == SQL_SUCCESS || (rc) == SQL_SUCCESS_WITH_INFO)
/* 检测返回代码是否为失败标志，当为失败标志时返回 TRUE，否则返回 FALSE */
#define RC_NOTSUCCESSFUL(rc) (!(RC_SUCCESSFUL(rc)))
HENV henv; /* 环境句柄 */
HDBC hdbc; /* 连接句柄 */
HSTMT hsmt; /* 语句句柄 */
SQLRETURN sret;/* 返回代码 */
char szpersonid[11]; /* 职员编号 */
```

```
SQLLEN cbpersonid=0;
char szname[51]; /* 职员姓名 */
SQLLEN cbname=0;
char szphone[26]; /* 联系电话 */
SQLLEN cbphone=0;
void main(void)
{
    /* 申请一个环境句柄 */
    SQLAllocHandle(SQL_HANDLE_ENV, NULL, &henv);
    if(henv == NULL){
        printf("ODBC 环境句柄分配失败");
        return;
    }
    /* 设置环境句柄的 ODBC 版本 */
    SQLSetEnvAttr(henv, SQL_ATTR_ODBC_VERSION, (SQLPOINTER)SQL_OV_ODBC3, SQL_
    IS_INTEGER);
    /* 申请一个连接句柄 */
    SQLAllocHandle(SQL_HANDLE_DBC, henv, &hdbc);
    if(hdbc == NULL){
        printf("ODBC 连接句柄分配失败");
        return;
    }
    sret=SQLConnect(hdbc, (SQLCHAR *)"DM", SQL_NTS, (SQLCHAR *)"DMHR", SQL_NTS,
    (SQLCHAR *)"dameng123", SQL_NTS);
    if(sret == SQL_SUCCESS||sret==SQL_SUCCESS_WITH_INFO){
        /* 申请一个语句句柄 */
        SQLAllocHandle(SQL_HANDLE_STMT, hdbc, &hsmt);
        /* 立即执行查询职员信息表的语句 */
        SQLExecDirect(hsmt, (SQLCHAR *)"SELECT employee_id, employee_name, phone_num
        FROM dmhr.employee;", SQL_NTS);
        /* 绑定数据缓冲区 */
        SQLBindCol(hsmt, 1, SQL_C_CHAR, szpersonid, sizeof(szpersonid), &cbpersonid);
        SQLBindCol(hsmt, 2, SQL_C_CHAR, szname, sizeof(szname), &cbname);
        SQLBindCol(hsmt, 3, SQL_C_CHAR, szphone, sizeof(sazphone), &cbphone);
        /* 取得数据并打印数据 */
        printf("职员编号 职员姓名 联系电话\n");
```

```
            for (;;) {
                sret = SQLFetchScroll(hsmt, SQL_FETCH_NEXT, 0);
                if (sret == SQL_NO_DATA_FOUND)
                break;
                printf("%s %s %s\n", szpersonid, szname, szphone);
            }
        }
        else{
                printf("连接失败\n");
        }
        /* 关闭游标，终止语句执行 */
        SQLCloseCursor(hsmt);
        /* 释放语句句柄 */
        SQLFreeHandle(SQL_HANDLE_STMT, hsmt);
        /* 断开与数据源之间的连接 */
        SQLDisconnect(hdbc);
        /* 释放连接句柄 */
        SQLFreeHandle(SQL_HANDLE_DBC, hdbc);
        /* 释放环境句柄 */
        SQLFreeHandle(SQL_HANDLE_ENV, henv);
    }
```

5.2 DM JDBC 程序设计

Java 是当前使用最广泛的编程语言之一，为便于 Java 应用访问和操作 DM8，DM8 也支持 JDBC 编程接口。Java 应用可借助 JDBC 驱动，使用 Java 语言开发应用系统。

5.2.1 JDBC 主要功能

JDBC（Java DataBase Connectivity，Java 数据库连接）是 Java 应用程序连接和操作关系数据库的应用程序接口。其由一组规范的类和接口组成，通过调用类和接口所提供的方法，可访问和操作不同的关系数据库系统。

DM8 遵循 JDBC 标准接口规范，提供了 DM JDBC 驱动程序，使得 Java 程序员可以通过标准的 JDBC 编程接口创建数据库连接、执行 SQL 语句、检索结果集、访问数据库元数据等操作，从而开发基于 DM8 的应用程序，JDBC 体系结构如图 5-4 所示。

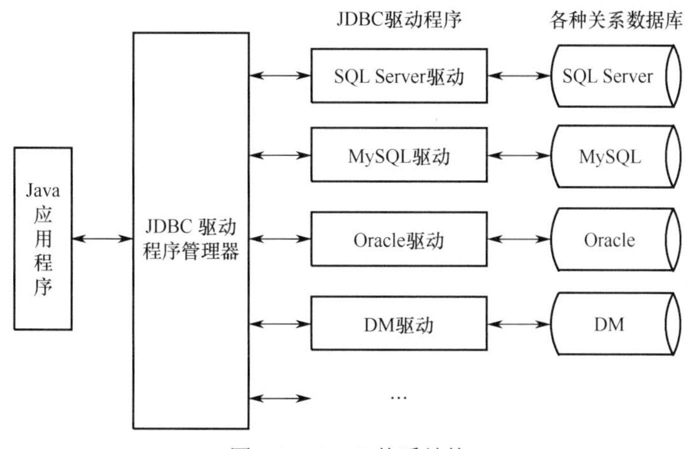

图 5-4　JDBC 体系结构

5.2.2　DM JDBC 主要类和函数

由于 DM JDBC 驱动遵循 JDBC 标准规范设计与开发，因此 DM JDBC 接口提供的函数与标准 JDBC 一致。JDBC 接口函数较多，表 5-2 仅列出了 DM JDBC 主要类或接口及主要函数，读者在开发基于 DM JDBC 的应用程序时也可参阅标准 JDBC 编程接口。

表 5-2　DM JDBC 主要类或接口及主要函数

主要类或接口	类或接口说明	主 要 函 数	函 数 说 明
java.sql.DriverManager	用于管理驱动程序，并可与数据库建立连接。其类中的方法均为静态方法	getConnection	创建连接
		setLoginTimeout	设置登录超时时间
		registerDriver	注册驱动
		deregisterDriver	卸载驱动
java.sql.Connection	数据库连接类，作用是管理指向数据库的连接，可用于提交和回滚事务、创建 Statement 对象等操作	createStatement	创建一个 Statement 对象
		setAutoCommit	设置自动提交
		close	关闭数据库连接
		commit	提交事务
		rollback	回滚事务
java.sql.Statement	用于在连接上运行 SQL 语句，并可访问结果	execute	运行 SQL 语句
		executeQuery	执行一条返回 ResultSet 的 SQL 语句
		executeUpdate	执行 INSERT、UPDATE、DELETE 或一条没有返回数据集的 SQL 语句
		getResultSet	用于得到当前 ResultSet 的结果
java.sql.PreparedStatement	Statement 的子类，是“预编译类”，能够对 SQL 语句进行预编译，以提高 SQL 语句的执行效率	setXXX	设置包含于 PreparedStatement 对象中的 SQL 语句参数，如 SetInt、SetString
		setObject	显式地将输入参数转换为特定的 JDBC 类型

（续表）

主要类或接口	类或接口说明	主 要 函 数	函 数 说 明
java.sql.ResultSet	结果集对象，主要用于查询结果的访问	absolute	将结果集的记录指针移动到指定行
		next	将结果集的记录指针定位到下一行
		last	将结果集的记录指针定位到最后一行
		close	释放 ResultSet 对象
java.sql.DatabaseMetaData	用于获取数据库元数据信息的类，如模式信息、表信息、表权限信息、表列信息、存储过程信息等	getTables	得到指定参数的表信息
		getColumns	得到指定表的列信息
		getPrimaryKeys	得到指定表的主键信息
		getTypeInfo	得到当前数据库的数据类型信息
		getExportedKeys	得到指定表的外键信息
java.sql.ResultSetMetaData	用于获取结果集元数据信息的类，如结果集的列数、列的名称、列的数据类型、列大小等信息	getColumnCount	得到数据集中的列数
		getColumnName	得到数据集中指定的列名
		getColumnLabel	得到数据集中指定的标签
		getColumnType	得到数据集中指定的数据类型
java.sql. ParameterMetaData	参数元数据，主要对 PreparedStatement、CallableStatement 对象中的占位符（“?”）参数进行描述	getParameterCount	获得指定参数的个数
		getParameterType	获得指定参数的 SQL 类型
		getParameterTypeName	获得指定参数类型名称

5.2.3 DM JDBC 应用程序设计流程及示例

1. DM JDBC 应用程序设计流程

由于 DM JDBC 接口遵循标准 JDBC 规范，因此，基于 DM JDBC 进行程序设计的流程与标准 JDBC 设计流程一致，大致流程如图 5-5 所示。

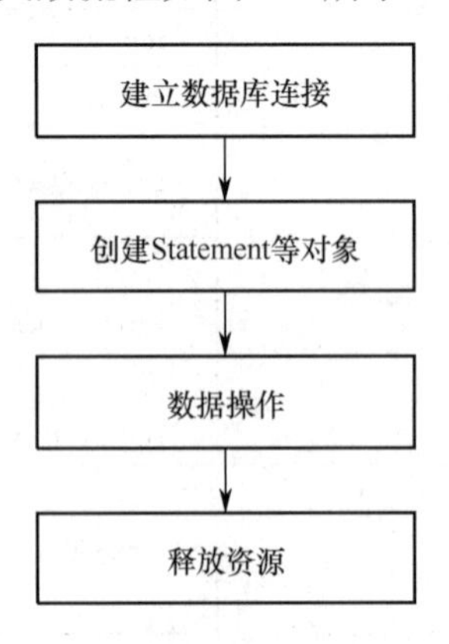

图 5-5　DM JDBC 应用程序设计流程

（1）建立数据库连接，获得 java.sql.Connection 对象。利用 DriverManager 或数据源建立与数据库的连接。

（2）创建 Statement 等对象。与数据库建立连接后，利用连接对象创建 java.sql.Statement 对象，也可创建 java.sql.PreparedStatement 或 java.sql.CallableStatement 对象。

（3）数据操作。创建完 Statement 对象后，即可使用该对象执行 SQL 语句，进行数据操作。数据操作大致可分为两种类型，一种是更新操作，如更新数据库、删除数据、创建新表等；另一种是查询操作，执行完查询之后，得到一个 java.sql.ResultSet 对象，可以操作该对象获得指定列的信息、读取指定行的某一列的值。

（4）释放资源。对数据操作完成之后，用户需要释放系统资源，主要是关闭结果集、关闭语句对象，释放连接。当然，这些动作也可以由 JDBC 驱动程序自动执行，但由于 Java 语言的特点，该过程较慢（需要等到 Java 进行垃圾回收时进行），容易出现意想不到的问题。

2. DM JDBC 程序设计示例

【例 5-2】 基于 DM JDBC 接口设计程序，要求向 dmhr.employee 员工表中插入一条员工信息（1007,"马德化","340102196202303001","madehuar@dameng.com", "15312377345", "2012-02-25",42, 3290,0,1004,104）。

程序实现过程如下。

（1）建立数据库连接。

本示例中，定义了 loadJdbcDriver 和 connect 函数，分别用于完成驱动程序加载和数据库连接。在 loadJdbcDriver 函数中调用 forClass 用于加载 DM JDBC 驱动程序，在 connect 函数中调用 DriverManager.getConnection 创建数据库连接对象。

（2）创建 Statement 对象。

本示例定义了 insertTable 函数用于完成数据插入操作。在该函数中调用数据库连接对象的 createStatement( )完成 Statement 对象的创建。

（3）数据操作。

在查询和修改员工表数据时，定义需要执行的 SQL 语句字符串。同时，使用数据库连接对象的 prepareStatement(sql)创建 PreparedStatement 对象。然后，设置 SQL 语句相关参数。最后，调用 PreparedStatement 对象的 executeUpdate( )执行 SQL 语句。

（4）释放资源。

调用数据库连接对象的 close 方法即可关闭当前数据库连接，释放资源。

参考程序如下。

```
import java.awt.Color;
…
public class BasicApp {
    String jdbcString = "dm.jdbc.driver.DmDriver";// 定义 DM JDBC 驱动串
    String urlString = "jdbc:dm://localhost:5236";// 定义 DM URL 连接串
    String userName = "DMHR";// 定义连接用户名
```

```
String password = "dameng123";// 定义连接用户口令
Connection conn = null; // 定义连接对象
/* 加载 JDBC 驱动程序*/
public void loadJdbcDriver( ) throws SQLException {
        try {
                System.out.println("Loading JDBC Driver…");
                // 加载 JDBC 驱动程序
                Class.forName(jdbcString);
        } catch (ClassNotFoundException e) {
                throw new SQLException("Load JDBC Driver Error : " + e.getMessage( ));
        } catch (Exception ex) {
                throw new SQLException("Load JDBC Driver Error : "+ ex.getMessage( ));
        }
}
/* 连接 DM 数据库 */
public void connect( ) throws SQLException {
try {
        System.out.println("Connecting to DM Server… ");
        // 连接 DM 数据库
        conn = DriverManager.getConnection(urlString, userName, password);
      } catch (SQLException e) {
                throw new SQLException("Connect to DM Server Error : "+ e.getMessage());
      }
}
/* 关闭连接 */
public void disConnect( ) throws SQLException {
        try {
                // 关闭连接
                conn.close( );
        } catch (SQLException e) {
                throw new SQLException("close connection error : " + e.getMessage( ));
        }
}
/* 向员工表中插入数据 */
public void insertTable( ) throws SQLException {
        // 插入数据语句
        String sql = "INSERT INTO dmhr.employee(EMPLOYEE_ID, EMPLOYEE_NAME, IDENTITY_
        CARD, EMAIL," +
```

```
            "PHONE_NUM, HIRE_DATE, JOB_ID, SALARY, COMMISSION_PCT," +
            "MANAGER_ID, DEPARTMENT_ID) "+
            "VALUES(?,?,?,?,?,?,?,?,?,?,?);";
            PreparedStatement pstmt = conn.prepareStatement(sql); // 创建语句对象
            pstmt.setInt(1, 1007); pstmt.setString(2, "马德化");
            pstmt.setString(3, "340102196202303001");
            pstmt.setString(4, "madehuar@dameng.com");
            pstmt.setString(5, "15312377345"); pstmt.setDate(6, Date.valueOf("2012-02-25"));
            pstmt.setInt(7, 42); pstmt.setInt(8, 3290); pstmt.setInt(9, 0); pstmt.setInt(10, 1004);
            pstmt.setInt(11, 104);
            pstmt.executeUpdate( );// 执行语句
            pstmt.close( );// 关闭语句
        }

        public static void main(String args[ ]) {
            try {
                BasicApp basicApp = new BasicApp( );// 定义类对象
                basicApp.loadJdbcDriver( );// 加载驱动程序
                basicApp.connect( );// 连接 DM 数据库
                basicApp.insertTable( );
                basicApp.disConnect( );// 关闭连接
            } catch (SQLException e) {
                System.out.println(e.getMessage( ));
            }
        }
    }
```

5.3　DM .NET Data Provider 程序设计

DM .NET Data Provider 是 .NET Framework 编程环境下的用户访问数据库的编程接口。其在数据源与程序之间创建了一个最小层，以便在不以牺牲功能为代价的前提下提高性能，达梦数据库借助底层的 DM DCI 接口来实现对 DM .NET Data Provider 的支持。使用 DM .NET Data Provider 需要具备 .NET 应用环境，而不需要安装 DM 客户端。

5.3.1　DM .NET Data Provider 主要类和函数

为了便于开发基于 DM .NET Data Provider 的应用程序，DM .NET Data Provider 接口主要实现了 DmConnection、DmCommand、DmDataAdapter、DmDataReader、DmParameter、

DmParameterCollection、DmTransaction、DmCommandBuilder、DmConnectionStringBuilder、DmClob 和 DmBlob 共 11 个类。表 5-3 列出 11 个类和主要函数，详细类说明请参阅达梦数据库程序员手册。

表 5-3　DM .NET Data Provider 11 个类和主要函数

主要类或接口	类或接口说明	主要函数或属性	函数或属性说明
DmConnection	表示一个达梦数据库打开的连接	Open	使用指定参数打开数据库连接
		Close	关闭数据库连接
		BeginTransaction	开始数据库事务
		CreateCommand	创建并返回一个 DmCommand 对象
		GetSchema	得到 DM 数据源的全部元信息
DmCommand	表示要对达梦数据库执行的一个 SQL 语句或存储过程	CreateParameter	创建一个参数对象实例
		ExecuteNonQuery	对连接执行 SQL 语句，并返回受影响的行数
		ExecuteReader	以指定方式执行命令
		ExecuteScalar	执行查询命令
		Cancel	试图取消命令的执行
DmDataAdapter	用于填充 DataSet 和更新数据	Fill	在 DataSet 中添加或刷新行以匹配数据源中的行
		FillSchema	将 DataTable 添加到 DataSet 中，并配置架构以匹配数据源中的架构
		Update	为 DataSet 中每个已插入、已更新或已删除的行调用相应的 INSERT、UPDATE 或 DELETE 语句
DmDataReader	仅通过向前方式从结果集中获取行数据	Close	关闭 DmDataReader 对象
		GetBoolean	获取指定列的布尔类型值
		GetByte	获取指定列的字节类型值
		GetChar	获取指定列的单个字符类型值
		GetDataTypeName	获取源数据类型的名称
		GetDouble	获取指定列的双精度类型值
		GetFloat	获取指定列的单精度类型值
		GetIntXx	获取指定列的整数类型值
		GetKeyCols	获取主键列
		GetName	获取指定列的名称
		GetString	获取指定列的字符串类型的值
		GetValues	获取当前行集合中的所有属性列
		NextResult	当读取批处理 SQL 语句的结果时，使数据读取器前进到下一个结果
		Read	使 DmDataReader 前进到下一条记录
DmParameter	用于表示 DmCommand 的参数，以及这些参数各自到 DataSet 中列的映射	DmParameter	构造函数，通过参数的设置来初始化 DmParameter 实例

（续表）

主要类或接口	类或接口说明	主要函数或属性	函数或属性说明
DmParameterCollection	用于表示与 DmCommand 相关的参数集合，以及这些参数各自到 DataSet 中列的映射	Add	向 DmParameterCollection 中添加 DmParameter
		Clear	从集合中移除所有项
		IndexOf	获取 DmParameter 在集合中的位置
		Insert	将 DmParameter 插入集合中的指定索引位置
		Remove	从集合中移除指定的 DmParameter
DmTransaction	用于表示要在达梦数据库中处理的 SQL 事务	Commit	提交数据库事务
		Dispose	可以释放由 DmTransaction 占用的非托管资源，还可以释放托管资源
		Rollback	回滚数据库事务
		Save	在事务中创建保存点，并指定保存点名称
DmCommandBuilder	自动生成用于协调 DataSet 的更改与关联数据库的单表命令	QuotePrefix	获取或设置一个或多个开始字符
		QuoteSuffix	获取或设置一个或多个结束字符
DmConnectionString Builder	自动生成用于连接对象进行连接的字符串，继承自 DmCommandBuilder	QuotePrefix	获取或设置一个或多个开始字符
		QuoteSuffix	获取或设置一个或多个结束字符
DmClob	用于访问服务器字符类型的大字段对象	GetString	获取指定参数的字符串
		Length	获取大字段的长度
		SetString	更新大字段内容
		Truncate	截断大字段内容
		GetSubString	获取指定参数的字符串
DmBlob	用于访问服务器二进制类型的大字段	Length	获取大字段的数据长度
		SetBytes	设置指定参数的字节数据
		GetBytes	获取指定参数的字节数据
		truncate	将大字段截断为指定长度
		GetStream	获取流对象，通过流对象进行数据读取

5.3.2 DM .NET Data Provider 应用程序设计流程及示例

1. DM .NET Data Provider 程序设计流程

DM .NET Data Provider 编程遵循标准规范，因此，基于 DM .NET Data Provider 进行程序设计的流程与标准 .NET Data Provider 的设计流程一致，如图 5-6 所示。

（1）建立数据库连接。使用 DmConnection 创建达梦数据库连接对象，指定数据库连接对象的数据库连接参数，使用连接对象的 Open 方法打开数据库连接。

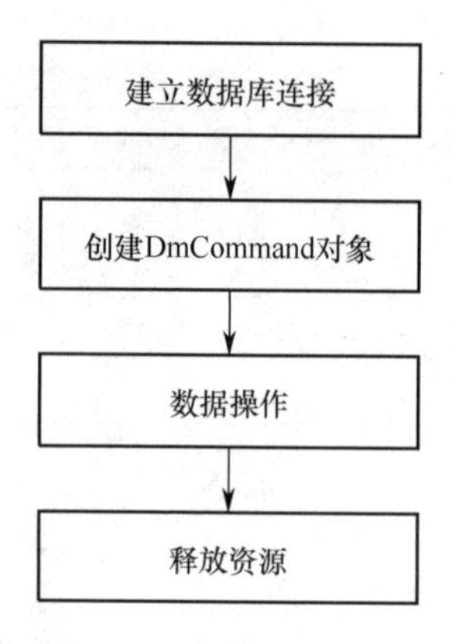

图 5-6　DM .NET Data Provider 程序设计流程

（2）创建 DmCommand 对象。新建一个 DmCommand 对象，该对象直接内置在 DM 模块中。

（3）数据操作。为当前 DmCommand 对象指定命令内容 CommandText 和命令类型 CommandType。CommandText 的内容可以为 SQL 命令或调用相应存储过程，即可进行相应数据操作。

（4）释放资源。对数据操作完成之后，用户需要释放系统资源，调用数据库连接对象的 Close 方法关闭数据库连接，释放相应资源。

2. DM .NET Data Provider 程序设计示例

【例 5-3】基于 DM .NET Data Provider 接口，设计程序，查询表 DMHR.EMPLOYEE 的职员姓名、邮编、手机号码，并插入一条记录（6400,'马德化', '340102196202303001', 'madehua@dameng.com', '15312377345', '2009-02-25',42 ,3290,0,1004,104）。

利用 Visual Studio 2012 集成开发环境开发基于 DM .NET Data Provider 的应用程序，需要先创建项目文件，并进行相关参数的配置。在项目中引用 DM 安装包目录下的 DmProvider.dll（DmProvider.dll 可以在达梦数据库安装目录的 dmdbms\drivers\dotNet\DmProvider 的 net20 或 netstandard2.0 目录内找到）。同时，使用 using Dm 导入 Dm 模块，即可进行程序设计，实现相应数据操作。

（1）建立数据库连接。

① 使用 DmConnection 创建达梦数据库连接对象；

② 指定数据库连接对象的数据库连接参数 ConnectionString；

③ 使用连接对象的 Open 方法打开数据库连接。

（2）创建 DmCommand 对象。

在 Dm 模块中有 DmCommand 类，可直接使用 NEW 关键字创建 DmCommand 对象。

（3）数据操作。

① 为 DmCommand 对象指定命令内容 CommandText 和命令类型 CommandType；

② 调用 Command 对象的 ExecuteNonQuery 方法，执行 SQL 命令；

③ 创建 DmDataReader 读取对象，接收 Command 对象 ExecuteReader 方法返回的结果。

（4）释放资源。

调用连接对象的 Close 方法来关闭当前数据库连接。

参考程序如下。

```
using Dm;
…
namespace DMDemo
{
    // 创建一个插入操作类
    class InsertDemo
    {
        //返回结果
        static int ret = 1;
        static DmConnection cnn = new DmConnection( );
        static int Main(string[ ] args)
        {
            try
            {
                cnn.ConnectionString = "Server=localhost; User Id=DMHR; PWD=dameng123";
                cnn.Open( );
                InsertDemo demo = new InsertDemo( );
                demo.TestFunc( );
                cnn.Close( );
            }
            catch (Exception ex)
            {
                Console.WriteLine(ex.Message);
            }
            Console.ReadLine( );
            return ret;
        }
        public void TestFunc( )
        {
            DmCommand command = new DmCommand( );
            command.Connection = cnn;
            try
            {
                // 先删除表中可能存在同样id的记录
                command.CommandText = "delete from DMHR.EMPLOYEE where employee_id = 6400;";
                command.ExecuteNonQuery( );
```

```
                // 如果执行update操作则使用update SQL语句
                // 如果进行delete操作则使用delete SQL语句
                command.CommandText = "INSERT INTO DMHR.EMPLOYEE(EMPLOYEE_ID,
                EMPLOYEE_NAME, IDENTITY_CARD, EMAIL, " +
                "PHONE_NUM, HIRE_DATE, JOB_ID, SALARY, COMMISSION_PCT, " +
                "MANAGER_ID, DEPARTMENT_ID) VALUES (6400,'马德化', '340102196202303001',
                'madehua@dameng.com', '15312377345', '2009-02-25',42 ,3290, " +
                "0, 1004, 104);";
                command.ExecuteNonQuery( );
                string a, b, c;
                command.CommandText = "SELECT EMPLOYEE_NAME, EMAIL, PHONE_NUM
                FROM DMHR.EMPLOYEE;";
                DmDataReader reader = command.ExecuteReader( );
                while (reader.Read( ))
                {
                    a = reader.GetString(0);
                    b = reader.GetString(1);
                    c = reader.GetString(2);
                    Console.WriteLine("本次SQL操作后结果：");
                    Console.WriteLine("EMPLOYEE_NAME： " + a);
                    Console.WriteLine("EMAIL： " + b);
                    Console.WriteLine("PHONE_NUM： " + c);
                    Console.WriteLine("-------------------");
                }
            }
            catch (Exception ex)
            {
                Console.WriteLine(ex.Message);
                ret = 0;
            }
        }
    }
}
```

6

第 6 章

高级语言达梦数据库程序设计

在数据库系统的实际应用中，常常需要通过应用程序对数据库进行操作，因此，达梦数据库系统提供了对多种高级程序设计语言的支持，包括 PHP、Python、Node.js、Go 等，本章将针对这些高级语言的达梦数据库程序设计进行介绍。

6.1 PHP 程序设计

在使用 PHP 语言的 Web 应用中，一组 C 语言外部函数实现的瘦中间层，能够实现对达梦数据库的访问和操作，该瘦中间层就是 PHP 扩展。

DM PHP 是在 PHP 开放源码的基础上开发的一个动态扩展库，接口的实现 PHP5.x 和 PHP7.x 分别参考了 MySQL 和 ODBC 的 PHP 扩展，在功能、参数及调用过程方面都和 PHP 十分类似，命名统一采用以 dm 开头的小写英文字母方式，各个单词之间以下画线分割。PHP 应用程序可通过 DM PHP 扩展接口库访问 DM 服务器。

6.1.1 PHP 环境准备

目前 DM 支持的 PHP 版本为 5.2、5.3、5.4、5.5、5.6、7.0、7.1、7.2、7.3、7.4，用户可根据自己安装的 PHP 版本选择对应的接口库。下面的实例均以 PHP7.4 版本为例，如果版本不同，则将 74 改为对应值即可。

1. Linux 操作系统下的环境准备

在 Linux 操作系统下，环境准备步骤为：①下载并安装 Apache，从网络中下载安装文件“apache-2.4.tar.gz”，保存到“/home/tmp”目录下；②下载并安装 PHP，从网络中下载安装文件“php-7.4.tar.gz”，保存到“/home/tmp”目录下；③安装达梦数据库 DM8，如安装到“/user/local/DMDBMS”目录中；④配置 DM PHP，修改 php.ini，添加“extension_dir=

/user/local/DMDBMS/drivers/php_pdo，extension=libphp74_dm.so”，添加有关连接的配置，设置环境变量“export LD_LIBRARY_PATH=/usr/local/DMDBMS/bin”。

php.ini 的配置参数如表 6-1 所示。

表 6-1　php.ini 的配置参数

参　数	说　明	配 置 实 例
dm.default_host	DM 连接默认 ip 和 port	dm.default_host =192.168.0.25:6237
dm.default_user	DM 连接默认用户名	dm.default_user =SYSDBA
dm.default_pw	DM 连接默认密码	dm.default_pw =SYSDBA
extension_dir	DM 依赖库路径	extension_dir=/drivers/php_pdo
extension	DM 依赖库名称	extension=libphp74_dm.so
dm.defaultlrl	CLOB 类型读取的默认长度，范围为 1B～2GB，默认 4096B	dm.defaultlrl = 32767

2. Windows 操作系统下的环境准备

（1）下载 Apache24 的 Windows 版本，解压并安装。

（2）下载 PHP7.4（64 位）安装文件，解压并安装。

（3）安装达梦数据库 DM8.1.1.X FOR Windows 64 位。

（4）修改配置文件 httpd.conf。进入 Apache24\conf 目录，打开 httpd.conf 配置文件，具体修改流程如下。

第 1 步：将第 38 行修改为 Apache 安装目录，如 D:\Apache24。

```
Define SRVROOT "D:\Apache24"
ServerRoot "${SRVROOT}"
```

第 2 步：添加 PHP 的安装路径，如 PHP 的安装路径为 D:\PHP74。

```
LoadModule php7_module "D:\PHP74/php7apache2_4.dll"
```

第 3 步：修改 Apache24\conf\目录下的 httpd.conf，配置 Apache，使 Apache 和 PHP 协同工作，修改代码如下。

```
<IfModule dir_module>
    DirectoryIndex index.html index.php
</IfModule>
```

第 4 步：加载 PHP 模块，在关键词 AddType 行下面添加如下代码。

```
AddType application/x-httpd-php.php
AddType application/x-httpd-source.phps
```

（5）配置 DM PHP，具体配置流程如下。

第 1 步：复制 DM8 安装目录中“drivers\php_pdo”子目录下的“php74_dm.dll”文件到 PHP 安装目录下的“ext”目录中。

第 2 步：创建 php.ini，在 PHP 安装目录下找到 php.ini-development 文件，并且修改后缀名，改成 php.ini。

第 3 步：修改 php.ini，添加“extension_dir=D:\PHP74\ext”和“extension=php74_dm.dll”到 php.ini 中。

第 4 步：添加数据库的连接信息到 php.ini 中。

```
[dm]
    dm.allow_persistent = 1
    dm.max_persistent = -1
    dm.max_links = -1
    dm.default_host = localhost
    dm.default_db = SYSTEM
    dm.default_user = SYSDBA
    dm.default_pw = SYSDBA
    dm.connect_timeout = 10
    dm.defaultlrl = 4096
    dm.defaultbinmode = 1
    dm.check_persistent = ON
    dm.port = 5236
```

第 5 步：复制 DM8 安装目录中 bin 子目录下的 dmdpi.dll 及其依赖库到 PHP 安装目录下的 ext 子目录中。

（6）在 Apache24\htdocs 子目录下创建 php_info.php，内容如下。

```
<?php
 header('Content-Type:text/html; charset=utf-8');
 phpinfo( );
?>
```

（7）启动 Apache 服务器，用管理员权限运行“CMD”命令，切换到 apache\bin 安装目录下，注册 Apache 服务器，并启动 Apache 服务。

```
httpd.exe -k install -n Apache2.4
httpd.exe -k start
```

（8）在浏览器中输入 http://localhost/php_info.php，查看是否有 DM 模块项，如有则说明加载 DM PHP 成功。

用户也可以通过 PHP74\bin 安装目录执行以下命令，完成 DM PHP 的加载。

```
php.exe Apache24\htdocs\php_info.php
```

注意：PHP 安装包的位数要和达梦数据库安装包的位数一致。若 PHP 安装包的位数是 64 位，则达梦数据库安装包的位数也应该是 64 位；若 PHP 安装包的位数是 32 位，则达梦数据库安装包的位数也应该是 32 位。

6.1.2　PHP 主要接口

DM 提供的 PHP5.x、PHP7.x 扩展接口分别如表 6-2、表 6-3 所示。

表 6-2　DM 提供的 PHP5.x 扩展接口

接　　口	参　　数	参数作用	接口作用
dm_connect([string server[,string username[,string password[,bool $new_link[,bool $client_flags]]]]])	server	[IN]服务器名称，默认使用 php.ini 中的配置	打开一个到 DM 服务器的连接
	username	[IN]用户名称，默认使用 php.ini 中的配置	
	password	[IN]用户密码，默认使用 php.ini 中的配置	
	new_link	[IN]设置为 0 或不设置时，用同样的参数第二次调用 dm_connect 将不会建立新的连接，而将返回已经打开的连接标识；设置为 1 时总是返回新的连接标识	
	client_flags	保留参数，不起作用	
dm_pconnect([string server[,string username [,string password[,bool $client_flag1[,bool $client_flag2]]]]])	server	[IN]服务器名称，默认使用 php.ini 中的配置	打开一个到 DM 服务器的持久连接
	username	[IN]用户名称，默认使用 php.ini 中的配置	
	password	[IN]用户密码，默认使用 php.ini 中的配置	
	client_flag1	保留参数，不起作用	
	client_flag2	保留参数，不起作用	
dm_close([resource link_identifier])	link_identifier	[IN]连接标识符	关闭 DM 连接
dm_set_connect(int attr,int value, resource link_identifier)	attr	设置的属性，同 DPI	设置连接
	value	设置的值	
	link_identifier	[IN]连接标识符	
dm_error ([resource link_identifier])	link_identifier	[IN]连接标识符	返回上一个 DM 操作产生的文本错误信息
dm_errno ([resource link_identifier])	link_identifier	[IN]连接标识符	返回上一个 DM 操作中的错误信息的数字编码
dm_query(string query[,resource link_identifier])	query	[IN]查询字符串	发送一条 DM 查询语句，并且可执行
	link_identifier	[IN]连接标识符	
dm_get_server_info([resource link_identifier])	link_identifier	[IN]连接标识符	取得 DM 服务器信息
dm_prepare(string query[resource link_identifier])	query	[IN]查询字符串	准备一条语句
	link_identifier	[IN]连接标识符	
dm_execute(resource link_identifier, string query[,array $parameters_array])	link_identifier	[IN]连接标识符	执行一条语句
	query	[IN]查询字符串	
	array	参数组成的数组	
dm_unbuffered_query(string query [,resource link_identifier])	query	[IN]查询字符串	向 DM 发送一条 SQL 查询语句，并且不获取结果或缓存结果的行
	link_identifier	[IN]连接标识符	

（续表）

接　口	参　数	参数作用	接口作用
dm_more_query_no_result(string sql, resource link_identifier,int flag)	sql	要执行的语句	执行一条无结果集的语句
	link_identifier	[IN]连接标识符	
	flag	出错是否返回	
dm_db_query(string database,string query [,resource link_identifier])	database	[IN]指定的数据库名称	发送一条库的 DM 查询语句，并且可执行，但库参数不起作用
	query	[IN]查询字符串	
	link_identifier	[IN]连接标识符	
dm_result(resource result,int row [,mixed field])	result	[IN]结果集	获取一行结果数据
	row	[IN]指定行序号（从 0 开始）	
	field	[IN]指定列索引（从 0 开始）或列名称	
dm_more_result(resource result)	result	[IN]结果集	确定句柄上是否包含多个结果集。如果有，则处理这些结果集
dm_free_result(resource result)	result	[IN]结果集	释放结果集内存
dm_num_rows(resource result)	result	[IN]结果集	获取结果集中行的数目
dm_num_fields(resource result)	result	[IN]结果集	获取结果集中字段的数目
dm_affected_rows([resource link_identifier])	link_identifier	[IN]连接句柄	获取前一次 DM 操作所影响的记录行数
dm_data_seek(resource result_identifier,int row_number)	result_identifier	[IN]结果集	移动内部结果的游标
	row_number	[IN]表索引序号，从 0 开始	
dm_fetch_array(resource result[,int result_type])	result	[IN]结果集	从结果集中获取一行作为关联数组、数字数组，或二者兼有
	result_type	[IN]是一个常量，可以接受以下值：1（DM_ASSOC），2（DM_NUM）和 0（DM_BOTH）。如果设为 0，即 DM_BOTH，则将得到一个同时包含关联和数字索引的数组。如果设为 1，即 DM_ASSOC，则只得到关联索引。如果设为 2，即 DM_NUM，则只得到数字索引，数字索引从 0 开始	
dm_fetch_object(resource result)	result	[IN]结果集	从结果集中取得一行作为对象
dm_fetch_row(resource result)	result	[IN]结果集	从结果集中取得一行作为枚举数组
dm_fetch_assoc(resource result)	result	[IN]连接句柄	从结果集中取得一行作为关联数组
dm_fetch_field(resource result[,int field_offset])	result	[IN]结果集	从结果集中取得列信息，并作为对象返回
	field_offset	[IN]字段偏移，从 0 开始	

（续表）

接　口	参　数	参数作用	接口作用
dm_fetch_lengths(resource result)	result	[IN]结果集	取得结果集中每个输出的长度
dm_list_fields(string database_name, string table_name[,resource link_identifier[,string owner_name[,string field_name]]])	database_name	[IN]数据库名	列出 DM 结果中的字段
	table_name	[IN]表名	
	link_identifier	[IN]连接标识符	
	owner_name	模式名	
	field_name	指定列名	
dm_list_tables(string database_name [,resource link_identifier[,string$owner [,string $name]]])	database_name	[IN]数据库名，忽略	列出 DM 数据库中的表
	link_identifier	[IN]连接标识符	
	owner	模式名	
	name	表名	
dm_tablename(resource result,int i)	result	[IN]表结果集	取得表名
	i	[IN]表索引序号，从 0 开始	
dm_field_flags(resource result,int field_offset)	result	[IN]结果集	从结果集中取得和指定字段关联的标识
	field_offset	[IN]字段偏移，从 0 开始	
dm_field_len(resource result,int field_offset)	result	[IN]结果集	返回指定字段的长度
	field_offset	结果集中列的偏移，从 0 开始	
dm_field_name(resource result,int field_index)	result	[IN]结果集	取得结果集中指定字段的字段名
	field_index	[IN]字段索引号，从 0 开始	
dm_field_seek(resource result,int field_offset)	result	[IN]结果集	将结果集中的指针设定为指定的字段偏移量
	field_offset	[IN]字段偏移，从 0 开始	
dm_field_table(resource result,int field_offset)	field_offset	[IN]字段偏移	取得指定字段所在表的表名
	result	[IN]结果集	
dm_field_type(resource result,int field_offset)	field_offset	[IN]字段偏移	取得结果集中指定字段的类型
	result	[IN]结果集	
dm_insert_id([resource link_identifier])	link_identifier	[IN]连接标识符	取得上一步 INSERT 操作产生的 ID
dm_abort(resource link_identifier)	link_identifier	[IN]连接标识符	回滚一个事务
dm_commit(resource link_identifier)	link_identifier	[IN]连接标识符	提交一个事务
dm_autocommit(resource link_identifier, bool flag)	link_identifier	[IN]连接标识符	设置自动提交功能
	flag	取值 1 表示是，0 表示否	
dm_begin_trans(resource link_identifier)	link_identifier	[IN]连接标识符	开始一个事务
dm_set_object_name_case(resource link_identifier, int case_sensitive)	link_identifier	[IN]连接标识符	设置比较时的大小写方式
	case_sensitive	大小写方式。1：小写； 2：大写；0：保持大小写	
dm_escape_string(string unescaped_string)	unescaped_string	[IN]被转义字符串	转义一个字符串用于 dm_query
dm_ping([resource link_identifier])	link_identifier	[IN]连接标识符	Ping 一个服务器连接，如果没有连接则重新连接

注：[IN]表示输入参数。

表 6-3　DM 提供的 PHP7.x 扩展接口

接　　口	参　　数	参数作用	接口作用
dm_close	与 PHP5.x 相同	与 PHP5.x 相同	关闭 DM 连接
dm_num_fields	与 PHP5.x 相同	与 PHP5.x 相同	取得结果集中字段的数目
dm_field_len（别名 dm_field_precision）	与 PHP5.x 相同	与 PHP5.x 相同	返回指定字段的长度
dm_field_name	与 PHP5.x 相同	与 PHP5.x 相同	取得结果集中指定字段的字段名
dm_field_type	与 PHP5.x 相同	与 PHP5.x 相同	取得结果集中指定字段的类型
dm_free_result	与 PHP5.x 相同	与 PHP5.x 相同	释放结果内存
dm_num_rows	与 PHP5.x 相同	与 PHP5.x 相同	取得结果集中行的数目
dm_commit	与 PHP5.x 相同	与 PHP5.x 相同	提交一个事务
dm_fetch_field	与 PHP5.x 相同	与 PHP5.x 相同	从结果集中取得列信息，并作为对象返回
dm_affected_rows	与 PHP5.x 相同	与 PHP5.x 相同	取得前一次 DM 操作所影响的记录行数
dm_insert_id	与 PHP5.x 相同	与 PHP5.x 相同	取得上一步 INSERT 操作产生的 ID
dm_list_fields	与 PHP5.x 相同	与 PHP5.x 相同	列出 DM 结果中的字段
dm_tablename	与 PHP5.x 相同	与 PHP5.x 相同	取得表名
dm_field_table	与 PHP5.x 相同	与 PHP5.x 相同	取得指定字段所在表的表名
dm_field_flags	与 PHP5.x 相同	与 PHP5.x 相同	从结果中取得和指定字段关联的标识
dm_get_server_info	与 PHP5.x 相同	与 PHP5.x 相同	取得 DM 服务器信息
dm_escape_string	与 PHP5.x 相同	与 PHP5.x 相同	转义一个字符串用于 dm_query
dm_ping	与 PHP5.x 相同	与 PHP5.x 相同	Ping 一个服务器连接，如果没有连接则重新连接
dm_set_object_name_case	与 PHP5.x 相同	与 PHP5.x 相同	设置比较时的大小写方式
dm_prepare([resource link_identifier,string query)	query	[IN]查询字符串	准备一条语句
	link_identifier	[IN]连接标识符	
dm_execute(resource result, string query [,array $parameters_array])	result	准备过的资源标识符	执行一条准备过的语句
	query	[IN]查询字符串	
	parameters_array	[IN]参数数组	
dm_fetch_array(resource result[,int rownum])	result	[IN]结果集	指定行号，从结果集中取得一行作为关联数组
	rownum	[IN]取得的行号。可选参数，默认从 1 开始	
dm_fetch_row(resource result[,int rownum])	result	[IN]结果集	从结果集中取得一行数据
	rownum	[IN]取得的行号。可选参数，默认从 1 开始	

（续表）

接　口	参　数	参数作用	接口作用
dm_fetch_object(resource result[,int rownumber])	result	[IN]结果集	从结果集中取得一行作为对象
	rownumber	行号，可选参数，默认从 1 开始	
dm_result(resource result,mixed field)	result	[IN]结果集	取得结果集数据
	field	[IN]指定列索引（从 1 开始）或列名称（单引号或双引号）	
dm_connect([string server [,string username[,string password[,bool$client_flags]]]])	server	[IN]服务器名称，默认使用 php.ini 中的配置	打开一个到 DM 服务器的连接
	username	[IN]用户名称，默认使用 php.ini 中的配置	
	password	[IN]用户密码，默认使用 php.ini 中的配置	
	client_flags	保留参数，不起作用	
dm_pconnect([string server[,string username [,string password[,bool $client_flags]]]])	server	[IN]服务器名称，默认使用 php.ini 中的配置	打开一个到 DM 服务器的持久连接
	username	[IN]用户名称，默认使用 php.ini 中的配置	
	password	[IN]用户密码，默认使用 php.ini 中的配置	
	client_flags	保留参数，不起作用	
dm_error	与 PHP5.x 相同	与 PHP5.x 相同	返回上一个 DM 操作中的错误信息数字编码
dm_binmode(resource $link_identifier,int $mode)	link_identifier	[IN]连接标识符	是否读取二进制类型
	mode	模式取值： DM_BINMODE_PASSTHRU，不处理； DM_BINMODE_RETURN，转成十六进制； DM_BINMODE_CONVERT，转成字符串	
dm_close_all(void)	无	无	关闭所有 DM 连接
dm_columns(resource $link[,string $qualifier [,string $schema[,string $table_name[,string $column_name]]]])	link	[IN]连接句柄	获取指定表的所有列信息
	qualifier	库名	
	schema	模式名	
	table_name	表名	
	column_name	列名过滤格式，如%	
dm_autocommit(resource link_identifier,bool flag)	link_identifier	[IN]连接标识符	设置自动提交功能
	flag	取值：1 表示是；0 表示否	
dm_cursor(resource $result_id)	result_id	[IN]结果集	获取游标信息

（续表）

接　　口	参　　数	参数作用	接口作用
dm_errormsg	与 PHP5.x 相同 (dm_error)	与 PHP5.x 相同（dm_error）	返回上一个 DM 操作产生的文本错误信息
dm_exec(resource link_identifier[,string query])/（别名 dm_do）	link_identifier	[IN]连接标识符	准备并执行 SQL 语句
	query	[IN]语句字符串	
dm_fetch_into(resource link_identifier,array $parameters_array[,int $rownumber])	link_identifier	[IN]连接标识符	从结果集中取得一行作为一个数组
	parameters_array	Array 数组	
	rownumber	行号	
dm_field_scale(resource result,int field_offset)	result	[IN]结果集	取得结果集中指定字段的标度
	field_offset	字段偏移，从 0 开始	
dm_field_num(resource $result_id,string $field_name)	result_id	[IN]结果集	取得结果集中字段的编号
	field_name	指定列名	
dm_longreadlen(resource $link_identifier,int $length)	link_identifier	[IN]连接标识符	设置变长类型，读取的最大长度
	length	读取的最大长度	
dm_next_result(resource $result_id)	result_id	[IN]结果集	确定句柄上是否包含多个结果集。如果有，则处理这些结果集
dm_result_all(resource $result,[,string $format])	result	[IN]结果集	获取全部结果集，并打印成 HTML 格式
	format	HTML 格式中<table>标签追加属性 ' id="c1"，age="c2"'	
dm_rollback	与 PHP5.x 相同（dm_abort）	与 PHP5.x 相同（dm_abort）	回滚
dm_setoption(resource $id,int $function,int $option,int $param)	id	连接标识符或结果集	设置语句和连接的属性
	function	取值 1 为 conn；2 为 stmt	
	Option	属性 ID。 当 function 为 1 时，不同属性对应的属性 ID 为： DSQL_ATTR_ACCESS_MODE 101； DSQL_ATTR_AUTOCOMMIT 102； DSQL_ATTR_CONNECTION_TIMEOUT 113； DSQL_ATTR_LOGIN_TIMEOUT 103； DSQL_ATTR_PACKET_SIZE 112； DSQL_ATTR_TRACE 104； DSQL_ATTR_TRACEFILE 105； DSQL_ATTR_TXN_ISOLATION 108； DSQL_ATTR_CURRENT_CATALOG 109；	

（续表）

接　　口	参　　数	参数作用	接口作用
dm_setoption(resource $id,int $function,int $option,int $param)	Option	DSQL_ATTR_CONNECTION_DEAD 1209； DSQL_ATTR_LOGIN_PORT 12350； DSQL_ATTR_STR_CASE_SENSITIVE 12351； DSQL_ATTR_LOGIN_USER 12352； DSQL_ATTR_MAX_ROW_SIZE 12353； DSQL_ATTR_CURRENT_SCHEMA 12354； DSQL_ATTR_INSTANCE_NAME 12355； DSQL_ATTR_LOGIN_SERVER 12356； DSQL_ATTR_SERVER_CODE 12349； DSQL_ATTR_APP_NAME 12357； DSQL_ATTR_COMPRESS_MSG 12358； DSQL_ATTR_USE_STMT_POOL 12359； DSQL_ATTR_SERVER_MODE 12360； DSQL_ATTR_SERVER_VERSION 12400； DSQL_ATTR_SSL_PATH 12401； DSQL_ATTR_SSL_PWD 12402； DSQL_ATTR_MPP_LOGIN 12403； DSQL_ATTR_TRX_STATE 12404； DSQL_ATTR_CRYPTO_NAME 12405； DSQL_ATTR_CERTIFICATE 12406； DSQL_ATTR_CLIENT_VERSION 12407； DSQL_ATTR_RWSEPARATE 12408； DSQL_ATTR_RWSEPARATE_PERCENT 12409； DSQL_ATTR_CURSOR_ROLLBACK_BEHAVIOR 12410； DSQL_ATTR_UDP_FLAG 12411；	设置语句和连接的属性

（续表）

接　口	参　数	参数作用	接口作用
dm_setoption(resource $id,int $function,int $option,int $param)	Option	DSQL_ATTR_OSAUTH_TYPE 12412； DSQL_ATTR_INET_TYPE 12413； DSQL_ATTR_DDL_AUTOCOMMIT 12414； DSQL_ATTR_LOGIN_CERTIFICATE 12415； DSQL_ATTR_LOCAL_CODE 12345； DSQL_ATTR_LANG_ID 12346； DSQL_ATTR_CONNECTION_POOLING 12347； DSQL_ATTR_TIME_ZONE 12348； DSQL_ATTR_CON_CACHE_SZ 12349。 当 function 为 2 时，不同属性对应的属性 ID 为： DSQL_ATTR_ASYNC_ENABLE 4； DSQL_ATTR_CONCURRENCY 7； DSQL_ATTR_CURSOR_TYPE 6； DSQL_ATTR_ENABLE_AUTO_IPD 15； DSQL_ATTR_FETCH_BOOKMARK_PTR 16； DSQL_ATTR_KEYSET_SIZE 8； DSQL_ATTR_MAX_LENGTH 3； DSQL_ATTR_MAX_ROWS 1； DSQL_ATTR_NOSCAN 2； DSQL_ATTR_PARAM_BIND_OFFSET_PTR 17； DSQL_ATTR_PARAM_BIND_TYPE 18； DSQL_ATTR_PARAM_OPERATION_PTR 19； DSQL_ATTR_PARAM_STATUS_PTR 20； DSQL_ATTR_PARAMS_PROCESSED_PTR； DSQL_ATTR_PARAMSET_SIZE 22； DSQL_ATTR_QUERY_TIMEOUT 0；	设置语句和连接的属性

（续表）

接　口	参　数	参数作用	接口作用
dm_setoption(resource $id,int $function,int $option,int $param)	Option	DSQL_ATTR_RETRIEVE_DATA 11； DSQL_ATTR_ROW_BIND_OFFSET_PTR 23； DSQL_ATTR_ROW_BIND_TYPE 5； DSQL_ATTR_ROW_NUMBER 14； DSQL_ATTR_ROW_OPERATION_PTR 24； DSQL_ATTR_ROW_STATUS_PTR 25； DSQL_ATTR_ROWS_FETCHED_PTR 26； DSQL_ATTR_ROW_ARRAY_SIZE 27； DSQL_ATTR_SIMULATE_CURSOR 10； DSQL_ATTR_USE_BOOKMARKS 12； DSQL_ATTR_ROWSET_SIZE 9	设置语句和连接的属性
	param	属性值。各属性 ID 对应的属性值请参考 DPI	
dm_specialcolumns(resource $link_identifier,int $type,string $qualifier,string $table,int $scope,int $nullable)	link_identifier	[IN]连接标识符	获取特殊列
	type	忽略	
	qualifier	库名，忽略	
	table	表名	
	scope	模式	
	nullable	是否为空	
dm_statistics(resource $link_identifier,string$qualifier,string $owner,string $table_name,int $unique,int $accuracy)	link_identifier	[IN]连接标识符	获取表的统计信息
	qualifier	库名	
	owner	模式名	
	table_name	表名	
	unique	unique 属性。取值：SQL_INDEX_UNIQUE 表示只返回 unique 索引；SQL_INDEX_ALL 表示返回所有索引	
	accuracy	忽略	
dm_tables(resource $link[,string $qualifier[,string $owner[,string $name[,string $types]]]])	link	[IN]连接句柄	获取指定模式所有表信息
	qualifier	库名，忽略该参数	
	owner	模式名	
	name	表名	
	types	表或视图。取值：SYSTEM TABLE，TABLE，VIEW	

（续表）

接　口	参　数	参数作用	接口作用
dm_primarykeys(resource $link_identifier,string $qualifier, string $owner, string $table)	link_identifier	[IN]连接标识符	获取表的主键
	qualifier	库名	
	owner	模式名	
	table	表名	
dm_columnprivileges(resource $link_identifier,string $qualifier,string $owner, string $name,string column_name)	link_identifier	[IN]连接标识符	列的权限
	qualifier	库名	
	owner	模式名	
	name	表名	
	column_name	列名	
dm_tableprivileges(resource $link_identifier,string $qualifier,string $owner, string $name)	link_identifier	[IN]连接标识符	表的权限
	qualifier	库名	
	owner	模式名	
	name	表名	
dm_foreignkeys(resource $ink_identifier,string $pk_qualifier,string $pk_owner, string $pk_table,string $fk_qualifier,string $fk_owner, string $fk_table)	link_identifier	[IN]连接标识符	获取表的外键
	pk_qualifier	主键库名	
	pk_owner	主键模式名	
	pk_table	主键表名	
	fk_qualifier	外键库名	
	fk_owner	外键模式名	
	fk_table	外键表名	
resource dm_procedures (resource $link_identifier) 或 resource dm_procedures (resource $link_identifier, string $qualifier,string $owner,string $name)	link_identifier	[IN]连接标识符	获取所有过程名
	qualifier	库名	
	owner	模式名，支持使用通配符匹配方式：“%”匹配零到多个字符，“_”匹配单个字符	
	name	过程名，支持使用通配符匹配方式：“%”匹配零到多个字符，“_”匹配单个字符	
resource dm_procedure-columns(resource $link_identifier)或 resource dm_procedurecolumns(resource $link_identifier,string $qualifier, string $owner,string $proc, string $column)	link_identifier	[IN]连接标识符	获取所有过程的参数名
	qualifier	库名	
	owner	模式名	
	proc	过程名	
	column	列名	

6.1.3　PHP 应用举例

利用 DM PHP 驱动程序，进行应用程序设计的一般步骤如下。

（1）利用 dm_connect( )建立与数据库的连接。

（2）DM PHP 数据操作。数据操作主要包括：更新操作，如更新数据库、删除数据、创建新表等；查询操作。

（3）释放资源。在数据操作完成之后，用户需要释放系统资源，主要是关闭结果集、关闭语句对象，以释放连接。

【例 6-1】 利用 DM PHP 对实例数据库 BOOKSHOP 中产品信息表 product 进行增加、删除、修改、查询等数据库操作。

（1）增加记录。

```
/* 增加记录 */
<?php
/* 连接选择数据库 */
$link = dm_connect("localhost", "SYSDBA", "SYSDBA") or die("Could not connect : " . dm_error( ));
print "Connected successfully";
/* 执行 SQL 查询 */
$a = '三国演义';
$b = '罗贯中';
$c='中华书局';
$d= '2005-04-01';
$e='4';
$f='9787101046121';
$g='10';
$h='19.0000';
$i='15.2000';
$j='8.0';
$k='《三国演义》是中国第一部长篇章回体小说!';
$l=null;
$m='2006-03-20';
$stmt = dm_prepare($link, 'INSERT INTO production.product(name,author,publisher,publishtime,
product_subcategoryid,productno,satetystocklevel,originalprice,nowprice,
discount,description,photo,sellstarttime)
VALUES(?,?,?,?,?,?,?,?,?,?,?,?,?)');
$result = dm_execute( $stmt,array($a,$b,$c,$d,$e,$f,$g,$h,$i,$j,$k,$l,$m)) ;
/* 释放资源 */
dm_free_result($stmt);
/* 断开连接 */
dm_close($link);
?>
```

（2）修改数据。

```
/* 修改数据 */
<?php
/* 连接选择数据库 */
$link = dm_connect("localhost", "SYSDBA", "SYSDBA")
or die("Could not connect : " . dm_error( ));
print "Connected successfully";
/* 执行 SQL 查询 */
$query = " UPDATE production.product SET TYPE =1000 WHERE productid = 10";
$ret = dm_exec($link,$query);
/* 释放资源 */
dm_free_result($ret);
/* 断开连接 */
dm_close($link);
?>
```

（3）删除记录。

```
/* 删除记录 */
<?php
/* 连接选择数据库 */
$link = dm_connect("localhost", "SYSDBA", "SYSDBA")
or die("Could not connect : " . dm_error( ));
print "Connected successfully";
/* 执行 SQL 查询 */
$query = " DELETE FROM production.product WHERE productid = 11";
$ret = dm_exec($link,$query);
/* 释放资源 */
dm_free_result($ret);
/* 断开连接 */
dm_close($link);
?>
```

（4）查询记录。

```
/* 查询记录 */
<?php
/* 连接选择数据库 */
$link = dm_connect("localhost", "SYSDBA", "SYSDBA")
or die("Could not connect : " . dm_error( ));
print "Connected successfully";
/* 执行 SQL 查询 */
```

```
$ret = dm_exec($link," select * from production.product");
$colval= dm_fetch_array($ret);
/* 释放资源 */
dm_free_result($ret);
/* 断开连接 */
dm_close($link);
?>
```

【例 6-2】在 PHP 中调用存储过程举例。

在 PHP 中可以调用达梦数据库的存储过程和函数。在达梦数据库中已创建了用于修改产品信息的存储过程，代码如下。

```
CREATE OR REPLACE PROCEDURE PRODUCTION.updateProduct
(
    v_id INT,
    v_name VARCHAR(50)
)
AS
BEGIN
    UPDATE production.product SET name = v_name WHERE productid = v_id;
END;
```

在 PHP 中调用存储过程的方法如下。

```
<?php
/* 连接选择数据库 */
$link = dm_connect("localhost", "SYSDBA", "SYSDBA") or die("Could not connect : " . dm_error());
print "Connected successfully";
echo '<br>';
/* 执行 SQL 查询 */
$query = " CALL production.updateproduct(23,'888DDD8')";
echo "开始执行";
echo '<br>';
$ret = dm_exec($link,$query);
if($ret)
{
     echo "更新成功";
}
/* 释放资源 */
dm_free_result($ret);
/* 断开连接 */
dm_close($link);
?>
```

6.2 Python 程序设计

dmPython 是依据 Python DB API version 2.0 中 API 使用规定而开发的数据库访问接口，使 Python 应用程序能够对达梦数据库进行访问和操作。由于 dmPython 是通过调用 DM DPI 接口实现对 Python 模块扩展的，因此，在使用过程中，除 Python 标准库外，还需要 DPI 的运行环境。

6.2.1 Python 环境准备

1. dmPython 安装

dmPython 的运行需要使用 DPI 动态库，因此必须将 DPI 所在目录（一般为 DM 安装目录中的 bin 子目录）加入系统环境变量中，并要确保 DPI 和 dmPython 版本一致，都是 32 位或 64 位的版本，环境准备具体步骤如下。

（1）安装 x64 的 Python 3.6/3.7（Windows 平台需要安装 Visual Studio 及"C++"相应的开发环境[①]）。

（2）配置环境变量。

① 在 Windows 环境下，将 DM 的"bin"目录配置到系统环境变量 PATH 中。

② 在 Linux 环境下，执行下列命令配置环境变量（假设达梦数据库安装路径为/dm8，Python 安装路径为/usr/local/python3）。

```
export DM_HOME=/dm8
export PYTHONHOME=/usr/local/python3
export LD_LIBRARY_PATH=${LD_LIBRARY_PATH}:${PYTHONHOME}/lib:${DM_HOME}/bin
export PYTHONPATH=${PYTHONHOME}/lib/python3.7/site-packages
```

（3）从安装目录下的"/drivers/python/dmPython"目录复制 dmPython 源码到目标目录，进入目标目录后运行如下命令进行安装。

```
python setup.py install
```

（4）安装成功后，在 Python 命令行内执行如下命令，如果导入成功，则说明环境配置完成。

```
import dmPython
```

2. django_dmPython 驱动安装

django_dmPython 是 Python 语言 Django 应用程序框架连接达梦数据库的驱动。

（1）从安装目录下的"/drivers/python/"目录下查看匹配的 Django 版本信息，然后进入对应的 Django 目录，并将源码复制到目标目录运行如下命令进行安装。

```
python setup.py install
```

① 最新版本的 Visual Studio 可以去官网进行下载。

（2）安装成功后，在 Python 命令行内执行如下命令，如果导入成功，则说明环境配置完成。

```
import django_dmPython
```

django_dmPython 驱动正确安装好并创建 Django 项目后，还需要对 Django 项目的配置文件 settings.py 进行修改。因为 Django 默认配置的数据库是 sqlite3。如要连接达梦数据库，则需要修改 settings.py 中的 DATABASES 元组，配置方法如下。

```
DATABASES = {
    'default': {
    'ENGINE': 'django_dmPython',
    'NAME': 'DAMENG',
    'USER': 'SYSDBA',
    'PASSWORD': 'SYSDBA',
    'HOST': 'localhost',
    'PORT': '5236',
    'OPTIONS': {'local_code':1,'connection_timeout':5}
    }
}
```

其中，OPTIONS 是各个驱动都支持的选项，在 OPTIONS 中以字典对象的方式配置 dmPython.connect 支持的选项即可，例如，'local_code':1。另外，OPTIONS 可以包含多个字典对象，用逗号分隔。

3. sqlalchemy_dm 方言包安装

SQLAlchemy 是基于 Python 的开源软件，提供了 SQL 工具包及对象关系映射（ORM）工具，让应用程序开发人员可以利用 SQL 的强大功能和灵活性进行开发。sqlalchemy_dm 方言包是 DM 提供的用于 SQLAlchemy 连接 DM 的方法。

（1）安装 SQLAlchemy 软件。

从网络上下载与操作系统及 Python 相对应的 SQLAlchemy 安装文件并运行。

（2）从安装目录下的“/drivers/python/sqlalchemy”目录中复制所有文件到目标目录，进入目录后运行如下命令进行安装。

```
python setup.py install
```

6.2.2 Python 连接串语法说明

dmPython 提供了 dmPython.connect 方法连接达梦数据库，方法参数为连接属性。所有连接属性及其描述如表 6-4 所示。

表 6-4　连接属性及其描述

属　　性	描　　述
user	登录用户名，默认为 SYSDBA
password	登录密码，默认为 SYSDBA
dsn	包含主库地址和端口号的字符串，格式为“主库地址:端口号”
host / server	主库地址，包括 IP 地址、localhost 或主库名，默认 localhost，注意 host 和 server 关键字只允许指定其中一个，含义相同
port	端口号，服务器登录端口号，默认为 5236
access_mode	连接的访问模式，默认为读写模式
autoCommit	DML 操作是否自动提交，默认为 TRUE
connection_timeout	执行超时时间（s），默认为 0，表示不限制
login_timeout	登录超时时间（s），默认为 5
app_name	应用程序名
compress_msg	消息是否压缩，压缩算法加载成功时为 TRUE，否则为 FALSE
use_stmt_pool	是否开启语句句柄缓存池，默认为 TRUE
ssl_path	SSL 证书所在的路径，默认为空
ssl_pwd	SSL 加密密码，只允许在连接前设置，不允许读取
mpp_login	是否以 LOCAL 方式登录 MPP 系统，默认为 FALSE（以 GLOBAL 方式登录 MPP 系统）
crypto_name	加密方式，只允许在连接前设置，不允许读取，必须与 certificate 配合使用
certificate	加密密钥，只允许在连接前设置，不允许读取，必须与 crypto_name 配合使用
rwseparate	是否启用读写分离方式，默认为 FALSE
rwseparate_percent	读写分离比例（%），默认为 25
cursor_rollback_behavior	回滚后游标的状态，默认为不关闭游标
lang_id	错误消息的语言，默认为中文
local_code	客户端字符编码方式，默认为当前环境系统编码方式
cursorclass	兼容 MySQL 用法，表示游标返回的结果集形式。取值 dmPython.DictCursor 结果集为字典类型；取值 dmPython.TupleCursor 结果集为列表类型；默认为列表类型

6.2.3　Python 主要对象和函数

dmPython 主要模块如表 6-5 所示。

表 6-5　dmPython 主要模块

方法原型或对象	说　　明
connect(*args, **kwargs)	创建与数据库的连接，并返回一个 connection 对象。参数为连接属性，所有连接属性（见表 6-4）都可以用关键字指定，在 connection 连接串中，没有指定的关键字都按照默认值处理
Date(year,month,day)	日期类型对象
DateFromTicks(ticks)	指定 ticks（从新纪元开始的秒值）构造日期类型对象
Time(hour[,minute[,second[,microsecond[,tzinfo]]]])	时间类型对象

（续表）

方法原型或对象	说 明
TimeFromTicks(ticks)	指定 ticks（从新纪元开始的秒值）构造时间类型对象
Timestamp(year,month,day[,hour[,minute[,second [,microsecond[,tzinfo]]]]])	时间戳类型对象，对应达梦数据库中的 TIMESTAMP 和 TIMESTAMP WITH LOCAL TIME ZONE 本地时区类型
TimestampFromTicks(ticks)	指定 ticks（从新纪元开始的秒值）构造日期时间类型对象
StringFromBytes(bytes)	将二进制字节串转换为相应的字符串表示
NUMBER	用于描述达梦数据库中的 BYTE/TINYINT/SMALLINT/INT/INTEGER 类型
BIGINT	用于描述达梦数据库中的 BIGINT 类型
ROWID	用于描述 DM 中的 ROWID，ROWID 列在 DM 中是伪列，用来标识数据库基表中每条记录的唯一键值，实际上在表中并不存在。允许查询 ROWID 列，不允许增、删、改操作
DOUBLE	用于描述 DM 中的 FLOAT/DOUBLE/DOUBLE PRECISION 类型
REAL	用于描述 DM 中的 REAL 类型（映射为 C 语言中的 float 类型），由于 Python 不支持单精度浮点数类型（float），查询到的结果转换为 DOUBLE 类型输出后，和实际值比可能会在小数位上有出入
DECIMAL	用于描述 DM 中的 NUMERIC/NUMBER/DECIMAL/DEC 类型，用于存储零、正负定点数
STRING	用于描述 DM 中的变长字符串类型（VARCHAR/VARCHAR2）
FIXED_STRING	用于描述 DM 中的定长字符串类型（CHAR/CHARACTER）
UNICODE _STRING	Python2.x 版本中 dmPython 支持的类型，表示变长的 UNICODE 字符串
FIXED_UNICODE _STRING	Python2.x 版本中 dmPython 支持的类型，表示定长的 UNICODE 字符串
BINARY	用于描述 DM 中的变长二进制类型（VARBINARY），以十六进制显示
FIXED_BINARY	用于描述 DM 中的定长二进制类型（BINARY），以十六进制显示
BOOLEAN	用于描述 DM 中的 BIT 类型，对应 Python 中的 True/False
BLOB、CLOB、LOB	用于描述 DM 中大字段数据类型。其中，dmPython.BLOB 和 dmPython.CLOB 分别用于描述 BLOB 和 CLOB 数据类型；dmPython.LOB 用于描述用户获取大字段对象后，在外部操作大字段对象类型，拥有自己的操作方法
BFILE、exBFILE	用于描述 DM 中 BFILE 数据类型。其中，dmPython.BFILE 用于描述 BFILE 数据类型；dmPython.exBFILE 用于描述用户获取 BFILE 对象后，在外部操作 BFILE 对象类型，拥有自己的操作方法
INTERVAL	日期间隔类型对象（年、月间隔类型不包括在内），用于描述列属性
YEAR_MONTH_INTERVAL	日期间隔类型中的年、月间隔类型，用于描述列属性。由于 Python 没有提供具体的年、月间隔接口，在插入时需要使用字符串方式

（续表）

方法原型或对象	说　明
TIME_WITH_TIMEZONE	带时区的 TIME 类型，用于描述 DM 中的 TIME WITH TIME ZONE 类型，是标准时区类型。由于 Python 没有提供具体的时区类型接口，在插入时需要使用字符串方式
TIMESTAMP_WITH_TIMEZONE	带时区的 TIMESTAMP 类型，用于描述 DM 中的 TIMESTAMP WITH TIME ZONE 类型，为标准时区类型，由于 Python 没有提供具体的时区类型接口，在插入时需要使用字符串方式
CURSOR	游标类型，支持使用游标作为存储过程或存储函数的绑定参数，以及存储函数的返回值类型
Error	dmPython 的错误类型，保存 dmPython 模块执行中的异常
objectvar(connection,name[pkgname,schema])	构造 OBJECT 对象，可以是数组（ARRAY/SARRAY），也可以是结构体（CLASS、RECORD）

dmPython 的常量如表 6-6 所示。

表 6-6　dmPython 的常量

常　量	说　明
apilevel	支持的 Python DB API 版本，当前使用 2.0 版本
threadsafety	支持线程的安全级别。当前值为 1，线程可以共享模块，但不能共享连接
paramstyle	支持的标志参数格式。当前值为“qmark”，支持“？”按位置顺序绑定，不支持按名称绑定参数
version	dmPython 的版本号
buildtime	扩展属性，记录 dmPython 的创建时间
SHUTDOWN_DEFAULT	服务器 shutdown 命令类型常量：默认值，正常关闭
SHUTDOWN_ABORT	服务器 shutdown 命令类型常量：强制关闭
SHUTDOWN_IMMEDIATE	服务器 shutdown 命令类型常量：立即关闭
SHUTDOWN_TRANSACTIONAL	服务器 shutdown 命令类型常量：等待事务都完成后关闭
SHUTDOWN_NORMAL	服务器 shutdown 命令类型常量：正常关闭
DEBUG_CLOSE	服务器 debug 命令类型常量：关闭服务器调试
DEBUG_OPEN	服务器 debug 命令类型常量：打开服务器调试，记录 SQL 日志为非切换模式，输出的日志为详细模式
DEBUG_SWITCH	服务器 debug 命令类型常量：打开服务器调试，记录 SQL 日志为切换模式，输出的日志为详细模式
DEBUG_SIMPLE	服务器 debug 命令类型常量：打开服务器调试，记录 SQL 日志为非切换模式，输出日志为简单模式
ISO_LEVEL_READ_DEFAULT	会话事务隔离级别的常量：默认隔离级，即服务器的隔离级是读提交
ISO_LEVEL_READ_UNCOMMITTED	会话事务隔离级别的常量：未提交可读
ISO_LEVEL_READ_COMMITTED	会话事务隔离级别的常量：读提交

（续表）

常　　量	说　明
ISO_LEVEL_REPEATABLE_READ	会话事务隔离级别的常量：重复读，暂不支持
ISO_LEVEL_SERIALIZABLE	会话事务隔离级别的常量：串行化
DSQL_MODE_READ_ONLY	连接访问属性值：以只读的方式访问数据库
DSQL_MODE_READ_WRITE	连接访问属性值：以读写的方式访问数据库
DSQL_AUTOCOMMIT_ON	自动提交属性常量：打开自动提交开关
DSQL_AUTOCOMMIT_OFF	自动提交属性常量：关闭自动提交开关
LANGUAGE_CN	支持语言类型常量：中文
LANGUAGE_EN	支持语言类型常量：英文
DSQL_TRUE/DSQL_FALSE	支持的布尔类型的表达常量：TRUE/FALSE
DSQL_RWSEPARATE_ON/DSQL_RWSEPARATE_OFF	关于读写分离开关的相关属性常量：打开读写分离/关闭读写分离
DSQL_TRX_ACTIVE/DSQL_TRX_COMPLETE	事务处于活动状态/事务执行完成
DSQL_MPP_LOGIN_GLOBAL/DSQL_MPP_LOGIN_LOCAL	MPP 登录方式的相关属性常量：全局登录/本地登录
DSQL_CB_PRESERVE/DSQL_CB_CLOSE	回滚后不关闭游标/回滚后关闭游标

dmPython 的主要类或接口如表 6-7 所示。

表 6-7　dmPython 的主要类或接口

主要类或接口	类或接口说明	主要属性或函数	函 数 说 明
Connection	DM 连接	cursor( )	构造一个当前连接上的 Cursor 对象，用于执行操作
		commit( )	手动提交当前事务。如果设置了非自动提交模式，则可以调用该方法手动提交
		rollback( )	手动回滚当前未提交的事务
		close( )，disconnect( )	关闭与数据库的连接
		debug([debugType])	打开服务器调试，可以指定 dmPython.DebugType 的一种方式打开，不指定则使用默认方式 dmPython.DEBUG_OPEN 打开
		shutdown([shutdownType])	关闭服务器，可以指定 dmPython.ShutdownType 的一种方式关闭，不指定则使用默认方式 dmPython.SHUTDOWN_DEFAULT 关闭
		explain(sql)	返回指定 SQL 语句的执行计划
		access_mode	连接访问模式，对应 DPI 属性 DSQL_ATTR_ACCESS_MODE，可以设置为 dmPython.accessMode 的一种连接访问模式
		async_enable	允许异步执行，读写属性，对应 DPI 属性 DSQL_ATTR_ASYNC_ENABLE，暂不支持

（续表）

主要类或接口	类或接口说明	主要属性或函数	函 数 说 明
Connection	DM 连接	auto_ipd	是否自动分配参数描述符，只读属性，对应 DPI 属性 DSQL_ATTR_AUTO_IPD
		compress_msg	消息是否压缩，对应 DPI 属性 DSQL_ATTR_COMPRESS_MSG，仅能在创建连接时通过关键字 compress_msg 进行设置
		rwseparate/rwseparate_percent	读写分离相关属性，分别对应 DPI 属性 DSQL_ATTR_RWSEPARATE 和 DSQL_ATTR_RWSEPARATE_PERCENT。Connection.rwseparate 可以设置为 dmPython.rwseparate 的取值
		server_version	服务器版本号，只读属性
		current_schema	当前模式，只读属性，对应 DPI 属性 DSQL_ATTR_CURRENT_SCHEMA。用户可通过执行 SQL 语句 SET SCHEMA 来更改当前模式
		server_code	服务器端编码方式，只读属性，对应 DPI 属性 DSQL_ATTR_SERVER_CODE
		local_code	客户端本地的编码方式，对应 DPI 属性 DSQL_ATTR_LOCAL_CODE
		lang_id	错误消息的语言，仅能在创建连接时通过关键字 lang_id 进行设置。对应 DPI 属性 DSQL_ATTR_LANG_ID
		app_name	应用程序名称，仅能在连接创建时通过关键字 app_name 设置目标应用名称。对应 DPI 属性 DSQL_ATTR_APP_ NAME
		txn_isolation	会话的事务隔离级别，对应 DPI 属性 DSQL_ATTR_TXN_ ISOLATION
		autoCommit	DML 语句是否自动提交，可以设置为 dmPython.autoCommit 的取值。与 DPI 属性 DSQL_ATTR_AUTOCOMMIT 对应
		connection_dead	检查连接是否存活，对应 DPI 属性 DSQL_ATTR_CONNECTION_DEAD，尚未支持
		connection_timeout	连接超时时间，以秒为单位，0 表示不限制。对应 DPI 属性 DSQL_ATTR_CONNECTION_TIMEOUT
		login_timeout	登录超时时间，以秒为单位，对应 DPI 属性 DSQL_ATTR_LOGIN_TIMEOUT
		packet_size	网络数据包大小，对应 DPI 属性 DSQL_ATTR_PACKET_SIZE，暂不支持
		dsn	当前连接的 IP 和端口号，仅允许在建立连接时进行设置，连接建立后，只允许读
		user	当前登录的用户名，只读属性，对应 DPI 属性 DSQL_ATTR_LOGIN_USER
		port	当前登录数据库服务器的端口号，仅允许在创建连接时进行设置，连接创建后，只可读，对应 DPI 属性 DSQL_ATTR_LOGIN_PORT

（续表）

主要类或接口	类或接口说明	主要属性或函数	函 数 说 明
Connection	DM 连接	Server	登录服务器的主库，只读属性，对应 DPI 属性 DSQL_ATTR_LOGIN_SERVER
		inst_name	当前登录服务器的实例名称，只读属性，对应 DPI 属性 DSQL_ATTR_INSTANCE_NAME
		mpp_login	MPP 登录方式，仅允许在创建连接时进行设置，可设置为 dmPython.mpp_login 的取值，连接创建后，只可读，对应 DPI 属性 DSQL_ATTR_MPP_LOGIN
		str_case_sensitive	字符大小写是否敏感，只读属性，对应 DPI 属性 DSQL_ATTR_STR_CASE_SENSITIVE
		max_row_size	行最大字节数，只读属性，对应 DPI 属性 DSQL_ATTR_MAX_ROW_SIZE
		server_status	DM 服务器的模式和状态，只读属性
		warning	最近一次警告信息，只读属性
		current_catalog	当前连接的数据库实例名称，只读属性
		trx_state	事务状态，只读属性
		use_stmt_pool	是否开启语句句柄缓存池，仅允许在创建连接时进行设置
		ssl_path	SSL 证书所载的路径，仅允许在创建连接时进行设置，连接创建后，只可读，对应 DPI 属性 DSQL_ATTR_SSL_PATH
		cursor_rollback_behavior	回滚后游标的状态，仅允许在创建连接时进行设置，可设置为 dmPython.cursor_rollback_behavior 的取值，连接创建后，只可读，对应 DPI 属性 DSQL_ATTR_CURSOR_ ROLLBACK_BEHAVIOR
Cursor	—	Cursor.callproc(procname, *args)	调用存储过程，返回执行后的所有输入输出参数序列。如果存储过程带参数，则必须为每个参数键入一个值，包括输出参数。 procname：存储过程名称，字符串类型。 args：存储过程的所有输入输出参数
		Cursor.callfunc(funcname, *args)	调用存储函数，返回存储函数执行的返回值及所有参数值。返回序列中第一个元素为函数返回值，后面的是函数的参数值。如果存储函数带参数，则必须为每个参数键入一个值，包括输出参数。 funcname：存储函数名称，字符串类型。 args：存储函数的所有参数
		prepare(sql)	准备给定的 SQL 语句。后续可以不指定 sql，直接调用 execute
		Cursor.execute(sql[,parameters][,**kwargsParams])	执行给定的 SQL 语句，给出的参数值和 SQL 语句中的绑定参数从左到右一一对应。如果给出的参数个数小于 SQL 语句中需要绑定的参数个数，或者给定参数名称绑定时未找到，则剩余参数按照 None 值自动补齐。若给出的参数个数多于 SQL 语句中需要绑定的参数个数，则自动忽略

（续表）

主要类或接口	类或接口说明	主要属性或函数	函 数 说 明
Cursor	—	Cursor.executedirect(sql)	执行给定的 SQL 语句，不支持参数绑定
		Cursor.executemany(sql, sequence_of_params)	对给定的 SQL 语句进行批量绑定参数执行。参数用各行的 Tuple 组成的序列给定
		close( )	关闭 Cursor 对象
		fetchone( )，next( )	获取结果集的下一行，返回一行的各列值，返回类型为 Tuple。如果没有下一行则返回 NONE
		Cursor.fetchmany([rows= Cursor.arraysize])	获取结果集的多行数据，获取行数为 rows，默认获取行数为属性 Cursor.arraysize 值。返回类型为由各行数据的 Tuple 组成的 list，如果 rows 小于未读的结果集行数，则返回 rows 行数据，否则返回剩余所有未读取的结果集
		fetchall( )	获取结果集的所有行。返回所有行数据，返回类型为由各行数据的 Tuple 组成的 list
		nextset( )	获取下一个结果集。如果不存在下一个结果集则返回 NONE，否则返回 TRUE。可以使用 fetchXXX( )获取新结果集的行值
		Cursor.setinputsizes (sizes)	在执行操作（executeXXX、callFunc、callProc）之前调用，为后续执行操作中所涉及参数预定义内存空间，每项对应一个参数的类型对象，若指定一个整数，则认为对应字符串类型最大长度
		Cursor.setoutputsize (size[,column])	为某个结果集中的大字段类型（LONGVARBINARY/BLOB/CLOB/LONGVARCHAR）设置预定义缓存空间。若未指定 column，则 size 对所有大字段值起作用。对于大字段类型，dmPython 均以 LOB 的形式返回，故此处无特别作用，仅按标准实现
		bindarraysize	与 setinputsizes 结合使用，用于指定预先申请的待绑定参数的行数
		arraysize	fetchmany( )一次获取结果集的行数，默认值为 50
		statement	最近一次执行的 SQL 语句，只读属性
		with_rows	是否存在非空结果集，只读属性，TRUE 表示非空结果集，FALSE 表示空结果集
		lastrowid	最近一次操作影响的行的 rowid，只读属性。对于 INSERT/UPDATE/DELETE 操作可以查询到 lastrowid 值，其他操作返回 NONE
		connection	当前 Cursor 对象所在的数据库连接，只读属性
		description	结果集所有列的描述信息，只读属性。描述信息格式为 tuple(name, type_code, display_size, internal_size, precision, scale, null_ok)
		column_names	当前结果集的所有列名序列，只读属性
		rowcount	最后一次执行查询产生的结果集总数，或者执行插入和更新操作影响的总行数，只读属性。若无法确定，则返回-1

（续表）

主要类或接口	类或接口说明	主要属性或函数	函数说明
Lob	Lob 是允许用户独立操作的 LOB 对象描述，包括 CLOB 和 BLOB 对象，对应 dmPython.LOB	rownumber	当前所在结果集的当前行号，从 0 开始，只读属性。若无法确定，则返回-1
		read([offset[,length]])	读取 LOB 数据对象从偏移 offset 开始的 length 个值，并返回。若为 CLOB 数据对象，则 offset 对应字符偏移位置，length 对应字符个数，返回数据为字符串；若为 BLOB 数据对象，则 offset 对应字节偏移位置，length 对应字节数，返回数据为二进制字节对象。offset 默认为 1，length 默认为 LOB 数据对象的总长度
		write(value[,offset])	向 LOB 数据对象从偏移位置 offset 开始写入数据 value，并返回实际写入数据的字节数。若为 CLOB 数据对象，则 offset 对应字符偏移位置；若为 BLOB 数据对象，则 offset 对应字节偏移位置。offset 默认为 1
		size( )	返回 LOB 数据对象的数据长度。若为 CLOB 数据对象，则返回字符个数；若为 BLOB 数据对象，则返回字节数
		truncate([newSize])	截断 LOB 数据对象，使截断后数据大小为 newSize。对于 CLOB 数据对象，newSize 对应字符个数；对于 BLOB 数据对象，newSize 对应字节数。newSize 默认为 0
		reduce( )	LOB 数据对象的归纳操作，包括 LOB 数据对象的数据类型和数据内容，对于每个字段值最多显示 1000 个字符，BLOB 前导字符的“0x”除外。也可以通过 str 或 print 方法查看每个字段的字符串值，最多也是 1000 个字符
exBFILE	exBFILE 是允许用户独立操作的 BFILE 对象描述，对应 dmPython.exBFILE	read([offset[,length]])	读取 exBFILE 对象从偏移 offset 开始的 length 个值，并返回。offset 必须大于或等于 1
		size( )	返回 BFILE 数据对象的数据长度
Object	数据对象	getvalue( )	以链表方式返回当前 Object 对象的数据值。若当前对象尚未赋值，则返回空
		setvalue(value)	为 Object 对象设置值 value。执行后，若 Object 原值存在，则覆盖原对象值
		type	只读属性，Object 对象的类型描述
		valuecount	只读属性，Object 对象所能容纳的数字个数或已经存在的数字个数（数组类型）

6.2.4 Python 应用举例

【例 6-3】利用 dmPython 对实例数据库中职工信息表进行增加、删除、修改、查询等数据库操作（注意在程序第 2 行中将用户“SYSDBA”的密码改为达梦数据库安装时设置“SYSDBA”时设置的密码）。

```
import dmPython
conn = dmPython.connect('SYSDBA', 'dameng123456', 'localhost:5236')
cursor = conn.cursor( )
print("--------查询前10条职工信息,按职工id排序--------")
cursor.execute("select * from dmhr.employee order by employee_id   limit 10")
print(cursor.description)
results = cursor.fetchall( )
for result in results:
   print(result)
print("--------修改职工姓名--------")
cursor.execute("update dmhr.employee set employee_name = '马化腾';")
print(cursor.description)
cursor.execute("select * from dmhr.employee order by employee_id   limit 10")
results = cursor.fetchall( )
print(result)
print("--------插入一条职工信息--------")
cursor.execute("delete from dmhr.employee where employee_id = 1008;")
ins = """insert into dmhr.employee(employee_id,employee_name,identity_card,email,
      phone_num,hire_date,job_id,salary,commission_pct,manager_id,department_id)
      VALUES(1008,'马飞飞','423403197212197200','mafeifei@dameng.com',
      '13823428872','2014-03-02','11',29000,0,1001,101);"""
sql = ins.replace('\n','')
cursor.execute(sql)
cursor.execute("update dmhr.employee set employee_name = '马冬梅' where employee_id=1001;")
cursor.execute("select * from dmhr.employee order by employee_id   limit 10")
results = cursor.fetchall( )
for result in results:
   print(result)
cursor.execute("update dmhr.employee set employee_name = '马学铭' where employee_id=1001;")
print("-------删除一条职工信息--------")
cursor.execute("delete from dmhr.employee where employee_id = 1008;")
cursor.execute("select * from dmhr.employee order by employee_id   limit 10")
results = cursor.fetchall( )
for result in results:
   print(result)
cursor.close( )
conn.close( )
```

6.3　Node.js 程序设计

由于 Node.js 没有标准的数据库接口规范，达梦数据库为开发人员提供了 DM Node.js 数据库驱动接口，其包名为 dmdb。

6.3.1　Node.js 环境准备

1. 版本要求

Node.js 的版本为 v12.0.0 或以上。在 Windows 环境下，查看 Node.js 版本是否符合要求，可在控制台输入以下命令：

```
>node -v
```

在 Linux 环境下，直接在终端输入上述命令，也可以查看 Node.js 的版本信息。

2. 使用 npm init 命令创建工作区

打开控制台，将路径切换至项目根目录，以 D:\dm8 为例，输入以下命令，并根据提示完成项目的初始化。

```
> npm init
```

3. 使用 npm install 命令安装 dmdb 包

```
>npm install dmdb
```

上述命令会在当前目录自动安装所需的依赖包，如 iconv-lite、snappy。其中，snappy 需要 node-gyp 编译，如果安装过程报错，则可以参考其官网上 package/node-gyp 下的内容。

4. 在项目中引入 dmdb 包

在 D:\dm8 目录下创建 test.js 文件，可使用下面的代码引入 dmdb 包。

```
const dmdb = require("dmdb");
//your code
```

5. 运行 test.js 脚本，与数据库交互

具体代码可参考 6.3.4 节。打开控制台，切换目录到 D:\dm8 目录，输入下面的命令，运行 test.js 脚本，即可实现与数据库的交互。

```
> node test.js
```

6.3.2　Node.js 主要对象和函数

1. dmdb 对象

（1）常量。

dmdb 对象常量如表 6-8 所示。

表 6-8　dmdb 对象常量

常　　量	值	描　　述
dmdb.OUT_FORMAT_ARRAY	4001	获取结果集时，用数组来获取一行数据
dmdb.OUT_FORMAT_OBJECT	4002	获取结果集时，用 JSON 对象来获取一行数据，键为列名
dmdb.BLOB	2019	数据类型，Blob
dmdb.BUFFER	2006	数据类型，Buffer
dmdb.CLOB	2017	数据类型，Clob
dmdb.CURSOR	2021	数据类型，Cursor
dmdb.DATE	2014	数据类型，Date
dmdb.DEFAULT	0	默认数据类型
dmdb.NUMBER	2010	数据类型，Number
dmdb.STRING	2001	数据类型，String
dmdb.BIND_IN	3001	参数绑定方向，绑入
dmdb.BIND_INOUT	3002	参数绑定方向，绑入和绑出
dmdb.BIND_OUT	3003	参数绑定方向，绑出
dmdb.POOL_STATUS_CLOSED	6002	连接池状态，关闭
dmdb.POOL_STATUS_DRAINING	6001	连接池状态，正在关闭
dmdb.POOL_STATUS_OPEN	6000	连接池状态，打开
dmdb.STMT_TYPE_ALTER	7	alter 语句
dmdb.STMT_TYPE_BEGIN	8	begin 语句
dmdb.STMT_TYPE_CALL	10	call 语句
dmdb.STMT_TYPE_COMMIT	21	commit 语句
dmdb.STMT_TYPE_CREATE	5	create 语句
dmdb.STMT_TYPE_DECLARE	9	declare 语句
dmdb.STMT_TYPE_DELETE	3	delete 语句
dmdb.STMT_TYPE_DROP	6	drop 语句
dmdb.STMT_TYPE_EXPLAIN_PLAN	15	explain plan 语句
dmdb.STMT_TYPE_INSERT	4	insert 语句
dmdb.STMT_TYPE_MERGE	16	merge 语句
dmdb.STMT_TYPE_ROLLBACK	17	rollback 语句
dmdb.STMT_TYPE_SELECT	1	select 语句
dmdb.STMT_TYPE_UNKNOWN	0	未知类型语句
dmdb.STMT_TYPE_UPDATE	2	update 语句

（2）属性。

dmdb 对象的主要属性如表 6-9 所示，以下属性的修改会影响由 dmdb 创建的 Pool 和 Connection 对象。

表 6-9　dmdb 对象的主要属性

属　性	类　型	描　述
autoCommit	Boolean	语句执行后，是否自动提交，默认 true
extendedMetaData	Boolean	查询结果集中 metadata 是否要扩展，默认 false
fetchAsBuffer	Array	指定结果集中的数据类型以 Buffer 显示，可选值：dmdb.BLOB
fetchAsString	Array	指定结果集中的数据类型以 String 显示，可选值：dmdb.BUFFER、dmdb.CLOB、dmdb.DATE、dmdb.NUMBER
outFormat	Number	查询结果 rows 的格式，取值为 dmdb.OUT_FORMAT_ARRAY 或 dmdb.OUT_FORMAT_OBJECT，表示格式化成数组还是对象，默认 dmdb.OUT_FORMAT_ARRAY
poolMax	Number	最大连接数，默认 4
poolMin	Number	最小连接数，默认 0
poolTimeout	Number	连接闲置多久后自动关闭，单位秒，默认 60

（3）主要函数。

dmdb 对象的主要函数如表 6-10 所示。

表 6-10　dmdb 对象的主要函数

<table>
<tr><th>函　数</th><th>函数原型</th><th>注　释</th><th>参　数</th></tr>
<tr><td rowspan="2">createPool( )</td><td>createPool(poolAttrs)</td><td>根据配置创建连接池，返回 promise 对象</td><td rowspan="2">poolAttrs(Object)：JavaScript 对象，配置连接池属性，如连接串、最大连接数等；具体如表 6-11 所示；
callback(Function)：执行完 createPool 后的回调函数；具体如表 6-12 所示</td></tr>
<tr><td>createPool(poolAttrs,callback)</td><td>根据配置创建连接池，执行回调函数</td></tr>
<tr><td rowspan="6">getConnection( )</td><td>getConnection(poolAlias)</td><td>从指定连接池中获取连接，返回 promise 对象</td><td rowspan="6">poolAlias(String)：连接池别名；
connURL(String)：连接串；
connAttrs(Object): JSON 格式对象，配置连接属性，如用户名、密码、连接串等；
callback(Function)：执行完 getConnection 后的回调函数；具体如表 6-13 所示</td></tr>
<tr><td>getConnection(poolAlias,callback)</td><td>从指定连接池中获取连接，执行回调函数</td></tr>
<tr><td>getConnection(connURL)</td><td>根据配置创建连接，返回 promise 对象</td></tr>
<tr><td>getConnection(connURL,callback)</td><td>根据配置创建连接，执行回调函数</td></tr>
<tr><td>getConnection(connAttrs)</td><td>根据连接属性创建连接，返回 promise 对象</td></tr>
<tr><td>getConnection(connAttrs,callback)</td><td>根据连接属性创建连接，执行回调函数</td></tr>
<tr><td>getPool( )</td><td>getPool(poolAlias)</td><td>获取 Pool 连接池对象</td><td>poolAlias(String)，可选，连接池别名</td></tr>
</table>

表 6-11　createPool 函数的 poolAttrs 函数参数

属　性	类　型	描　述
connectString/connectionString	String	连接串，必选，语法说明详见 6.3.3 节
poolAlias	String	连接池别名，可选
poolMax	Number	最大连接数，默认 4，可选
poolMin	Number	最小连接数，默认 0，可选
poolTimeout	Number	连接闲置多久后自动关闭，单位秒，默认 60，0 代表永不关闭闲置连接，可选
testOnBorrow	Boolean	连接获取前是否验证有效性，如果连接失效，则继续取连接池中其他连接，可选
validationQuery	String	连接有效性检查使用的 SQL 语句，必须至少有一行结果集，默认 “select 1;”，可选

表 6-12　createPool 函数的 callback 函数参数

回调函数参数	描　述
Error error	若创建连接池失败，则 error 不为空
Pool pool	若创建连接池成功，则 pool 为函数返回的 Pool 对象

表 6-13　getConnection 函数的 callback 函数参数

回调函数参数	描　述
Error error	若创建连接失败，则 error 不为空
Connection connection	若获取连接成功，则 connection 为函数返回的 Connection 对象

2. Connection 对象

Connection 对象的主要函数如表 6-14 所示。

表 6-14　Connection 对象的主要函数

函　数	注　释	参　数
close( )/release( )	关闭连接，返回 promise 对象	callback(Function)：执行完 close/release 函数后的回调函数，回调参数为 Error error，若断开连接失败，则 error 不为空
close(callback)/release(callback)	关闭连接，执行回调函数	
commit( )	提交事务，返回 promise 对象	callback(Function)：执行完 commit 函数后的回调函数，回调参数为 Error error，若提交失败，则 error 不为空
commit(callback)	提交事务，执行回调函数	
createLob(type)	创建 Lob 对象，返回 promise 对象	type(Number)：Lob 对象类型，取值为 dmdb.CLOB 或 dmdb.BLOB;
createLob(type, callback)	创建 Lob 对象，执行回调函数	callback(Function)：执行完 createLob 函数后的回调函数；回调函数参数具体如表 6-15 所示

（续表）

函　数	注　释	参　数
execute(sql, [bindParams, [options]])	执行语句，返回 promise 对象	sql(String)：SQL 或 PL/SQL 语句，可包含绑定变量； bindParams(Object)：绑定参数，按照名称绑定时，为 JavaScript 对象，按照位置绑定时，为 Array 数组；具体如表 6-16 所示； options(Object)：语句执行的选项，为 JavaScript 对象；具体如表 6-17 所示； callback(Function)：执行完 execute 后的回调函数；具体如表 6-18 所示
execute(sql, [bindParams, [options]],callback)	执行语句，执行回调函数	
executeMany(sql, binds, [options])	批量执行语句，返回 promise 对象	sql(String)：SQL 或 PL/SQL 语句，必须包含绑定变量； binds(Array)：绑定参数，按照名称绑定时，为由 JavaScript 对象组成的 Array 数组，按照位置绑定时，为由 Array 数组组成的 Array 数组； numIterations(Number)：SQL 或 PL/SQL 语句执行次数； options(Object)：语句执行的选项，为 JavaScript 对象；具体如表 6-19 所示； callback(Function)：执行完 executeMany函数后的回调函数；具体如表 6-20 所示
executeMany(sql, numIterations, [options])	批量执行语句，返回 promise 对象	
executeMany(sql, binds, [options], callback)	批量执行语句，执行回调函数	
executeMany(sql, numIterations, [options], callback)	批量执行语句，执行回调函数	
getStatementInfo(sql)	分析 SQL 语句信息，返回 promise 对象	sql(String)：SQL 语句; callback(Function)：执行 getStatementInfo 函数后的回调函数
getStatementInfo(sql, callback)	分析 SQL 语句信息，执行回调函数	
rollback( )	回滚，返回 promise 对象	callback(Function)：执行完 rollback 函数后的回调函数，回调函数参数为 Error error，若回滚失败，则 error 不为空
rollback(callback)	回滚，执行回调函数	

表 6-15　createLob 函数的回调函数参数

回调函数参数	描　述
Error error	若创建 Lob 失败，则 error 不为空
Lob lob	若创建 Lob 成功，则 lob 为函数返回的 Lob 对象

表 6-16　execute 函数的 bindParams 绑定参数

绑定参数	类　型	描　述
dir	Number	绑定的方向，取值为 dmdb.BIND_IN、dmdb.BIND_INOUT、dmdb.BIND_OUT 其中之一，默认为 dmdb.BIND_IN
val	Object	当变量以 IN 或 IN OUT 方式绑定时，可设置输入值

表 6-17　execute 函数的 options 绑定参数

属　性	类　型	描　述
extendedMetaData	Boolean	覆盖 dmdb.extendedMetaData

fetchInfo	Object	结果集列以何种 JavaScript 类型展示，可以覆盖全局设置 dmdb.fetchAsString 和 dmdb.fetchAsBuffer。例如，
		fetchInfo:{
		"COL_NAME_DATE" : { type: dmdb.STRING},
		"COL_NAME_ANY" : { type: dmdb.DEFAULT}
		}
		其中 type 的值可以是：
		dmdb.STRING，对于数字、日期时间、二进制数据，CLOB 的结果集列返回 String；
		dmdb.BUFFER，对于 BLOB 的结果集列返回 Buffer；
		dmdb.DEFAULT，覆盖 dmdb.fetchAsString 和 dmdb.fetchAsBuffer 设置，结果集列返回原始数据

outFormat	Number	覆盖 dmdb.outFormat
resultSet	Boolean	查询结果是否返回 ResultSet 对象，默认 false

表 6-18　execute 函数的回调函数参数

回调函数参数	描　述
Error error	若执行语句失败，则 error 不为空
Object result	若执行语句成功，则 result 为函数返回结果，包含的字段可能有 metaData、implicitResults、outBinds、resultSet、rows、rowsAffected。 其中，各字段含义如下。 metaData：查询语句的列信息，当且仅当有多个结果集时为二维数组，包含如下字段。 name：列名； dbType：列类型； dbTypeName：列类型名称； precision：列数据精度； scale：列数据标度； nullable：列是否可为空； implicitResults：当有多个结果集时，结果保存在此字段中； outBinds：绑出参数； resultSet：查询语句的结果集，当执行选项的 resultSet 为 false 时，resultSet 为 undefined； rows：查询语句的所有结果行，当执行选项的 resultSet 为 true 时，rows 为 undefined； rowsAffected：DML 语句影响行数。对于非 DML 语句（如 select、PL/SQL），rowsAffected 为 undefined

表 6-19　executeMany 函数的 options 绑定参数

属　性	类　型	描　述
batchErrors	Boolean	当为 true 时，遇到数据库报错后，仍会执行之后的数据行，默认 false
bindDefs	Object	包含 dir 字段，详细描述见 execute 函数的参数 bindParams 中的 dir 字段
dmlRowCounts	Boolean	结果中是否显示批量执行影响行数，默认 false

表 6-20　executeMany 函数的回调函数参数

回调函数参数	描　述
Error error	若批量执行语句失败，则 error 不为空
Object result	若批量执行语句成功，则 result 为函数返回结果，包含的字段可能有 batchErrors、dmlRowCounts、outBinds、rowsAffected。 其中，各字段含义如下。 batchError：批量执行错误列表； dmlRowCounts：批量执行每次影响的行数； outBinds：绑出参数； rowsAffected：语句影响行数

3. Lob 对象

（1）属性。

Lob 对象的主要属性如表 6-21 所示。

表 6-21　Lob 对象的主要属性

属　性	类　型	描　述
type	Number	值为 dmdb.BLOB、dmdb.CLOB 其一，只读

（2）主要函数。

Lob 对象的主要函数如表 6-22 所示。

表 6-22　Lob 对象的主要函数

函　数	函数原型	注　释	参　数
close( )	close( )	关闭 Lob，返回 promise 对象	—
	close(callback)	关闭 Lob，执行回调函数	callback(Function)：执行 close 函数后的回调函数，回调函数参数为 Error error，关闭 Lob 失败，error 不为空
getData( )	getData( )	获取 Lob 全部数据，返回 promise 对象	—
	getData(callback)	获取 Lob 全部数据，执行回调函数	callback(Function)：执行 getData 函数后的回调函数，回调函数参数具体如表 6-23 所示
getLength( )	getLength( )	获取 Lob 长度，返回 promise 对象	—

（续表）

函　数	函数原型	注　释	参　数
getLength()	getLength(callback)	获取 Lob 长度，执行回调函数	callback(Function)：执行 getLength 函数后的回调函数，回调函数参数具体如表 6-24 所示

表 6-23　getData 函数的回调函数参数

回调函数参数	描　述
Error error	若获取 Lob 全部数据失败，则 error 不为空
String|Buffer data	Lob 存储的全部数据

表 6-24　getLength 函数的回调函数参数

回调函数参数	描　述
Error error	若获取 Lob 全部数据失败，则 error 不为空
Number length	Lob 的长度

4. Pool 对象

（1）属性。

Pool 对象的主要属性如表 6-25 所示。

表 6-25　Pool 对象的主要属性

属　性	类　型	描　述
connectionsInUse	Number	连接池中正在使用的连接数，只读
connectionsOpen	Number	连接池中已打开的连接数，只读
poolAlias	String	createPool( )指定的连接池别名，只读
poolMax	Number	最大连接数，只读
poolMin	Number	最小连接数，只读
poolTimeout	Number	连接闲置多久后自动关闭，单位秒，只读
testOnBorrow	Boolean	连接获取前是否验证有效性，只读
validationQuery	String	连接有效性检查使用的 SQL 语句，只读
status	Number	连接池状态，只读

（2）主要函数。

Pool 对象的主要函数如表 6-26 所示。

表 6-26　Pool 对象的主要函数

函　数	函数原型	注　释	参　数
close( )/terminate( )	close( )/terminate( )	关闭连接池，返回 promise 对象	—
	close(callback)/terminate(callback)	关闭连接池，执行回调函数	callback(Function)：执行 close 函数或 terminate 函数后的回调函数，回调函数参数为 Error error，若关闭连接池失败，则 error 不为空

（续表）

函　　数	函数原型	注　　释	参　　数
getConnection( )	getConnection( )	从连接池中获取数据库连接，返回 promise 对象	—
	getConnection(callback)	从连接池中获取数据库连接，执行回调函数	callback(Function)：执行 getConnection 函数后的回调函数，回调函数参数详如表 6-27 所示

表 6-27　getConnection 函数的回调函数参数

回调函数参数	描　　述
Error error	若获取数据库连接失败，则 error 不为空
Connection conn	若获取数据库连接成功，则 conn 为函数返回的 Connection 对象

5. ResultSet 对象

ResultSet 对象每次都可以从数据库中获取一行或多行数据。当查询结果集很大或不知道结果集行数时，建议使用 ResultSet 对象。

ResultSet 对象的主要函数如表 6-28 所示。

表 6-28　ResultSet 对象的主要函数

函　　数	函数原型	注　　释	参　　数
close( )	close( )	关闭结果集，返回 promise 对象	—
	close(callback)	关闭结果集，执行回调函数	callback(Function)：执行 close 函数后的回调函数。回调函数参数为 Error error，若关闭结果集失败，则 error 不为空
getRow( )	getRow( )	获取结果集中的下一行，返回 promise 对象	—
	getRow(callback)	获取结果集中的下一行，执行回调函数	callback(Function)：执行 getRow 函数后的回调函数，回调函数参数如表 6-29 所示
getRows(numRows)	getRows(numRows)	获取结果集中的多行，返回 promise 对象	—
	getRows(numRows, callback)	获取结果集中的多行，执行回调函数	callback(Function)：执行 getRows 函数后的回调函数，回调函数参数如表 6-30 所示
getRowCount( )	getRowCount( )	获取结果集总行数，返回 promise 对象	—
	getRowCount(callback)	获取结果集总行数，执行回调函数	callback(Function)：执行 getRowCount 函数后的回调函数，回调函数参数如表 6-31 所示

表 6-29　getRow 函数的回调函数参数

回调函数参数	描　述
Error error	若获取结果集中的下一行失败，则 error 不为空
Object row	若获取结果集中的下一行成功，则 row 为返回的结果集中的下一行

表 6-30　getRows 函数的回调函数参数

回调函数参数	描　述
Error error	若获取结果集中的多行失败，则 error 不为空
Array rows	若获取结果集中的多行成功，则 row 为返回的结果集中行组成的数组

表 6-31　getRowCount 函数的回调函数参数

回调函数参数	描　述
Error error	若获取结果集中的多行失败，则 error 不为空
Number rowCount	若获取结果集总行数成功，则 rowCount 为返回的结果集总行数

6.3.3　Node.js 连接串语法说明

在 Node.js 语言中，连接达梦数据库的连接串的基本语法格式如下。连接串中属性及其说明如表 6-32 所示。

```
dm://user:password@host:port[?propName1=propValue1][&propName2=propValue2]…
```

其中：

（1）user 是达梦数据库用户名称。

（2）password 是达梦数据库用户密码。

（3）host 是达梦数据库服务器地址。

（4）port 是达梦数据库的端口。

（5）propName1 是属性名称，属性名称如表 6-32 中的“属性名称”列所示。注意第 1 个属性名称前面需要添加符号“？”，第 2 个及其之后的属性名称前需要添加符号“&”。

（6）propValue1 是属性的值，属性值如表 6-32 中的“说明”列所示。

表 6-32　Node.js 连接串属性

属性名称	类　型	说　明
alwaysAllowCommit	Boolean	在自动提交开关打开时，是否允许手动提交回滚，默认 true
appName	String	客户端应用程序名称，默认空
autoCommit	Number	是否自动提交，默认 true
bufPrefetch	Number	结果集 fetch 预取消息缓存大小；单位 kB，有效值范围 32～65535。默认 0，表示按服务器配置
continueBatchOnError	Boolean	批量执行出错时是否继续执行；默认 false
compatibleMode	String	兼容其他数据库，属性值为数据库名称（如 Oracle），支持兼容 Oracle 和 MySQL
compress	Number	是否压缩消息（取值 0：不压缩；1：完全压缩；2：优化压缩）

（续表）

属性名称	类　型	说　明
compressId	Number	压缩算法（取值-1：服务器决定压缩算法；0：ZLIB 压缩；1：SNAPPY 压缩）
connectTimeout	Number	连接数据库超时时间，单位 ms，取值范围 0～2147483647，默认 5000
doSwitch	Boolean	使用服务名方式登录，且服务名配置了多个 IP，当连接发生异常时是否自动切换；默认 false；取值 true 或 false
enRsCache	Boolean	是否开启结果集缓存；默认 false；取值 true 或 false
escapeProcess	Boolean	是否进行语法转义处理，默认 false；取值 true 或 false
isBdtaRS	Boolean	是否使用列模式结果集，默认 false；取值 true 或 false
lobMode	Number	Lob 模式，默认 1；取值 1：分批缓存到本地；2：一次将大字段数据缓存到本地
localTimezone	Number	客户端本地时区，单位 min，取值范围-720～720
logDir	String	日志等其他一些驱动过程文件生成目录，默认当前工作目录
logFlushFreq	Number	日志刷盘频率，单位 s，取值范围 0～2147483647，默认 10
loginCertificate	String	该参数用于指定 dmkey 工具生成的公钥文件路径，在非加密通信的情况下，可对登录用户名、密码进行增强加密
loginEncrypt	Number	是否进行通信加密，默认 true；取值为 true/True 或 false/False
loginMode	Number	服务名方式连接数据库时只选择模式匹配的库；0 表示 PRIMARY=NORMAL>STANDBY；1 表示只连 PRIMARY；2 表示只连 STANDBY；3 表示 STANDBY>PRIMARY>NORMAL；4 表示 PRIMARY>NORMAL>STANDBY
loginStatus	Number	服务名方式连接数据库时只选择状态匹配的库；0 表示不限制；3 表示 mount 状态；4 表示 open 状态；5 表示 suspend 状态；默认为 0
logLevel	String	生成日志的级别，日志级别从低到高依次为：off，不记录；error，只记录错误日志；warn，记录警告信息；sql，记录 SQL 执行信息；info，记录全部执行信息；all，记录全部。高级别日志同时记录低级别的信息
maxRows	Number	批量操作最大行数，默认 0，表示无限制
mppLocal	Boolean	是否 MPP 本地连接，默认 false；取值为 true 或 false
rsCacheSize	Number	结果集缓存区大小，单位 MB，默认 20，范围 1～65536
rsRefreshFreq	Number	结果集缓存检查更新的频率，单位 s，默认 10，范围 0～10000；如果设置为 0，则不需要检查更新
rwHA	Boolean	是否开启读写分离系统高可用；取值 1/0 或 true/false；默认 false
rwPercent	Number	分发到主库的事务占主备库总事务的百分比，有效值 0～100，默认 25
rwSeparate	Boolean	是否使用读写分离系统，默认 false；取值为 false 时不使用，为 true 时使用
rwStandbyRecoverTime	Number	读写分离系统备库故障恢复检测频率，单位 ms，取值范围 0～2147483647，默认 1000；0 表示不恢复
schema	String	指定用户登录后的当前模式，默认为用户默认模式
essionTimeout	Number	会话超时时间，单位 s，取值范围 0～2147483647，默认 0
stmtPoolSize	Number	语句句柄池大小，取值范围 0～2147483647，默认 15
sslPath	String	指定 SSL 加密证书文件、密钥文件、CA 证书文件的目录，目录内必须包含 client-cert.pem、client-key.pem、ca-cert.pem
svcConfPath	Number	自定义客户端配置文件（dm_svc.conf）的完整路径

（续表）

属性名称	类　型	说　明
switchInterval	Number	服务名连接数据库时，若遍历了服务名中所有库列表都未找到符合条件的库成功建立连接，等待一定时间再继续下一次遍历；单位 ms，取值范围 0～2147483647，默认 2000
switchTimes	Number	服务名连接数据库时，若未找到符合条件的库成功建立连接，将尝试遍历服务名中库列表的次数，取值范围 0～2147483647，默认 3

6.3.4　Node.js 应用举例

【例 6-4】利用 Node.js 驱动程序，进行达梦数据库操作，实现插入、修改、删除和查询数据等基本操作。在调试该例时，注意将达梦数据库用户 SYSDBA 的密码修改为实际密码，并确保 C 盘根目录下存在“三国演义.jpg”文件，在多次运行时会出现 product 表违反唯一性约束错误，注意修改插入命令中“productno”的值。

```
// 引入dmdb包
var db = require('dmdb');
var fs = require('fs');
var pool, conn;
async function example( ) {
    try {
        pool = await createPool( );
        conn = await getConnection( );
        await insertTable( );
        await updateTable( );
        await queryTable( );
        await queryWithResultSet( );
        await deleteTable( );
    } catch (err) {
        console.log(err);
    } finally {
        try {
            await conn.close( );
            await pool.close( );
        } catch (err) {}
    }
}
example( );

/* 创建连接池 */
```

```
async function createPool( ) {
    try {
        return db.createPool({
            connectString: "dm://SYSDBA:SYSDBA@localhost:5236?autoCommit=true",
            poolMax: 10,
            poolMin: 1
        });
    } catch (err) {
        throw new Error("createPool error: " + err.message);
    }
}
/* 获取数据库连接 */
async function getConnection( ) {
    try {
        return pool.getConnection( );
    } catch (err) {
        throw new Error("getConnection error: " + err.message);
    }
}
/* 往产品信息表中插入数据 */
async function insertTable( ) {
    try {
        var sql = "INSERT INTO production.product(name,author,publisher,publishtime," +
                "product_subcategoryid,productno,satetystocklevel,originalprice,nowprice,discount," +
                "description,photo,type,papertotal,wordtotal,sellstarttime,sellendtime) "+
                "VALUES(:1,:2,:3,:4,:5,:6,:7,:8,:9,:10,:11,:12,:13,:14,:15,:16,:17);";
        var blob = fs.createReadStream("c:\\三国演义.jpg");
        await conn.execute(
            sql,
            [
                { val: "三国演义" },
                { val: "罗贯中" },
                { val: "中华书局" },
                { val: new Date("2005-04-01") },
                { val: 4 },
                { val: "9787101046121" },
                { val: 10 },
                { val: 19.0000 },
```

```
                    { val: 15.2000 },
                    { val: 8.0 },
                    { val: "《三国演义》是中国第一部长篇章回体小说，中国小说由短篇发展至长篇
                    的原因与说书有关。" },
                    { val: blob },
                    { val: "25" },
                    { val: 943 },
                    { val: 93000 },
                    { val: new Date("2006-03-20") },
                    { val: new Date("1900-01-01") }
                ]
            );
        } catch (err) {
            throw new Error("insertTable error: " + err.message);
        }
}

/* 修改产品信息表数据 */
async function updateTable( ) {
        try {
            var sql = "UPDATE production.product SET name = :name "+
                    "WHERE productid = 11;";
            // 按名称绑定变量
            return conn.execute(sql, { name: { val: "三国演义（上）" } });
        } catch (err) {
            throw new Error("updateTable error: " + err.message);
        }
}
/* 删除产品信息表数据 */
async function deleteTable( ) {
        try {
            var sql = "DELETE FROM production.product WHERE productid = 11;"
            return conn.execute(sql);
        } catch (err) {
            throw new Error("deleteTable error: " + err.message);
        }
}
/* 查询产品信息表 */
async function queryTable( ) {
```

```
        try {
            var sql = "SELECT productid,name,author,publisher,photo FROM production.product"
            var result = await conn.execute(sql);
            var lob = result.rows[result.rows.length - 1][4];
            var buffer = await readLob(lob);
            // Lob对象使用完需要关闭
            await lob.close( );
            console.log(buffer);
            return result;
        } catch (err) {
            throw new Error("queryTable error: " + err.message);
        }
    }
    /* 读取数据库返回的Lob对象 */
    function readLob(lob) {
        return new Promise(function (resolve, reject) {
            var blobData = Buffer.alloc(0);
            var totalLength = 0;
            lob.on('data', function (chunk) {
                totalLength += chunk.length;
                blobData = Buffer.concat([blobData, chunk], totalLength);
            });
            lob.on('error', function (err) {
                reject(err);
            });
            lob.on('end', function ( ) {
                resolve(blobData);
            });
        });
    }
    /* 按结果集方式查询产品信息表 */
    async function queryWithResultSet( ) {
        try {
            var sql = "SELECT productid,name,author,publisher FROM production.product";
            var result = await conn.execute(sql, [], { resultSet: true });
            var resultSet = result.resultSet;
            //从结果集中获取一行
            result = await resultSet.getRow();
```

```
            while (result) {
                console.log(result);
                result = await resultSet.getRow( );
            }
        } catch (err) {
            throw new Error("queryWithResultSet error: " + err.message);
        }
    }
```

6.4　Go 程序设计

Go 语言标准库 database/sql 提供了一系列数据库操作的标准接口，达梦数据库基于 GO 1.13 版本对 database/sql/database 包的接口进行了实现，并提供了达梦数据库操作的 Go 语言接口。

6.4.1　Go 环境准备

Go 环境的准备，主要通过安装 Go 语言安装包和 DM 驱动包实现，具体步骤如下。

（1）安装 Go 1.13 版本。如果为非安装版本，在环境变量 PATH 中增加 Go 安装目录的 bin 子目录，以方便全局执行 Go 命令，还需要配置环境变量 GOPATH，用于寻找依赖路径，一般设置为当前用户目录下的 go 目录，如“C:\Users\daijianwei\go”。

（2）在命令行中执行 go version 命令，确认 go 命令是否正确安装及 go 版本是否正确。

（3）在命令行中执行 go env 命令，确认 GOPATH 目录至少有一个有效路径。

（4）将达梦数据库安装目录下“drivers/go”中的压缩包 dm-go-driver.zip 解压，得到目录名称为“dm”的目录，将其复制到“GOPATH\src”目录下。

（5）安装依赖包。依赖包安装有 Go MOD 和 GOPATH 两种依赖模式。

① Go MOD 依赖模式。

在 GoLand 开发环境中，新建 Go 项目 dmgo，利用 GoLand 的菜单命令“File|New|Project|Go module”，将 environment 设置为“https://goproxy.cn/”。在项目根目录下创建 go.mod 文件和 Go 文件（如 dmgo.go）。“go.mod”文件的作用是为项目添加依赖包 dm，用 replace 命令将 dm 重定向到本地的 dm 包。“go.mod”文件内容如下：

```
module dmgo
go 1.13
require dm v0.0.1
replace dm => 此处填写dm包所在位置，即第4步中的GOPATH\src\dm
```

在项目根目录下执行 go get 命令，将自动安装所需依赖包，如果出现错误，则可能被禁止访问，需要设置代理。将 GOPROXY 按如下命令重新设置，再执行 go get 命令。

```
go env -w GOPROXY=https://goproxy.io,https://goproxy.cn,direct
```

② GOPATH 依赖模式。

在命令行中执行如下命令，安装所需依赖包，安装成功后可以看到 GOPATH/src 目录下有 golang.org/x/text 和 github.com/golang/snappy。如果安装失败，则需要像 Go MOD 依赖模式一样，设置代理，或者直接去 github 上找源码。

```
go get golang.org/x/text
go get github.com/golang/snappy
```

创建 Go 项目（不需要 go.mod 文件），确保 dm、golang.org/x/text 和 github.com/golang/snappy 在 GOPATH 下，可以用 go env 命令随时查看 GOPATH 路径。

（6）编写 Go 语言代码（如 dmgo.go），编写正确后，在项目根目录下执行以下命令运行。

```
go run dmgo.go
```

6.4.2 Go 连接串语法说明

在 Go 语言中连接达梦数据库的连接串的基本语法格式如下。Go 连接串属性及其说明如表 6-33 所示。

```
dm://user:password@host:port[?propName1=propValue1][&propName2=propValue2]…
```

其中：

（1）user 是达梦数据库用户名称。

（2）password 是达梦数据库用户密码。

（3）host 是达梦数据库服务器地址。

（4）port 是达梦数据库的端口。

（5）propName1 是属性名称，属性名称如表 6-33 中的“属性名称”列所示。注意第 1 个属性名称前面需要添加符号“？”，第 2 个及其之后的属性名称前需添加符号“&”。

（6）propValue1 是属性的值，属性值如表 6-33 中的“说明”列所示。

表 6-33　Go 连接串属性及其说明

属性名称	说　明
socketTimeout	套接字超时时间，默认 0
escapeProcess	是否进行语法转义处理，默认 false；取值为 true、false
autoCommit	是否自动提交，默认 true；取值为 true、false
maxRows	批量操作最大行数，默认 0
rowPrefetch	预取行数，默认 10
lobMode	Lob 模式，默认 1；取值 1 表示分批缓存到本地，取值 2 表示一次将大字段数据缓存到本地
stmtPoolSize	语句句柄池大小，默认 15
ignoreCase	是否忽略大小写，默认 true，取值为 true、false
alwayseAllowCommit	在自动提交开关打开时，是否允许手动提交回滚，默认 true，取值为 true、false
batchType	批处理类型，默认 1，取值 1 表示进行批量绑定，取值 2 表示不进行批量绑定
appName	客户端应用程序名称

（续表）

属性名称	说　　明
sessionTimeout	会话超时时间，默认 0
sslCertPath	指定 SSL 加密证书文件的路径
sslKeyPath	指定 SSL 加密密钥文件的路径
kerberosLogin1ConfPath	Kerberors 认证登录配置文件路径
mppLocal	是否 MPP 本地连接，默认 false；取值为 true、false
rwSeparate	是否使用读写分离系统，默认 false；取值为 false 不使用，取值为 true 使用
rwPercent	分发到主库的事务占主备库总事务的百分比，有效值 0～100，默认 25
isBdtaRS	是否使用列模式结果集，默认 false；取值为 true、false
uKeyName	Ukey 的用户名
uKeyPin	Ukey 的口令
doSwitch	若使用服务名方式登录，且服务名配置了多个 IP，则指明当连接发生异常时是否自动切换；默认 false；取值为 true、false
continueBatchOnError	批量执行出错时是否继续执行；默认 false；取值为 true、false
connectTimeout	连接数据库超时时间，单位 ms，默认 5000
columnNameUpperCase	列名转换为大写字母，默认 false；取值为 true、false
rwAutoDistribute	读写分离系统事务分发是否由驱动自动管理，默认 true，取值为 true、false。false：事务分发由用户管理，用户可通过设置连接上的 readOnly 属性标记事务为只读事务
compatibleMode	兼容其他数据库，属性值为数据库名称（如 Oracle），支持兼容 Oracle 和 MySQL
dbAliveCheckFreq	检测数据库是否存活的频率，单位 ms，默认 0；0 表示不检测
logDir	日志等其他一些驱动过程文件生成目录，默认值是当前工作目录
logLevel	生成日志的级别，日志按级别从低到高顺序排列 off、error、warn、sql、info、all（off：不记录；error：只记录错误日志；warn：记录警告信息；sql：记录 SQL 执行信息；info：记录全部执行信息；all：记录全部），高级别日志同时记录低级别的信息
logFlushFreq	日志刷盘频率，单位 s，默认 10
logBufferSize	日志缓冲区大小，默认 32768
logFlusherQueueSize	日志刷盘线程中等待刷盘的日志缓冲区队列大小，默认 100
statEnable	是否启用状态监控，默认 false；取值为 true、false
statFlushFreq	状态监控统计信息刷盘频率，单位 s；默认 3
statSlowSqlCount	日志打印慢 SQL top 行数，默认 100；有效值范围 0～1000
statHighFreqSqlCount	日志打印高频 SQL top 行数，默认 100；有效值范围 0～1000
statSqlMaxCount	状态监控可以统计不同 SQL 的个数，默认 100000；有效值范围 0～100000
statSqlRemoveMode	执行的不同 SQL 个数超过 statSqlMaxCount 时使用的淘汰方式，取值为 latest/eldest；latest 淘汰最近执行的 SQL，eldest 淘汰最老的 SQL
statDir	状态监控信息以文本文件形式输出的目录，无默认值，若不指定则监控信息不会以文本文件形式输出
schema	指定用户登录后的当前模式，默认为用户的默认模式
loginEncrypt	是否进行通信加密，默认 true；取值为 true/True、false/False
cipherPath	第三方加密算法动态链接库位置
compress	是否压缩消息（0：不压缩；1：完全压缩；2：优化的压缩）
compressId	压缩算法（-1：服务器决定压缩算法；0：ZLIB 压缩；1：SNAPPY 压缩）
svcConfPath	自定义客户端配置文件（dm_svc.conf）的完整路径

6.4.3 Go 主要类和函数

DM Go 主要类或函数如表 6-34 所示。

表 6-34　DM Go 主要类或函数

主要类或接口	主要函数或属性	参数作用说明	返　回　值	说　明
DmBlob（达梦数据库字节大字段）	NewBlob(value [ ]byte)* DmBlob	value：DmBlob 对象存储的字节数组	*DB：DmBlob 对象指针	构造 DmBlob 对象
	(blob *DmBlob) Read(dest [ ] byte)(int,error)	dest：读取的字节存放到 dest 中	int：实际读取字节数 error：错误信息，若执行成功，则值为 nil	读取 DmBlob 对象存储的字节数组
	(blob *DmBlob) ReadAt(pos int,dest[ ]byte)(int,error)	pos：偏移，范围为 1～Blob 对象长度 dest：读取的字节存放到 dest 中	int：实际读取字节数 error：错误信息，若执行成功，则值为 nil	从指定偏移读取 DmBlob 对象存储的字节数组
	(blob *DmBlob) Write(pos int,src[ ]byte)(int,error)	pos：偏移，范围为 1～Blob 对象长度 src：要写入的字节数组	int：实际写入字节数 error：错误信息，若执行成功，则值为 nil	从指定偏移写字节数组到 DmBlob 对象
	(blob *DmBlob) GetLength( ) (int64, error)	无	int64：DmBlob 对象长度 error：错误信息，若执行成功，则值为 nil	获取 DmBlob 对象长度
	(blob *DmBlob) Truncate (length int64)error	length：指定所剩的字节数	error：错误信息，若执行成功，则值为 nil	从后往前删除 DmBlob 对象直到剩余 length 字节
DmClob（达梦数据库字符大字段）	NewClob(value string)* DmClob	value：DmClob 对象存储字符串	*DB：DmClob 对象指针	构造 DmClob 对象
	(clob *DmClob) ReadString (pos int, length int) (string, error)	pos：偏移，范围为 1～Clob 对象长度 length：读取的字符串长度	string：实际读取字符串 error：错误信息，若执行成功，则值为 nil	读取 DmClob 对象存储的字符串
	(clob *DmClob) WriteString (pos int, s string) (int, error)	pos：偏移，范围为 1～Clob 对象长度； s：写入的字符串	int：实际写入字符串长度 error：错误信息，若执行成功，则值为 nil	写入字符串到DmClob 对象中
	(clob *DmClob) GetLength( ) (int64,error)	无	int64：DmClob 对象长度 error：错误信息，若执行成功，则值为 nil	获取 DmClob 对象长度
	(clob *DmClob) Truncate (length int64)error	length：指定所剩的字符串长度	error：错误信息，若执行成功，则值为 nil	从后往前删除DmClob 对象直到剩余 length 个字符

（续表）

主要类或接口	主要函数或属性	参数作用说明	返　回　值	说　明
DmTimestamp（达梦数据库日期时间对象）	NewDmTimestampFromString (str string)(*DmTimestamp, error)	str：时间日期字符串	*DmTimestamp：DmTimestamp 对象指针 error：错误信息，若执行成功，则值为 nil	由日期时间字符串构造DmTimestamp 对象
	NewDmTimestampFromTime (time time.Time) *DmTimestamp	time：Go 原生数据类型 time.Time	*DmTimestamp：DmTimestamp 对象指针	由 Go 原生数据类型 time.Time 构造 DmTimestamp 对象
	(dmTimestamp *DmTimestamp) ToTime( ) time.Time	无	time.Time：Go 原生数据类型 time.Time	将 DmTimestamp 对象转换为 Go 原生数据类型 time.Time
DmDecimal（达梦数据库大数字对象）	NewDecimalFromBigInt(bigInt *big.Int) (*DmDecimal, error)	bigInt：big.Int 对象	*DmDecimal：DmDecimal 对象指针 error：错误信息，若执行成功，则值为 nil	由 big.Int 对象构造 DmDecimal 对象
	NewDecimalFromBigFloat(bigFloat *big.Float) (*DmDecimal, error)	bigFloat：big.Float 对象	*DmDecimal：DmDecimal 对象指针	由 big.Float 对象构造 DmDecimal 对象
	(decimal DmDecimal) ToBigInt ( ) *big.Int	无	*big.Int：big.Int 对象指针	将 DmDecimal 对象转换为 big.Int 对象
	(decimal DmDecimal) ToBigFloat( ) *big.Float	无	*big.Float：big.Float 对象指针	将 DmDecimal 对象转换为 big.Float 对象
DmIntervalYM（达梦数据库年月间隔对象）	NewDmIntervalYMByString (str string)(*DmIntervalYM, error)	str：年月间隔字符串	*DmIntervalYM：DmIntervalYM 对象指针 error：错误信息，若执行成功，则值为 nil	由年月间隔字符串构造 DmIntervalYM 对象
DmIntervalDT（达梦数据库日时间间隔对象）	NewDmIntervalDTByString (str string) (*DmIntervalDT, error)	str：日时间间隔字符串	*DmIntervalDT：DmIntervalDT 对象指针 error：错误信息，若执行成功，则值为 nil	由日时间间隔字符串构造 DmIntervalDT 对象
DmArray（达梦数据库数组对象）	NewDmArray(typeName string, elements [ ]interface{})* DmArray	typeName：数组元素的类型 elements：数组元素数组	*DmArray：DmArray 对象指针	构造 DmArray 对象
	(dmArray *DmArray) GetBase TypeName( )(string, error)	无	string：基本类型名 error：错误信息，若执行成功，则值为 nil	获取 DmArray 对象的基本类型名

（续表）

主要类或接口	主要函数或属性	参数作用说明	返 回 值	说 明
DmArray（达梦数据库数组对象）	(dmArray *DmArray) GetObjArray(index int64, count int)(interface{},error)	index：数组开始索引	interface{}：Object 数组	获取 DmArray 对象存储的 Object 数组
		count：数组个数	error：错误信息，若执行成功，则值为 nil	
	(dmArray *DmArray) GetIntArray(index int64, count int)([]int, error)	index：数组开始索引	[ ]int：int 数组	获取 DmArray 对象存储的 int 数组
		count：数组个数	error：错误信息，若执行成功，则值为 nil	
	(dmArray *DmArray) GetInt16Array(index int64, count int) ([ ]int16,error)	index：数组开始索引	[ ]int16：int16 数组	获取 DmArray 对象存储的 int16 数组
		count：数组个数	error：错误信息，若执行成功，则值为 nil	
	(dmArray *DmArray) GetInt64Array(index int64, count int)([ ]int64, error)	index：数组开始索引	[ ]int64：int64 数组	获取 DmArray 对象存储的 int64 数组
		count：数组个数	error：错误信息，若执行成功，则值为 nil	
	(dmArray *DmArray) GetFloatArray(index int64, count int)([ ]float32, error)	index：数组开始索引	[ ]float32：float32 数组	获取 DmArray 对象存储的 float32 数组
		count：数组个数	error：错误信息，若执行成功，则值为 nil	
	(dmArray *DmArray) GetDoubleArray(index int64,count int)([ ]float64, error)	index：数组开始索引	[ ]float64：float64 数组	获取 DmArray 对象存储的 float64 数组
		count：数组个数	error：错误信息，若执行成功，则值为 nil	
DB（DB 是一个数据库操作句柄，代表一个具有零到多个底层连接的连接池）	Open(driverName,dataSourceName string) (*DB, error)	driverName：驱动名，此处应为“dm”	*DB：数据库操作句柄；error：错误信息，若执行成功，则值为 nil	打开数据库。根据指定的驱动名与数据源打开数据库，此时还未真正建立数据库连接，还应调用返回值的 Ping 方法
		dataSourceName：数据源		
	(db *DB) Ping( ) error	无	error：错误信息，若执行成功，则值为 nil	检查连接。检查与数据库连接是仍有效，如果需要则会创建连接
	(db *DB) Close( ) error	无	error：错误信息，若执行成功，则值为 nil	关闭连接
	(db *DB) SetMaxOpenConns(n int)	n：最大连接数	无	设置最大连接数。若 n≤0，表示不限制
	(db *DB) SetMaxIdleConns(n int)	n：最大闲置连接数	无	设置最大闲置连接数。若 n≤0，表示不保留闲置连接

（续表）

主要类或接口	主要函数或属性	参数作用说明	返　回　值	说　明
DB（DB 是一个数据库操作句柄，代表一个具有零到多个底层连接的连接池）	(db *DB) Exec(query string,args…interface{}) (Result, error)	query：要执行的 SQL 语句	result：对已执行的 SQL 语句的总结	执行 SQL 语句。可执行查询、插入、删除、更新等操作
		args: SQL 语句中的占位参数	error：错误信息，若执行成功，则值为 nil	
	(db *DB) Query(query string,args…interface{}) (*Rows, error)	query：要执行的 SQL 语句	*Rows：查询结果集句柄	执行查询，返回多行。一般用于执行select 命令
		args: SQL 语句中的占位参数	error：错误信息，若执行成功，则值为 nil	
	(db *DB) QueryRow(query string,args…interface{}) *Row	query：要执行的 sql 语句	*Row：单行查询结果句柄	执行查询，返回一行。总是返回非 nil 值，直到返回值的 Scan 函数被调用时，才会返回被延迟的错误
		args: SQL 语句中的占位参数		
	(db *DB) Prepare(query string) (*Stmt, error)	query：要准备的 SQL 语句	*Stmt：语句句柄	准备语句。创建一个准备好的状态用于之后的查询和命令。返回值可以同时执行多个查询和命令
			error：错误信息，若执行成功，则值为 nil	
	(db *DB) Begin( ) (*Tx, error)	无	*Tx：事务句柄	开始事务。隔离水平由数据库驱动决定
			error：错误信息，若执行成功，则值为 nil	
Row（单行查询结果）	(r *Row) Scan(dest… interface{}) error	dest：输出值句柄	error：错误信息，若执行成功，则值为 nil	导出查询结果。将查询结果行的各列分别保存进 dest 参数指定的值中
Rows（查询结果集，游标指向结果集的第零行，使用 Next 函数遍历各行结果）	(rs *Rows) Columns( ) ([ ]string, error)	无	[ ]string：列名数组	返回列名。若 Rows 已关闭，则返回错误
			error：错误信息，若执行成功，则值为 nil	
	(rs *Rows) Scan(dest… interface{}) error	dest：输出值句柄	error：错误信息，若执行成功，则值为 nil	导出查询结果。将当前行的各列分别保存进 dest 参数指定的值中
	(rs *Rows) Next( ) bool	无	bool：游标是否成功移动到下一行	将结果集的游标指向下一行。若成功，则返回 true；若出现错误或没有下一行，则返回 false
	(rs *Rows) Close( ) error	无	error：错误信息，若执行成功，则值为 nil	关闭结果集
	(rs *Rows) Err( ) error	无	error：错误信息，若执行成功，则值为 nil	返回迭代时可能的错误。需在显式或隐式调用 Close 函数后调用

（续表）

主要类或接口	主要函数或属性	参数作用说明	返　回　值	说　明
Stmt （经过 Prepare 函数准备好的语句）	(s *Stmt) Exec(args…interface{}) (Result, error)	args：SQL 语句中的占位参数	Result：对已执行的SQL 命令的总结 error：错误信息，若执行成功，则值为 nil	执行语句。参数 args 表示语句中的占位参数
	(s *Stmt) Query(args…interface{}) (*Rows, error)	args：SQL 语句中的占位参数	*Rows：查询结果集句柄 error：错误信息，若执行成功，则值为 nil	执行查询，返回多行
	(s *Stmt) QueryRow(args…interface{}) *Row	args：SQL 语句中的占位参数	*Row：查询结果行句柄	执行查询，返回一行
	(s *Stmt) Close( ) error	无	error：错误信息，若执行成功，则值为 nil	关闭准备好的语句
Tx（Begin 函数返回的一个进行中的数据库事务）	(tx *Tx) Exec(query string, args…interface{}) (Result, error)	query：要执行的SQL 语句 args：SQL 语句中的占位参数	result：对已执行的SQL 命令的总结 error：错误信息，若执行成功，则值为 nil	执行语句。参数 args 表示 query 中的占位参数
	(tx *Tx) Query(query string, args…interface{}) (*Rows, error)	query：要执行的SQL 语句 args：SQL 语句中的占位参数	*Rows：查询结果集句柄 error：错误信息，若执行成功，则值为 nil	执行查询，返回多行
	(tx *Tx) QueryRow(query string, args…interface{}) *Row	query：要执行的SQL 语句 args：SQL 语句中的占位参数	*Row：查询结果行句柄	执行查询，返回一行。总是返回非 nil 值，直到返回值的 Scan 函数被调用时，才会返回被延迟的错误
	(tx *Tx) Prepare(query string) (*Stmt, error)	query：要准备的SQL 语句	*Stmt：准备好的语句柄 error：错误信息，若执行成功，则值为 nil	准备语句。创建一个准备好的语句，返回的 Stmt 在事务提交或回滚后不能再使用
	(tx *Tx) Stmt(stmt *Stmt) *Stmt	stmt：已存在的语句句柄	*Stmt：当前事务专用的语句句柄	使用已存在的 Stmt 生成当前事务专用的 Stmt
	(tx *Tx) Commit( ) error	无	error：错误信息，若执行成功，则值为 nil	提交事务
	(tx *Tx) Rollback( ) error	无	error：错误信息，若执行成功，则值为 nil	回滚事务

6.4.4　Go 批量执行

Go 语言标准库 database/sql 没有提供批量执行的接口，DM 驱动程序通过执行参数的类型判断是否批量执行。

【例 6-5】 利用 Go 驱动程序实现 DM 插入数据批量执行。

```
// 方便起见，示例忽略了所有错误返回，在实际使用中不建议
db, _ := sql.Open("dm", "dm://SYSDBA:SYSDBA@localhost:5236")
db.Exec("DROP TABLE IF EXISTS TEST")
db.Exec("CREATE TABLE TEST(C1 INT,C2 NUMBER,C3 VARCHAR)")
stmt, _ := db.Prepare("INSERT INTO test VALUES (?,?,?)")
// 批量数据必须为interface二维Slice，第一维是要插入的行数据，第二维是每一行的列数据
var batchArg = [ ][ ]interface{}{{1,1.1,"first"},{2,2.2,"second"},{3,3.3,"third"}}
// 在Exec执行时，除最后一个参数外，其他参数必须为nil
stmt.Exec(nil, nil, batchArg)
```

除了 func(s *Stmt) Exec，如下方法都可以批量执行：func(db *DB) Exec、func(db *DB) ExecContext、func(c *Conn) ExecContext、func(s *Stmt) Exec、func(s *Stmt) ExecContext、func(tx *Tx) Exec、func(tx *Tx) ExecContext。

6.4.5　Go 应用举例

【例 6-6】 利用 Go 驱动程序进行数据库操作，实现插入数据、修改数据、删除数据、数据查询等基本操作。

```
package main
// 引入相关包
import (
    "database/sql"
    "dm"
    "fmt"
    "io/ioutil"
    "time"
)
var db *sql.DB
var err error
func main( ) {
    driverName := "dm"
    dataSourceName := "dm://SYSDBA:SYSDBA@localhost:5236"
    if db, err = connect(driverName, dataSourceName); err != nil {
        fmt.Println(err)
        return
    }
    if err = insertTable( ); err != nil {
```

```
        fmt.Println(err)
        return
    }
    if err = updateTable( ); err != nil {
        fmt.Println(err)
        return
    }
    if err = queryTable( ); err != nil {
        fmt.Println(err)
        return
    }
    if err = deleteTable( ); err != nil {
        fmt.Println(err)
        return
    }
    if err = disconnect( ); err != nil {
        fmt.Println(err)
        return
    }
}

/* 创建数据库连接 */
func connect(driverName string, dataSourceName string) (*sql.DB, error) {
    var db *sql.DB
    var err error
    if db, err = sql.Open(driverName, dataSourceName); err != nil {
        return nil, err
    }
    if err = db.Ping( ); err != nil {
        return nil, err
    }
    fmt.Printf("connect to \"%s\" succeed.\n", dataSourceName)
    return db, nil
}

/* 往产品信息表中插入数据 */
func insertTable( ) error {
    var inFileName = "c:\\三国演义.jpg"
    var sql = 'INSERT INTO production.product(name,author,publisher,publishtime,
            product_subcategoryid,productno,satetystocklevel,originalprice,nowprice,discount,
```

```
                        description,photo,type,papertotal,wordtotal,sellstarttime,sellendtime)
                        VALUES(:1,:2,:3,:4,:5,:6,:7,:8,:9,:10,:11,:12,:13,:14,:15,:16,:17);'
    data, err := ioutil.ReadFile(inFileName)
    if err != nil {
        return err
    }
    t1, _ := time.Parse("2006-Jan-02", "2005-Apr-01")
    t2, _ := time.Parse("2006-Jan-02", "2006-Mar-20")
    t3, _ := time.Parse("2006-Jan-02", "1900-Jan-01")
    _, err = db.Exec(sql, "三国演义", "罗贯中", "中华书局", t1, 4, "9787101046121", 10, 19.0000, 15.2000, 8.0,
        "《三国演义》是中国第一部长篇章回体小说，中国小说由短篇发展至长篇的原因与说书有
        关。",data, "25", 943, 93000, t2, t3)
    if err != nil {
        return err
    }
    fmt.Println("insertTable succeed")
    return nil
}

/* 修改产品信息表数据 */
func updateTable( ) error {
    var sql = "UPDATE production.product SET name = :name WHERE productid = 11;"
    if _, err := db.Exec(sql, "三国演义（上）"); err != nil {
        return err
    }
    fmt.Println("updateTable succeed")
    return nil
}

/* 查询产品信息表 */
func queryTable( ) error {
    var productid int
    var name string
    var author string
    var description dm.DmClob
    var photo dm.DmBlob
    var sql = "SELECT productid,name,author,description,photo FROM production.product WHERE
            productid=11"
    rows, err := db.Query(sql)
    if err != nil {
        return err
```

```
    }
    defer rows.Close( )

    fmt.Println("queryTable results:")
    for rows.Next( ) {
        if err = rows.Scan(&productid, &name, &author, &description, &photo); err != nil {
            return err
        }
        blobLen,_ := photo.GetLength( )
        clobLen,_ := description.GetLength( )
        clobData,_ := description.ReadString(1, int(clobLen))
        fmt.Printf("%v    %v    %v    %v    %v\n", productid, name, author, clobData, blobLen)
    }
    return nil
}

/* 删除产品信息表数据 */
func deleteTable( ) error {
    var sql = "DELETE FROM production.product WHERE productid = 11;"
    if _, err := db.Exec(sql); err != nil {
        return err
    }
    fmt.Println("deleteTable succeed")
    return nil
}

/* 关闭数据库连接 */
func disconnect( ) error {
    if err := db.Close( ); err != nil {
        fmt.Printf("db close failed: %s.\n", err)
        return err
    }
    fmt.Println("disconnect succeed")
    return nil
}
```

第 7 章 数据装载程序设计

在实际应用中，常常需要将大文本数据导入数据库或从数据库中导出。数据装载工具为用户提供了操作简单、性能高效的大文本数据导入/导出手段。本章介绍达梦数据库快速装载接口（DM FLDR）和命令行工具 dmfldr 的相关使用方法。

7.1 DM FLDR 主要功能及应用方法

DM FLDR 提供了将文本数据快速载入数据库，或者将数据库中表数据导出到文本文件的方法，这种方法简单、快速、高效。用户通过使用 DM FLDR 能够把按照一定格式排序的文本数据载入达梦数据库，或者把达梦数据库中的数据按照一定格式导出到文本文件。DM FLDR 既提供了 JNI 和 C 语言开发接口，又提供了快速装载命令行工具 dmfldr。DM FLDR 的主要特点如下。

（1）装载效率高。DM FLDR 能将按一定格式组织的大文本数据，依照一定的规则快速载入达梦数据库。

（2）可以灵活设置导入文本的数据格式。用户可以灵活设置导入文本的数据格式，将数据按照格式导入到数据库中。

（3）自动检查数据的有效性。在一些情况下，导入的数据与达梦数据库系统的数据表字段可能存在一些冲突。例如，当导入字符不符合时间格式的要求时，就会导致数据导入的失败。命令行工具 dmfldr 可以把这些不符合规则的记录分离出来，存放在一个独立的文件中，而符合规则的数据可以被正常导入，从而可以提高数据导入的准确性。

DM FLDR 接口调用的步骤是：①分配用于快速装载实例的句柄；②设置快速装载实例的属性；③初始化当前快速装载实例；④绑定输入列；⑤发送行数；⑥结束装载操作；⑦释放快速装载实例所占用的资源；⑧释放快速装载实例句柄。

7.2 DM FLDR JNI 应用程序设计

DM FLDR JNI 是达梦数据库快速装载数据的 Java 语言接口。DM FLDR JNI 由位于达梦数据库安装目录下的 jar 目录中的 com.dameng.floader.jar 包提供，其中 Instance 类提供了数据装载的所有功能接口，Properties 类定义了各属性变量。

7.2.1 DM FLDR JNI 接口说明

DM FLDR JNI 接口函数如表 7-1 所示。

表 7-1 DM FLDR JNI 接口函数

函数原型	参 数	返 回 值	注 释
boolean allocInstance( )	无	true，false	该函数分配用于快速装载实例的句柄，通过该句柄进行后续的快速装载操作
void free( )	无	无	释放该实例句柄上所有快速装载所占用的资源
bollean setAttribute (int attr_id, String value)	attr_id：属性标识，指出将要设置的属性，关于属性的详细内容参见注释部分。 value：属性值，attr_id 不同，该参数的意义不同	true，false	设置快速装载实例的属性。参照表 7-2 设置属性列表
String getAttribute(int attr_id)	attr_id：属性标识，指出将要获取的属性，属性详细内容参见表 7-2	属性值	参见 setAttribute 函数说明中各属性说明
boolean initializeInstance (String server, String user, String pwd, String table)	server：链接的数据库服务器信息。将被记录到 FLDR_ATTR_SERVER 属性中。 user：登录用户。将被记录到 FLDR_ ATTR_UID 属性中。 pwd：用户密码。将被记录到 FLDR_ ATTR_PWD 属性中。 table：进行快速装载的表。将被记录到 FLDR_ ATTR_TABLE 属性中	true，false	用户可通过 setAttribute 设置属性，初始化快速装载环境，如果用户未指定连接，则根据用户提供的服务器、用户和密码建立服务器的连接
boolean uninitialize( )	无	true，false	释放快速装载实例所占用的资源。调用该函数后可重新初始化快速装载句柄，进行新的数据装载

（续表）

函数原型	参　数	返 回 值	注　释
boolean fldr_Bind_Columns_ex(int colNumber, int type, String datefmt, Object data, int maxcollen, int[] ind_len, int threadNum)	colNumber：绑定列的编号。从 1 开始计数，对应快速装载的表的相应列。 type：用户绑定数据的 Java 类型。 datefmt：当绑定列对应的表中的列为时间日期类型，且绑定的 Java 数据为 String 类型时，该参数为字符串到日期类型的格式串。其他情况时，忽略该绑定输入。 data：指向用于存放数据内存的地址指针。 maxcollen：用于记录单行数据最大的长度。当进行多行绑定时，对于变长的 C 数据类型，根据该参数内容进行计算。对于固定长度的 Java 数据类型，该参数内容被忽略。 ind_len：用户绑定的数据长度指示符。当为批量绑定时，传入的地址为指向 INT 数据类型的数组。如果地址中保存的值为-1，则绑定列的该行数据被视为空值。对于 BINARY 和 CHAR 变长数据类型，用于指明数据的长度。对于其他定长数据类型，忽略其长度。 threadNum：多线程调用，线程序号，单线程传 0	true，false	绑定输入列
boolean fldr_Send_Rows_ex(long rows, int threadNum, int seqNo)	rows：在多行绑定的情况下，指明绑定的行数。 threadNum：多线程调用，线程序号，单线程传 0。 seqNo：数据批次，从 1 开始自增，保证数据有序	true，false	发送行数
bollean finish( )	无	true，false	结束一次批量操作

setAttribute 函数可设置的属性如表 7-2 所示。

表 7-2　DM FLDR JNI setAttribute 函数可设置的属性

属性（attr_id）	属性说明（value）
FLDR_ATTR_SERVER	服务器地址，可以是 IP 地址、本机 localhost 等
FLDR_ATTR_UID	用户名，连接数据库的用户名
FLDR_ATTR_PWD	密码，连接数据库用户对应的密码
FLDR_ATTR_PORT	服务器端口
FLDR_ATTR_TABLE	目标表
FLDR_ATTR_SET_INDENTITY	是否插入自增列（默认 FALSE），如果设置为 TRUE，则服务器将使用指定的数据作为自增列的数据进行插入；如果设置为 FALSE，则对于自增列服务器将自动生成数据插入，忽略指定的数据
FLDR_ATTR_DATA_SORTED	数据是否已按照聚集索引排序，默认 FALSE
FLDR_ATTR_INDEX_OPTION	1：不刷新二级索引，数据按照索引先排序，装载完后再将排序的数据插入索引 2：不刷新二级索引，数据装载完成后重建所有二级索引（默认为 1）
FLDR_ATTR_DATA_SIZE	指出本地缓存数据的最大行数。默认为 1000，最大为 10000，最小为 100

（续表）

属性（attr_id）	属性说明（value）
FLDR_ATTR_INSERT_ROWS	8 字节整数，只读属性，当前发送到服务器的行数
FLDR_ATTR_COMMIT_ROWS	8 字节整数，只读属性，当前提交到数据库的行数
FLDR_ATTR_PROCESS_ROWS	8 字节整数，只读属性，用户绑定的数据行数
FLDR_ATTR_SEND_NODE_NUM	发送链表节点个数，默认 128，最大为 20480，最小为 16。多线程处理中每个线程所支配的向服务器发送数据节点的个数
FLDR_ATTR_TASK_THREAD_NUM	任务线程数
FLDR_ATTR_BAD_FILE	记录出错数据的文件，出错数据将全部使用字符串表示
FLDR_ATTR_DATA_CHAR_SET	设置输入数据字符类型的字符集
FLDR_ATTR_LOG_FILE	指定日志记录文件
FLDR_ATTR_ERRORS_PERMIT	4 字节整数。允许出现错误数据的行数，超过该值装载将报错
FLDR_ATTR_SSL_PATH	在加密通信模式下加密证书的路径
FLDR_ATTR_SSL_PWD	加密证书的密钥
FLDR_ATTR_LOCAL_CODE	指定本地字符集
FLDR_ATTR_MPP_LOCAL_FLAG	指明是否是 MPP 模式下的单节点数据。默认为 FALSE
FLDR_ATTR_NULL_MODE	载入 NULL 字符串时是否作为空值处理，默认为 FALSE
FLDR_ATTR_SERVER_BLDR_NUM	2 字节整数。服务器 BLDR 数目，通常多于线程数
FLDR_ATTR_BDTA_SIZE	4 字节整数。每次填充数据的行数
FLDR_ATTR_COMPRESS_FLAG	待发送的数据是否先压缩，默认为 FALSE
FLDR_ATTR_FLUSH_FLAG	指定提交数据时服务器的处理方式。若设置为 TRUE，则服务器将数据写入磁盘后才返回响应消息；若设置为 FALSE，则服务器确认数据正确后就返回响应消息，之后才将数据写入磁盘

7.2.2 DM FLDR JNI 应用示例

【例 7-1】将文本文件 testfldrdata.txt 数据（存放人员中奖信息）载入数据库 T_TESTFLDR 表。使用 Eclipse 工具开发，具体方式如下。

1. 构建测试表和数据

使用 SYSDBA 用户创建 T_TESTFLDR 表，表结构如下（C1 是自增列，并且为主键）：

```
CREATE TABLE T_TESTFLDR(
    C1 INT IDENTITY PRIMARY KEY,
    C2 DATE,
    C3 VARCHAR(50),
    C4 VARCHAR(200)
);
```

testfldrdata.txt 数据文件内容如下。

```
11|2020-13-04 09:32:01|刘目|荣耀手机
12|2020-03-04 10:34:34|陈明|小米空气净化器
```

```
13|2020-03-04 12:52:41|杜飞|亚太厨房油烟机
14|2020-03-04 13:10:04|戈薇|iPAD AIR
15|2020-03-04 19:22:23|犬夜叉|飞利浦剃须刀
16|2020-03-05 08:14:24|张飞|小米加湿器
17|2020-03-05 09:12:51|邱目|松下吹风机
18|2020-03-05 10:38:45|李四|黄鹤楼一日游
19|2020-03-05 10:52:41|高飞|古典老师《跃迁》书一本
20|2020-03-05 11:32:20|李俊杰|《好妈妈胜过好老师》书一本
21|2020-03-06 12:52:06|张颖|《你就是孩子最好的玩具书》书一本
22|2020-03-06 13:32:12|王将|腾讯会员1年
```

2. 配置 Java 构建路径

在工程的构建路径属性配置界面中单击“添加外部 JAR”按钮，选择“com.dameng.floader.jar”包，并选择本地库位置，填写达梦数据库安装（驱动）（/bin 或/drivers/fldr）目录，如图 7-1 所示。

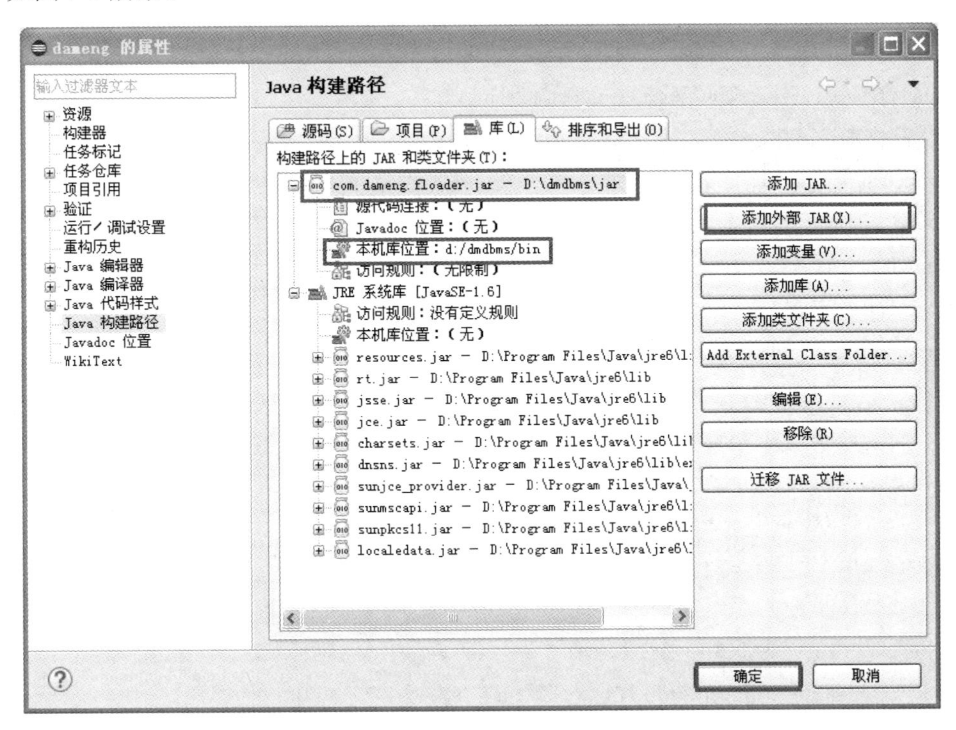

图 7-1　DM FLDR Java 构建路径配置

3. 编写装载类

在 Java 工程中新建 TestFloader 类，代码中定义了错误数据文件 BADFILE、日志文件 LOGFILE、自增列等属性。BADFILE、LOGFILE 分别指定为 D:\test 下 BADFILE.txt、FLDRDATA.log 文件；自增列 FLDR_ATTR_SET_INDENTITY 属性设置为 1（TRUE），表

示服务器将使用指定的数据作为自增列的数据进行插入。参考代码如下：

```
package com.dameng;

import java.io.BufferedReader;
import java.io.File;
import java.io.FileInputStream;
import java.io.FileReader;
import java.io.InputStreamReader;
import java.io.LineNumberReader;

import com.dameng.floader.DataTypes;
import com.dameng.floader.Instance;
import com.dameng.floader.Properties;

public class TestFloader {
  // 初始化
  public boolean init(Instance instance, String tableName) {
    // 分配快速装载对象实例句柄
    instance.allocInstance( );
    // 设置属性
    String host = "localhost";
    String port = "5236";
    String userName = "SYSDBA ";
    String password = "SYSDBA";
    instance.setAttribute(Properties.FLDR_ATTR_SERVER, host);
    instance.setAttribute(Properties.FLDR_ATTR_PORT, port);
    instance.setAttribute(Properties.FLDR_ATTR_UID, userName);
    instance.setAttribute(Properties.FLDR_ATTR_PWD, password);
    /* 是否插入自增列（默认FALSE），TRUE表示服务器将使用指定的数据作为自增列的数据
    进行插入，如果为FALSE，则对于自增列服务器将自动生成数据插入，忽略指定的数据 */
    instance.setAttribute(Properties.FLDR_ATTR_SET_INDENTITY, "1");
    // 本地缓冲数据的最大行数
    instance.setAttribute(Properties.FLDR_ATTR_DATA_SIZE, "2000");
    // 记录出错的信息和装载日志
    instance.setAttribute(Properties.FLDR_ATTR_BAD_FILE, "d:\\test\\BADFILE.txt");
    instance.setAttribute(Properties.FLDR_ATTR_LOG_FILE, "d:\\test\\FLDRDATA.log");
    // 初始化当前快速装载实例
```

```
    boolean success = instance.initializeInstance(null, null, null, tableName);
    return success;
  }
  public static void main(String[] args) {
    Instance instance = new Instance( );
    TestFloader floader = new TestFloader( );
    /* ***************************初始化******************************* */
    String tableName = "t_testfldr";
    boolean success = floader.init(instance, tableName);
    if (success) {
      try {
        String encoding = "GBK"; // 字符编码（可解决中文乱码问题）
        File file = new File("d:\\test\\testfldrdata.txt");
        if (file.isFile( ) && file.exists( )) {
        //读入数据文件，获取文件行数
        FileReader read1 = new FileReader(file);
        LineNumberReader lnr = new LineNumberReader(read1);
        //开始一个字符一个字符地跳过，直到最后一个字符读取完成。
        lnr.skip(Long.MAX_VALUE);
        //获取数据文件记录数
        int rowcnt = lnr.getLineNumber( ) + 1;
        lnr.close( );
        read1.close( );
        /* ****************读取文件，获取每行数据******************* */
        FileInputStream fileinput = new FileInputStream(file);
        InputStreamReader read = new InputStreamReader(fileinput, encoding);
        BufferedReader bufferedReader = new BufferedReader(read);
        String lineTXT = null;
        String[ ] str = null;
        /* **************定义第1～4列各字段相关变量************** */
        //定义各字段总长度
        int c2_len = 0, c3_len = 0, c4_len = 0;
        //定义各字段数据
        int c1[ ] = new int[rowcnt];
        String c2[ ] = new String [rowcnt];
        String c3[ ] = new String [rowcnt];
        String c4[ ] = new String [rowcnt];
        byte[ ][ ] byteArray_c2 = new byte[rowcnt][ ];
```

```
byte[ ][ ] byteArray_c3 = new byte[rowcnt][ ];
byte[ ][ ] byteArray_c4 = new byte[rowcnt][ ];
//定义各字段的每行长度
int c1_ind[ ] = new int[rowcnt], c2_ind[ ] = new int[rowcnt];
int c3_ind[ ] = new int[rowcnt], c4_ind[ ] = new int[rowcnt];
int cnt = 0; //行数
//循环读取文件中数据
while ((lineTXT = bufferedReader.readLine( )) != null) {
   //System.out.println("line="+cnt+"--"+lineTXT.toString( ));
   //每行数据使用|拆分各列
   str = lineTXT.toString( ).split("\\|");
   //第1列值设置
   c1[cnt] = Integer.parseInt(str[0]);
   c1_ind[cnt] = 4;
   //第2列值设置
   c2[cnt] = str[1];
   byteArray_c2[cnt] = c2[cnt].getBytes( ); //转化为字节数组
   c2_ind[cnt] = byteArray_c2[cnt].length;
   c2_len = c2_len + c2_ind[cnt];
   //第3列值设置
   c3[cnt] = str[2];
   byteArray_c3[cnt] = c3[cnt].getBytes( );
   c3_ind[cnt] = byteArray_c3[cnt].length;
   c3_len = c3_len + c3_ind[cnt];
   //第4列值设置
   c4[cnt] = str[3];
   byteArray_c4[cnt] = c4[cnt].getBytes( );
   c4_ind[cnt] = byteArray_c4[cnt].length;
   c4_len = c4_len + c4_ind[cnt];
   //行数更新
   cnt = cnt + 1;
}
read.close( );
System.out.println("文件记录数:" + cnt);
//数据转载，绑定输入列，依次绑定第1～4列
instance.fldr_Bind_Columns_ex(1, DataTypes.FLDR_C_INT, null, c1, 4, c1_ind, 1);
instance.fldr_Bind_Columns_ex(2, DataTypes.FLDR_C_CHAR,
"YYYY-MM-DD HH24:mi:ss", byteArray_c2, c2_len, c2_ind, 1);
```

```
        instance.fldr_Bind_Columns_ex(3, DataTypes.FLDR_C_CHAR,null, byteArray_c3, c3_len, c3_ind, 1);
        instance.fldr_Bind_Columns_ex(4, DataTypes.FLDR_C_CHAR,null, byteArray_c4, c4_len, c4_ind, 1);
        //数据装载，发送行数、线程数
        instance.fldr_Send_Rows_ex(cnt, 1, 1);
        }
        else {
          System.out.println("找不到指定的文件！");
        }
        } catch (Exception e) {
          e.printStackTrace( );
        }
      }
        /* ***************************释放******************************** */
        if (!success) {
            String message = instance.getErrorMsg();
            System.out.println("数据装载失败，错误信息:" + message);
            instance.free( );
        } else {
       instance.finish( );           //结束装载操作
       // 返回实际插入的行数
       long commitrows =
       Long.parseLong(instance.getAttribute(Properties.FLDR_ATTR_COMMIT_ROWS));
       System.out.println("数据装载成功。提交到数据库的行数:" + commitrows);
       instance.unitialize( );    //释放快速装载实例所占用的资源
       instance.free( );              //释放快速装载实例句柄
    }
  }
}
```

4. 运行应用程序，查看装载结果

（1）运行 TestFloader 类，运行方式选择“Java 应用程序”，程序运行完成后，控制台打印出程序运行日志。

```
文件记录数:12
数据装载成功。提交到数据库的行数:11
```

（2）查看程序中指定的错误数据文件 BADFILE.txt，里面有一条异常记录，从异常数据中可以看出时间格式（2020-13-04）不符合 YYYY-MM-DD 的正常时间格式，所以装载失败。

```
dmfldr: 2020-03-28 13:37:05    T_TESTFLDR
dmfldr: 2020-03-28 13:37:05 DMHR->T_TESTFLDR 11|2020-13-04 09:32:01|刘目|荣耀手机
```

（3）查看 T_TESTFLDR 表数据（因为自增列属性代码中指定为 1（TRUE），所以 C1

自增列字段插入的是 testfldrdata.txt 第一列数据），如图 7-2 所示。

	C1 INT	C2 DATETIME(6)	C3 VARCHAR(50)	C4 VARCHAR(200)
1	12	2020-03-04 10:34:34.000000	陈明	小米空气净化器
2	13	2020-03-04 12:52:41.000000	杜飞	亚太厨房油烟机
3	14	2020-03-04 13:10:04.000000	戈薇	iPAD AIR
4	15	2020-03-04 19:22:23.000000	犬夜叉	飞利浦剃须刀
5	16	2020-03-05 08:14:24.000000	张飞	小米加湿器
6	17	2020-03-05 09:12:51.000000	邱目	松下吹风机
7	18	2020-03-05 10:38:45.000000	李四	黄鹤楼一日游
8	19	2020-03-05 10:52:41.000000	高飞	古典老师《跃迁》书一本
9	20	2020-03-05 11:32:20.000000	李俊杰	《好妈妈胜过好老师》书一本
10	21	2020-03-06 12:52:06.000000	张颖	《你就是孩子最好的玩具书》书一本
11	22	2020-03-06 13:32:12.000000	王将	腾讯会员1年

图 7-2　查看 DM FLDR Java 工程导入数据结果

（4）再次运行 TestFloader 类，运行方式选择“Java 应用程序”，控制台打印出日志：

```
文件记录数：12
提交到数据装载成功。提交到数据库的行数：0。
```

（5）查看日志文件 FLDRDATA.log，日志中记录了数据装载异常时间和异常原因：

```
dmfldr: 2020-03-28 14:09:17　违反唯一性约束
```

由于 T_TESTFLDR 表中的 C1 列为主键，主键值冲突导致数据导入失败。但此时错误数据文件 BADFILE.txt 中仍然只记录了时间异常的那条数据，其他导入失败的数据未计入。这是因为 BADFILE 文件中只记录解析失败的数据，对于约束等原因导致的数据库插入失败，BADFILE 文件中不记录。

（6）将代码中的 FLDR_ATTR_SET_INDENTITY 属性设置为 0（FALSE），再次运行 TestFloader 类，测试数据是否可以正常插入，此时 C1 自增列服务器自动生成数据插入，指定的列数据被忽略。

7.3 DM FLDR C 应用程序设计

DM FLDR C 是将文本数据载入 DM 的 C 语言接口。

7.3.1 DM FLDR C 接口说明

DM FLDR C 主要接口函数如表 7-3 所示。DM FLDR C 接口有以下 5 种返回值：①FLDR_SUCCESS，接口成功执行；②FLDR_ERROR，接口执行出错，③FLDR_INVALID_HANDLE，用户使用错误的句柄；④FLDR_SUCCESS_WITH_INFO，接口执行成功但有警告信息；⑤FLDR_NO_DATA，数据未找到。

表 7-3　DM FLDR C 主要接口函数

函数原型	参　　数	返　回　值	注　　释
FLDR_RETURN fldr_alloc(fhinstance *instance)	instance（输出）：快速装载实例的句柄	FLDR_SUCCESS、FLDR_ERROR	该函数分配用于快速装载实例的句柄。用户必须首先调用该函数获得快速装载的实例句柄，只有通过该句柄才能进行后续的快速装载操作
FLDR_RETURN fldr_free(fhinstance instance)	instance（输入）：快速装载实例的句柄	FLDR_SUCCESS、FLDR_ERROR、FLDR_INVALID_HANDLE	释放该实例句柄上所有快速装载所占用的资源。 如果用户调用 fldr_initialize 函数进行初始化，而没有调用 fldr_uninitialize 函数通知装载结束，则调用此函数将会自动结束装载，未使用 fldr_batch 函数或 fldr_finish 函数进行提交的行将会被抛弃
FLDR_RETURN fldr_set_attr(fhinstance instance, fsint4 attrid, fpointer value, fsint4 length)	instance（输入）：快速装载实例的句柄。 attrid（输入）：属性标识，指出将要设置的属性，关于属性的详细内容参见表 7-4。 value（输入）：属性值，根据 attrid 的不同该参数的意义不同，其可能是 32 位的整数或指向一片内存的指针。 length（输入）：属性值长度。当 value 参数为指向一片内存数据的指针时，该参数用来指出该内存数据的长度；当 value 作为整数传入时，该参数忽略其意义	FLDR_SUCCESS、FLDR_ERROR、FLDR_INVALID_HANDLE	该函数在调用 fldr_initialize 函数之前被调用，用户可根据本地及服务器的环境特征设置本次快速装载的属性，从而获得较高的效率。在调用 fldr_initialize 函数之后调用此函数将返回错误。 可设置属性参见表 7-4
FLDR_RETURN fldr_get_attr(fhinstance instance, fsint4 attrid, fpointer buffer, fsint4 buf_sz,fsint4* length)	instance（输入）：快速装载实例的句柄。 attrid（输入）：属性标识，指出将要获取的属性，关于属性详细内容参见表 7-4。 buffer（输出）：将属性值填入 buffer 所指向的内存。 buf_sz（输入）：属性缓冲区的长度。 length（输出）：向 buffer 指向的缓冲区填写的数据长度	FLDR_SUCCESS、FLDR_ERROR、FLDR_INVALID_HANDLE	获取快速装载实例的属性。参见 fldr_set_attr 函数的各属性说明
FLDR_RETURN fldr_uninitialize(fhinstance instance, fint4 flag)	instance（输入）：快速装载实例的句柄。 flag（输入）：指出是否对已插入的数据进行事务提交。取值 FLDR_UNINITILIAZE_COMMIT 为是，取值 FLDR_UNINITILIAZE_ROLLBACK 为否。如果用户调用了 fldr_finish 函数结束导入，则该参数将不起作用	FLDR_SUCCESS、FLDR_ERROR、FLDR_INVALID_HANDLE	用于释放快速装载实例所占用的资源。用户在调用该函数后可重新初始化快速装载句柄，进行新的数据装载

（续表）

函数原型	参　数	返 回 值	注　释
FLDR_RETURN fldr_initialize(fhinstance instance, fint4 type, fpointer conn, fchar* server, fchar * uid, fchar* pwd, fchar* table)	instance（输入）：快速装载实例的句柄。 type （输入）：可用值为 FLDR_TYPE_BIND，用户使用绑定方式进行装载。 conn（输入）：通过 DPI 分配的连接对象，如果该参数不为 NULL 值，则使用用户指定的连接作为导入的连接，忽略 server、uid、pwd 参数。 server（输入）：连接的服务器。将被记录到实例的 FLDR_ATTR_SERVER 属性中。 uid（输出）：登录用户。将被记录到实例的 FLDR_ATTR_UID 属性中。 pwd（输入）：用户密码。将被记录到实例的 FLDR_ATTR_PWD 属性中。 table（输入）：进行快速装载的表。将被记录到实例的 FLDR_ATTR_TABLE 属性中	FLDR_SUCCESS、FLDR_SUCCESS_WITH_INFO、FLDR_ERROR、FLDR_INVALID_HANDLE	根据用户通过 fldr_set_attr 函数设置的属性初始化快速装载环境，如果用户未指定连接，则根据用户提供的服务器、用户和密码，建立到服务器的连接
FLDR_RETURN fldr_bind(fhinstance instance, fsint2 col_idx, fsint2 type, fchar* date_fmt, fpointer data, fsint4 data_len, fsint4* ind_len)	instance（输入）：快速装载实例的句柄。 col_idx（输入）：绑定列的编号。从 1 开始计数，对应快速装载的表的相应列。 type（输入）：用户绑定数据的 C 数据类型。 date_fmt（输入）：当绑定列对应的表中的列为时间日期类型，且绑定的 C 数据类型为 FLDR_C_CHAR 类型时，该参数为字符串到日期类型的格式串。其他情况时，忽略该绑定输入。 data（输入）：指向用于存放数据内存的地址指针，可在 fldr_sendrows 之前对其进行填充，快速装载接口在用户调用 fldr_sendrows 时读取数据内容。 data_len（输入）：用于记录单行数据最大的长度。当进行多行绑定的时候，对于变长的 C 数据类型，根据该参数内容进行计算。对于固定长度的 C 数据类型，该参数内容被忽略。 ind_len（输入）：用户绑定的数据长度指示符。当为批量绑定时，传入的地址为指向 fsint4 类型的数组。如果地址中保存的值为 FLDR_DATA_NULL，则绑定列的该行数据被视为空值。FLDR_C_BINARY 和 FLDR_C_CHAR 变长数据类型用于指明数据的长度。对于其他定长数据类型，忽略其长度	FLDR_SUCCESS、FLDR_ERROR、FLDR_INVALID_HANDLE	绑定输入列。支持绑定的 C 数据类型如下。 变长二进制：FLDR_C_BINARY； 变长字符：FLDR_C_CHAR； 定长 1 字节整型：FLDR_C_BYTE； 定长 2 字节整型：FLDR_C_SHORT； 定长 4 字节整型：FLDR_C_INT； 定长 8 字节整型：FLDR_C_BIGINT； 定长单精度浮点：FLDR_C_FLOAT； 定长双精度浮点数：FLDR_C_DOUBLE

（续表）

函数原型	参　　数	返　回　值	注　　释
FLDR_RETURN fldr_bind_nth(fhinstance instance, fsint2 col_idx, fsint2 type, fchar* date_fmt, fpointer str_binds, fpointer data, fsint4 col_len, fsint4 data_len, fsint4* ind_len, fsint4 nth)	instance（输入）：同 fldr_bind 函数。 col_idx（输入）：同 fldr_bind 函数。 type（输入）：同 fldr_bind 函数。 date_fmt（输入）：同 fldr_bind 函数。 str_binds（输入）：字符串绑定内存。 data（输入）：同 fldr_bind 函数。 col_len（输入）：列定义长度。 data_len（输入）：同 fldr_bind 函数。 ind_len（输入）：同 fldr_bind 函数。 nth（输入）：多线程绑定，第几个线程，从 0 开始	FLDR_SUCCESS、FLDR_ERROR、FLDR_INVALID_HANDLE	绑定输入列，fldr_bind 函数的多线程版本。支持绑定的 C 数据类型同 fldr_bind 函数
FLDR_RETURN fldr_sendrows(fhinstance instance, fint4 rows)	instance（输入）：快速装载实例的句柄。 rows（输入）：在多行绑定的情况，指明绑定的行数	FLDR_SUCCESS、FLDR_ERROR、FLDR_INVALID_HANDLE	发送行数
FLDR_RETURN fldr_sendrows_nth(fhinstance instance, fsint4 rows, fsint4 nth, fsint4 seq_no)	instance（输入）：同 fldr_sendrows 函数。 rows（输入）：同 fldr_sendrows 函数。 nth（输入）：多线程版本，第几个线程。 seq_no（输入）：数据批次的序号	FLDR_SUCCESS、FLDR_ERROR、FLDR_INVALID_HANDLE	发送行数，fldr_sendrows 函数的多线程版本
FLDR_RETURN fldr_batch(fhinstance instance, fsint8 *rows)	instance（输入）：快速装载实例的句柄。 rows（输出）：批量提交的行数	FLDR_SUCCESS、FLDR_ERROR、FLDR_INVALID_HANDLE	将上一次调用 fldr_batch 函数之后所有 fldr_sendrows 函数装载的行进行提交，永久保存到数据库中
FLDR_RETURN fldr_finish(fhinstance instance)	instance（输入）：快速装载实例的句柄	FLDR_SUCCESS、FLDR_ERROR、FLDR_INVALID_HANDLE	结束一次批量操作
FLDR_RETURN fldr_get_diag(fhinstance instance, fsint4 rec_num, fint4 err_code, fchar* err_msg, fint4 buf_sz, fint4 *msg_len)	instance（输入）：快速装载实例的句柄。 rec_num（输入）：诊断信息索引号。 err_code（输出）：发生错误的错误码。 err_msg（输出）：错误消息缓冲区。 buf_sz（输入）：缓冲区大小。 msg_len（输出）：错误信息在缓冲区中占用空间的大小	FLDR_SUCCESS、FLDR_ERROR、FLDR_INVALID_HANDLE、FLDR_NO_DATA	获取出错时的诊断信息。当用户调用快速装载接口返回 FLDR_ERROR 时，可通过该函数获取出错的错误信息，进行当前状况的判断。该函数出现错误将不会生成任何诊断信息
FLDR_RETURN fldr_exec_ctl_low(fhinstance instance, fchar* ctl_buffer, fsint4 fldr_type, fsint8* row_count)	instance（输入）：快速装载实例的句柄。 ctl_buffer（输入）：控制文件 buffer。 fldr_type（输入）：数据装载类型。 row_count（输出）：返回成功装载的行数	FLDR_SUCCESS、FLDR_ERROR	类似命令行工具，通过控制文件，执行数据装载。此接口让用户可以通过自定义程序实现数据的快速装载

DM FLDR C 函数可设置的属性如表 7-4 所示。

表 7-4　DM FLDR C 函数可设置的属性

属性（attri）	属性说明（value）	value 类型（只针对 C 接口有效）
FLDR_ATTR_SERVER	数据库服务器的地址信息	指针
FLDR_ATTR_UID	用户名。连接数据库使用的用户名	指针
FLDR_ATTR_PWD	密码	指针
FLDR_ATTR_PORT	服务器端口	整数
FLDR_ATTR_TABLE	目标表	指针
FLDR_ATTR_SET_INDENTITY	是否插入自增列（默认 FALSE）。如果设置为 TRUE，则服务器将使用指定的数据作为自增列的数据进行插入；如果为 FALSE，则对于自增列服务器将自动生成数据插入，忽略指定的数据	整数
FLDR_ATTR_DATA_SORTED	数据是否已按照聚集索引排序。默认为 FALSE	整数
FLDR_ATTR_INDEX_OPTION	1：不刷新二级索引，数据按照索引先排序，装载完后再将排序的数据插入索引（默认为 1） 2：不刷新二级索引，数据装载完成后重建所有二级索引	整数
FLDR_ATTR_DATA_SIZE	指出本地缓冲数据的最大行数。默认为 1000，最大为 10000，最小为 100	整数
FLDR_ATTR_INSERT_ROWS	8 字节整数。只读，当前发送到服务器的行数	整数
FLDR_ATTR_COMMIT_ROWS	8 字节整数。只读，当前提交到数据库的行数	整数
FLDR_ATTR_PROCESS_ROWS	8 字节整数。只读，用户绑定的数据行数	整数
FLDR_ATTR_SEND_NODE_NUM	发送链表节点个数，默认 128 个，最大 20480 个，最小 16 个。多线程处理中每个线程所支配的向服务器发送数据节点的个数	整数
FLDR_ATTR_TASK_THREAD_NUM	任务线程数	整数
FLDR_ATTR_BAD_FILE	记录出错数据的文件，出错数据将全部使用字符串表示	指针
FLDR_ATTR_DATA_CHAR_SET	设置输入数据字符类型的字符集	整数
FLDR_ATTR_LOG_FILE	指定日志记录文件	指针
FLDR_ATTR_ERRORS_PERMIT	4 字节整数。允许出现错误数据的行数，超过该值装载将报错	整数
FLDR_ATTR_SSL_PATH	在加密通信模式下加密证书的路径	指针
FLDR_ATTR_SSL_PWD	加密证书的密钥	指针
FLDR_ATTR_LOCAL_CODE	指定本地字符集	整数
FLDR_ATTR_MPP_LOCAL_FLAG	指明是否是 MPP 模式下的单节点数据，默认为 FALSE	整数
FLDR_ATTR_NULL_MODE	载入 NULL 字符串时是否作为空值处理，默认为 FALSE	整数
FLDR_ATTR_SERVER_BLDR_NUM	2 字节整数。服务器 BLDR 数目，通常多于线程数	整数
FLDR_ATTR_BDTA_SIZE	4 字节整数。每次填充数据的行数	整数
FLDR_ATTR_COMPRESS_FLAG	待发送的数据是否先压缩，默认为 FALSE	整数
FLDR_ATTR_FLUSH_FLAG	指定提交数据时服务器的处理方式。若设置为 TRUE，则服务器将数据写入磁盘后才返回响应消息；若设置为 FALSE，则服务器确认数据正确后就返回响应消息，之后才将数据写入磁盘	整数

7.3.2 DM FLDR C 应用示例

C 语言程序在编译的过程中需要用到达梦数据库的头文件 fldr.h，以及在连接阶段需要用到 dmfldr_dll.lib 库文件，该文件位于达梦数据库安装目录的\include 或\drivers\fldr 目录下。在执行阶段需要用到的动态库在安装目录\drivers\dmfldr 下。

【例 7-2】将文本文件 testfldrdata.txt 数据载入数据库 T_TESTFLDR 表中。使用 Microsoft Visual Studio 2012 工具开发，具体方式如下。

1. 构建测试表和数据

测试表和数据参考 7.2.2 节的表和数据使用。

2. 新建 C++项目，配置工程属性

在 Visual Studio 工程中执行“文件|新建|项目”命令，所有语言中设置为“C++”，所有平台设置为“Windows”，所有项目类型设置为“控制台”，单击“下一步”按钮，填写项目名称（如 dameng），指定项目位置，单击“创建”按钮。

将 DM drivers 目录加入系统环境变量 PATH 中。

执行“项目|属性”命令，打开工程属性配置界面，在“C/C++”节点选择“常规”选项，“附加包含目录”行添加 DM 安装目录\include，并将“SDL 检查”行设置为“否”，如图 7-3 所示。

图 7-3 DM FLDR C 工程属性配置

在“链接器”节点选择“常规”选项，“附加库目录”行增加 DM 安装目录的\include 或\drivers\fldr 目录，如图 7-4 所示。

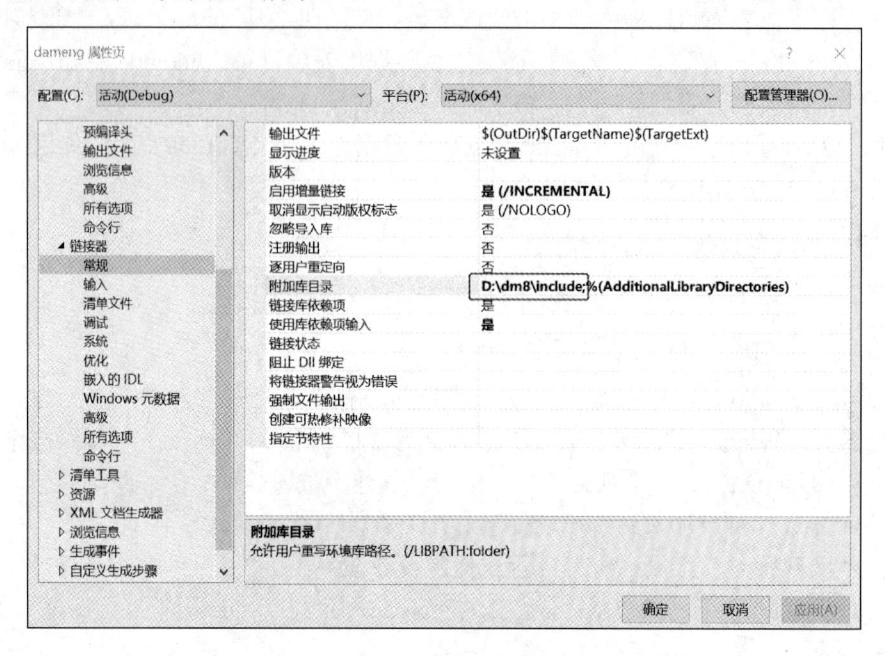

图 7-4　DM FLDR C 工程链接器配置（常规）

在“链接器”节点选择“输入”选项，在“附加依赖项”行添加程序所依赖的库文件“dmfldr_dll.lib”，单击“确定”按钮，如图 7-5 所示。

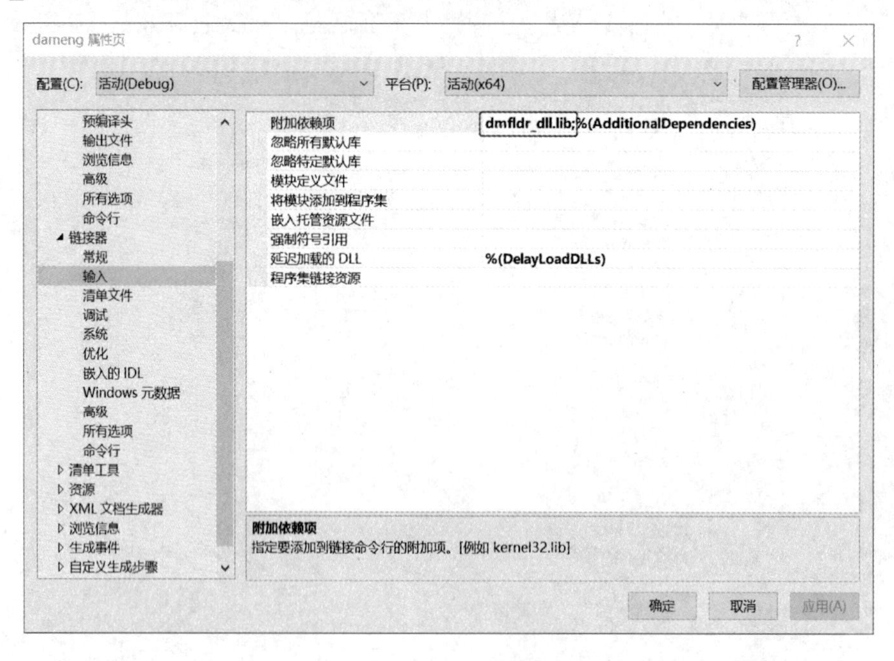

图 7-5　DM FLDR C 工程链接器配置（输入）

3. 编写装载类

新增 TestFloder.c 文件，编写代码，调用自增列 FLDR_ATTR_SET_INDENTITY 属性设置为 1（TRUE），表示服务器将使用指定的数据作为自增列的数据进行插入。参考代码如下：

```
#include <stdio.h>
#include <stdlib.h>
#include <string.h>
#include "fldr.h"
#define N 1000          //定义文件记录数
#define F_PATH "D:\\test\\testfldrdata.txt"          //定义文件路径
//读取文件数据
int readdata(int* c1, char c2[][50], char c3[][100], char c4[][100], int* num)
{
    char* delim = "|";
    char line[N] = { 0 };
    int i = 0;
    char* buf;
    //以只读方式打开文件
    FILE* fp = fopen(F_PATH, "r");
    if (fp == NULL) {
        printf("can not load file!");
        return 1;
    }
    else {
        while (fgets(line, N, fp) != NULL) {
            //依次获取1～4列
            c1[i] = atoi(strtok(line, delim));
            buf = strtok(NULL, delim);
            strcpy(c2[i], buf);
            buf = strtok(NULL, delim);
            strcpy(c3[i], buf);
            buf = strtok(NULL, delim);
            strcpy(c4[i], buf);
            //printf("%d,%d,%s,%s,%s\n",i,c1[i],c2[i],c3[i],c4[i]);
            i++;
        }
        fclose(fp);
    }
```

```
    *num = i;
    return 0;
}

//获取错误FLDR装载的错误信息，并打印
void fldr_err_msg_print(fhinstance    instance)
{
    int err_code;
    int msg_len;
    signed char err_msg[1000];
    //获取错误信息集合
    fldr_get_diag(instance, 1, &err_code, err_msg, sizeof(err_msg), &msg_len);
    printf("err_msg = %s, err_code = %d\n", err_msg, err_code);
}
int main( )
{
    int c1_len[N];
    int c2_len[N];
    int c3_len[N];
    int c4_len[N];
    int c1[N] = { 0 };
    char c2[N][50] = { 0 };
    char c3[N][100] = { 0 };
    char c4[N][100] = { 0 };
    int i, num = 0;
    //读取文件数据
    readdata(c1, c2, c3, c4, &num);
    printf("文件记录数：%d\n", num);
    for (i = 0; i < num; i++) {
        c1_len[i] = 0;
        c2_len[i] = strlen(c2[i]);
        c3_len[i] = strlen(c3[i]);
        c4_len[i] = strlen(c4[i]);
        //printf("%d|%s|%s|%s",c1[i],c2[i],c3[i],c4[i]);
    }
    fhinstance instance;
    FLDR_RETURN rt;     //定义操作返回值
```

```
//分配快速装载对象实例
rt = fldr_alloc(&instance);
if (FLDR_SUCCESS != rt) {
    fldr_err_msg_print(instance);
    return rt;
}

/* 设置快速装载实例的属性 */
fldr_set_attr(instance, FLDR_ATTR_SERVER, "localhost", 20);
fldr_set_attr(instance, FLDR_ATTR_UID, "SYSDBA", 20);
fldr_set_attr(instance, FLDR_ATTR_PWD, "SYSDBA", 20);
fldr_set_attr(instance, FLDR_ATTR_PORT, 5236, 4);
//CREATE TABLE t_testfldr(C1 INT, C2 timestamp, C3 VARCHAR2(100), C4 VARCHAR2(100));
fldr_set_attr(instance, FLDR_ATTR_TABLE, "t_testfldr", 30);
fldr_set_attr(instance, FLDR_ATTR_SET_INDENTITY, 0, 4);            //设置自增列属性
fldr_set_attr(instance, FLDR_ATTR_BAD_FILE, "D:\\test\\badfile.txt", 100);    //设置错误数据文件
fldr_set_attr(instance, FLDR_ATTR_LOG_FILE, "D:\\test\\logfile.log", 100);    //设置日志文件

//初始化快速装载实例
rt = fldr_initialize(instance, FLDR_TYPE_BIND, NULL, NULL, NULL, NULL, NULL);
if (FLDR_SUCCESS != rt) {
    fldr_err_msg_print(instance);
    return rt;
}

//绑定输入列。第1列，int类型
rt = fldr_bind_nth(instance, 1, FLDR_C_INT, NULL, NULL, c1, 4, 0, c1_len, 0);
//如果返回结果不成功，则返回错误并打印异常信息
if (FLDR_SUCCESS != rt) {
    fldr_err_msg_print(instance);
    return rt;
}

//绑定输入列。 第2列，datetime类型
rt = fldr_bind_nth(instance, 2, FLDR_C_CHAR, "yyyy-mm-dd hh:mi:ss", NULL, c2, 50, N * 50, c2_len, 0);
if (FLDR_SUCCESS != rt) {
    fldr_err_msg_print(instance);
    return rt;
```

```
}

//绑定输入列。 第3列，字符varchar类型
rt = fldr_bind_nth(instance, 3, FLDR_C_CHAR, NULL, NULL, c3, 100, N * 100, c3_len, 0);
if (FLDR_SUCCESS != rt) {
    fldr_err_msg_print(instance);
    return rt;
}

//绑定输入列。 第4列，字符varchar类型
rt = fldr_bind_nth(instance, 4, FLDR_C_CHAR, NULL, NULL, c4, 100, N * 100, c4_len, 0);
if (FLDR_SUCCESS != rt) {
    fldr_err_msg_print(instance);
    return rt;
}

//发送行数
rt = fldr_sendrows_nth(instance, num, 0, 1);
if (FLDR_SUCCESS != rt) {
    fldr_err_msg_print(instance);
    return rt;
}

//结束批量操作
rt = fldr_finish(instance);
if (FLDR_SUCCESS != rt) {
    fldr_err_msg_print(instance);
    return rt;
}

//释放快速装载实例所占用的资源
rt = fldr_uninitialize(instance, FLDR_UNINITILIAZE_COMMIT);
if (FLDR_SUCCESS != rt) {
    fldr_err_msg_print(instance);
    return rt;
}

//释放快速装载实例句柄
```

```
    rt = fldr_free(instance);
    if (FLDR_SUCCESS != rt) {
        fldr_err_msg_print(instance);
        return rt;
    }
    return 0;
}
```

4. 运行应用程序，查看装载结果

（1）单击“本地 Windows 调试器”按钮运行程序，弹出 Microsoft Visual Studio 调试控制台。控制台显示文件记录数为 12，11 行记录已提交，如图 7-6 所示。

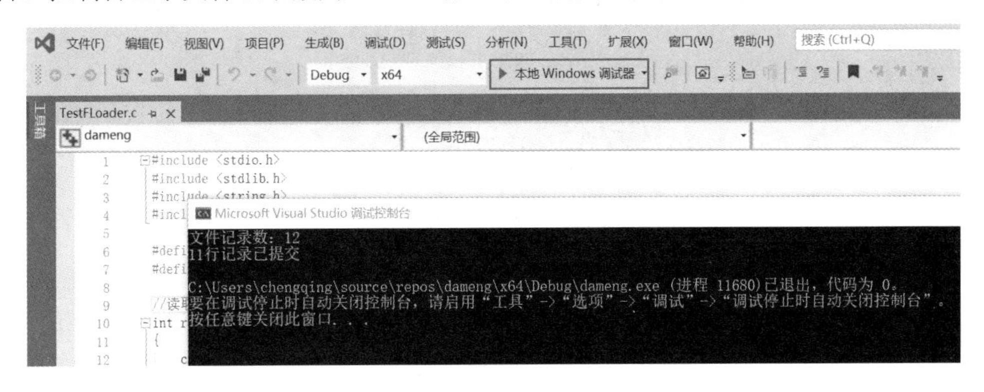

图 7-6　运行 DM FLDR C 程序

（2）查看程序中指定的错误数据文件 badfile.txt，里面有一条异常记录，时间格式（2020-13-04）不符合 YYYY-MM-DD 的正常时间格式，所以装载失败。

```
dmfldr: 2020-06-29 09:36:06    T_TESTFLDR
dmfldr: 2020-06-29 09:36:06 DMHR->T_TESTFLDR 11|2020-13-04 09:32:01|刘目|荣耀手机
```

（3）查看 T_TESTFLDR 表数据（因为自增列属性代码中指定为 0（FALSE），所以 C1 自增列字段系统自动插入自增列，并不是 testfldrdata.txt 第一列数据），如图 7-7 所示。

	C1 INT	C2 DATETIME(6)	C3 VARCHAR(50)	C4 VARCHAR(200)
1	1	2020-03-04 10:34:34.000000	陈明	小米空气净化器
2	2	2020-03-04 12:52:41.000000	杜飞	亚太厨房油烟机
3	3	2020-03-04 13:10:04.000000	戈薇	iPAD AIR
4	4	2020-03-04 19:22:23.000000	犬夜叉	飞利浦剃须刀
5	5	2020-03-05 08:14:24.000000	张飞	小米加湿器
6	6	2020-03-05 09:12:51.000000	邱目	松下吹风机
7	7	2020-03-05 10:38:45.000000	李四	黄鹤楼一日游
8	8	2020-03-05 10:52:41.000000	高飞	古典老师《跃迁》书一本
9	9	2020-03-05 11:32:20.000000	李俊杰	《好妈妈胜过好老师》书一本
10	10	2020-03-06 12:52:06.000000	张颖	《你就是孩子最好的玩具书》书一本
11	11	2020-03-06 13:32:12.000000	王将	腾讯会员1年

图 7-7　查看 DM FLDR C 工程导入数据结果

（4）将代码中 FLDR_ATTR_SET_INDENTITY 属性设置为 1（TRUE），重复运行 TestFloader，测试 id 不存在的数据是否可以正常插入，id=11 的数据出现异常，异常可在 D:\test\logfile.log 中查看，显示违反唯一性约束。

7.4 快速装载命令行工具

dmfldr 是 DM 提供的快速装载命令行工具。在实际应用中，dmfldr 工具简单高效、应用广泛。dmfldr 命令行工具的结构如图 7-8 所示。

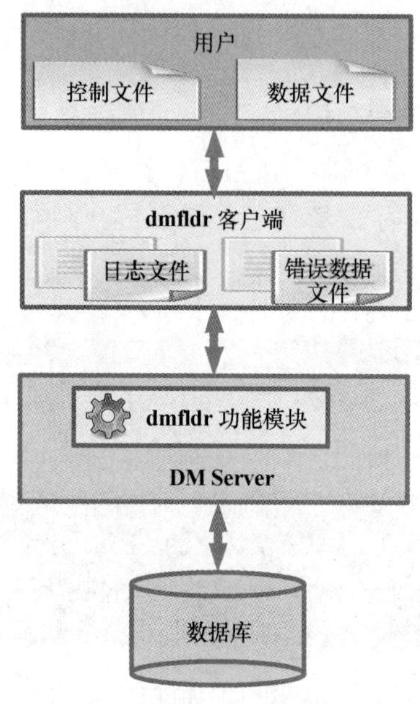

图 7-8 dmfldr 命令行工具的结构

当进行数据导入时，dmfldr 客户端接收用户提交的命令与参数，分析控制文件与数据文件，将数据打包发送给服务器端的 dmfldr 模块。服务器完成数据的真正装载工作，并分析服务器返回的消息，必要时根据用户参数指定生成日志文件与错误数据文件。

当进行数据导出时，dmfldr 客户端接收用户提交的命令与参数，分析控制文件，将用户要求转换为相应消息发送给服务器端的 dmfldr 模块。服务器解析并打包需要导出的数据，发送给 dmfldr 客户端，客户端将数据写入指定的数据文件，必要时根据用户参数指定生成日志文件。

7.4.1 命令行参数

dmfldr 命令行有 USERID 和 CONTROL 两个必选参数。其中，USERID 用来指定用户名和密码等，以登录数据库服务器；CONTROL 用来指定导入或导出的表、数据文件、行分隔符、列分隔符等信息。注意：USERID 必须是命令行中的第 1 个参数，CONTROL 必须是命令行中的第 2 个参数。

dmfldr 提供了方便的命令行参数帮助命令。进入达梦数据库安装目录的 bin 目录下，执行 dmfldr help 命令就可查看命令行参数说明。dmfldr 命令行参数语法格式如下。

```
dmfldr.exe    KEYWORD=value
```

dmfldr 命令行参数说明如表 7-5 所示。

表 7-5　dmfldr 命令行参数说明

关　键　字	说明（默认值）
USERID	用户名/口令，格式：USER/PWD@SERVER:PORT#SSL_PATH@SSL_PWD
CONTROL	控制文件，字符串类型
LOG	日志文件，字符串类型（fldr.log）
BADFILE	错误数据记录文件，字符串类型（fldr.bad）
SKIP	初始忽略逻辑行数（0）
LOAD	需要装载的行数（ALL）
ROWS	提交频次（50000）, DIRECT 为 FALSE 有效
DIRECT	是否使用快速方式装载（TRUE）
SET_IDENTITY	是否插入自增列（FALSE）
SORTED	数据是否已按照聚集索引排序（FALSE）
INDEX_OPTION	索引选项，默认为 1。 1 表示不刷新二级索引，数据按照索引先排序，装载完后再将排序的数据插入索引；2 表示不刷新二级索引，数据装载完成后重建所有二级索引；3 表示刷新二级索引，数据装载的同时将数据插入二级索引
ERRORS	允许的最大数据错误数（100）
CHARACTER_CODE	字符编码，字符串类型，默认为 GBK，包含 GBK、UTF-8、SINGLE_BYTE、EUC-KR
MODE	装载方式，字符串类型，默认为 IN。IN 表示导入，OUT 表示导出，OUTORA 表示导出
CLIENT_LOB	大字段目录是否在本地（FALSE）
LOB_DIRECTORY	大字段数据文件存放目录
LOB_FILE_NAME	大字段数据文件名称，仅导出有效（dmfldr.lob）
BUFFER_NODE_SIZE	读入文件缓冲区的大小（10），有效值范围 1～2048
READ_ROWS	工作线程一次最大处理的行数（100000），最大支持 2^{26}−10000
NULL_MODE	导入时 NULL 字符串是否处理为 NULL; 导出时空值是否处理为 NULL 字符串(FALSE)
NULL_STR	导入时视为 NULL 值处理的字符串
SEND_NODE_NUMBER	运行时发送节点的个数（20），有效值范围 16～65535
TASK_THREAD_NUMBER	处理用户数据的线程数目，默认与处理器核数量相同，有效值范围 1～128
BLDR_NUM	服务器 BLDR 数目（64），有效值范围 1～1024
BDTA_SIZE	BDTA 的大小（5000），有效值范围 100～10000
COMPRESS_FLAG	是否压缩 BDTA（FALSE）
MPP_CLIENT	MPP 环境，是否本地分发（TRUE）
SINGLE_FILE	MPP 环境，是否只生成单个数据文件（FALSE）
LAN_MODE	MPP 环境，是否以内网模式装载数据（FALSE）
UNREP_CHAR_MODE	非法字符处理选项（0），为 0 时表示跳过该数据行，为 1 时表示使用*替换错误字节
SILENT	是否以静默方式装载数据（FALSE）
BLOB_TYPE	BLOB 类型字段数据值的实际类型，默认字符串类型（HEX_CHAR）。HEX 表示值为十六进制，HEX_CHAR 表示值为十六进制字符类型，仅在 DIRECT= FALSE 时有效

（续表）

关 键 字	说明（默认值）
OCI_DIRECTORY	OCI 动态库所在的目录
DATA	指定数据文件路径
ENABLE_CLASS_TYPE	允许用户导入 CLASS 类型数据（FALSE）
FLUSH_FLAG	提交时是否立即刷新磁盘（FALSE）
IGNORE_BATCH_ERRORS	是否忽略错误数据继续导入（FALSE）
SINGLE_HLDR_HP	是否使用单个 HLDR 装载 HUGE 水平分区表（TRUE）
EP	指定需要发送数据的站点序号列表，仅在 MPP 环境下导入数据时有效
HELP	打印帮助信息

除 USERID 和 CONTROL 必须指定外，其余参数均为可选参数，可以不指定，也可以在控制文件中或命令行参数中指定，指定时无顺序要求。详细参数说明如表 7-6 所示。

表 7-6 dmfldr 详细参数说明

参 数	参数语法及功能描述
USERID	用于指定登录数据库的信息，包含用户名、密码、服务器地址、端口号和安全证书存放路径。参数值格式为：用户名/密码[@主库地址[:端口号][#安全证书存放路径@安全证书密码]] 如果用户使用默认端口号 5236 登录，则端口号可以不设置；如果登录的是本地服务器，则主库地址可以省略；如果不使用通信加密，则安全证书相关设置可以省略。 是必选参数，并且必须位于参数位置的第 1 个
CONTROL	控制文件的路径，字符串类型。控制文件用于指定数据文件中数据的格式，在数据载入时，dmfldr 根据控制文件指定的格式来解析数据文件；在导出数据时，dmfldr 也会根据控制文件指定的列分隔符、行分隔符等生成数据文件。控制文件中还可以指定其他一些 dmfldr 参数值，具体内容见 7.4.2 节。是必选参数，并且必须位于参数位置的第 2 个
LOG	指定 dmfldr 的日志文件，字符串类型，默认为 fldr.log。文件记录 dmfldr 运行过程中的工作信息、错误信息及统计信息
BADFILE	错误数据记录文件，字符串类型，默认的错误文件名为 fldr.bad，记录数据文件中存在格式错误的行数据及转换出错的行数据，也可以在控制文件中指定
SKIP	初始忽略逻辑行数，整型数值，默认跳过的起始行数为 0 行。如果用户指定了多个文件，且起始文件中的行数不足 SKIP 所指定的行数，则 dmfldr 工具会扫描下一个文件直至累加的行数等于 SKIP 所设置的行数或者所有文件都已扫描结束
LOAD	需要装载的行数，整型数值。默认的最大装载行数为数据文件中的所有行数。LOAD 指定的值不包括 SKIP 指定的跳过的行数
ROWS	每次提交的行数，整型数值。默认的提交行数为 50000 行。提交行数的值表示提交到服务器的行数，并不一定代表按照数据文件中的数据顺序的行数。用户可以根据实际情况调整每次提交的行数，以达到性能的最佳点。此参数适合 MODE 为 IN 且 DIRECT 为 FALSE 的情况，在其他情况下无效
DIRECT	数据装载方式，布尔值。默认为 TRUE。DIRECT 指定了装载的方式，为 TRUE 时，dmfldr 选择快速载入模式，提升装载效率；为 FALSE 时，dmfldr 选择普通插入方式装载数据，可以保证数据的正确性和约束的有效性，效率比为 TRUE 时要低。此参数在 MODE 为 IN 时有效，在 MODE 为 OUT 时无效

（续表）

参 数	参数语法及功能描述
SET_IDENTITY	用于自增列装载，设置自增列选项，布尔类型。默认为 FALSE。如果指定 SET_IDENTITY 选项值为 TRUE，则 dmfldr 将把从数据文件中读取的自增列值作为目标值插入数据库表中，用户应保证每行的自增列的值符合自增列的规则，否则将造成数据混乱；如果 SET_IDENTITY 选项值设置为 FALSE，则 dmfldr 将忽略数据文件中对应自增列的值，服务器将根据自增列定义和表中已有数据自动生成自增列的值插入每行的对应列。 此参数作用于 MODE 为 IN 且 DIRECT 为 TRUE 的情况下，当 MODE 为 OUT 或 DIRECT 为 FALSE 时无效
SORTED	用来提升 dmfldr 的装载性能，设置数据是否已经按照聚集索引排序，布尔类型，默认为 FALSE。如果设置为 TRUE，则用户必须保证数据已按照聚集索引排序完成，需要插入的数据索引值要比表中数据的索引值大，服务器在进行插入操作时顺序插入；若数据并未按照索引排序，则 dmfldr 会报错，装载失败。如果设置为 FALSE，则服务器对每条记录进行定位插入。 在数据量大，并且确定数据已按照聚集索引排序完成的情况下，将 SORTED 参数设置为 TRUE，可以提升装载性能
INDEX_OPTION	用于提升 dmfldr 装载性能，设置索引的选项，整型数值，默认为 1。INDEX_OPTION 的可选项有 1、2 和 3。1 代表服务器装载数据时先不刷新二级索引，而是将新数据按照索引预先排序，在装载完成后，再将排好序的数据插入索引。如果在数据载入前，目标表中已有较多数据，建议 INDEX_OPTION 设置为 1。2 代表服务器在快速装载过程中不刷新二级索引数据，只在装载完成时重建所有二级索引。如果在数据载入前，目标表中没有数据或数据量较小，建议 INDEX_OPTION 置为 2。3 代表服务器使用追加模式来进行二级索引的插入，在数据装载过程中，同时进行二级索引的插入，当原有数据量远大于插入数据量时，建议 INDEX_OPTION 设置为 3
ERRORS	最大的容错个数，整型数值，默认为 100。当 dmfldr 在插入过程中出现错误的个数超过了 ERRORS 所设置的数目，dmfldr 会停止载入，当前时间点的所有正确数据将会被提交到服务器。如果载入过程中不允许出现错误，则可以设置 ERRORS 为 0；如果允许所有的错误出现，则可以设置 ERRORS 为一个非常大的数。ERRORS 所统计的错误包含在数据转换和数据插入过程中所产生的数据错误
CHARACTER_CODE	数据文件中数据的编码格式，字符串类型。默认为 GBK。CHARACTER_CODE 的可选项有 GBK、GB 18030、UTF-8、SINGLE_BYTE 和 EUC-KR 5 种：GBK 和 GB 18030 对应中文编码；UTF-8 对应 UTF-8 国际编码；SINGLE_BYTE 对应单字节字符编码；EUC-KR 对应韩文字符集。 在 MODE 为 IN 的情况下，当指定编码格式为 SINGLE_BYTE 时，dmfldr 将不做字符完整性检查，按单字节顺序读取每个字符；当指定编码格式为 GBK、GB 18030 或 UTF-8 时，dmfldr 将对每个字符进行完整性检查，以确保数据的正确性。 用户在使用 dmfldr 时可以根据不同的数据文件调整编码的格式，确保装载的正确性，同时如果可以确保数据文件中的数据为单字节字符，则指定 SINGLE_BYTE 的载入效率将优于指定其他字符集的情况。 当 MODE 为非 IN 时，不支持 SINGLE_BYTE
MODE	指明 dmfldr 的装载模式，字符串类型，默认值为 IN。MODE 可选项有 IN、OUT、OUTORA 共 3 种。 IN 模式指从数据文件中将数据载入数据库，这种模式下控制文件的格式对应为数据文件中现有数据的格式。OUT 模式指从数据库中将数据导出到数据文件，这种模式下控制文件所指定的格式为数据存放在数据文件中的格式。需要说明的是，在 OUT 模式下，如果指定了多个数据文件，则 dmfldr 最终只会将数据写入第 1 个数据文件。视图对象只支持导出，不支持导入。OUT 模式下的控制文件格式与 IN 模式下的控制文件格式相同，用户可以通过使用同一个文件载入和导出数据。OUTORA 模式表示导出 Oracle 表的数据，在此模式下暂不支持带有大字段表的导出

（续表）

参　　数	参数语法及功能描述
CLIENT_LOB	用于大字段数据载入设置，指明 LOB_DIRECTORY 表示的目录是否是客户端本地目录，布尔类型，默认值为 FALSE。CLIENT_LOB 仅在 MODE 为 IN 且 DIRECT 为 TRUE 时有效，指明在载入大字段对象数据时，LOB_DIRECTORY 参数指定的目录是否是客户端本地目录。若 CLIENT_LOB 为 TRUE，则 LOB_DIRECTORY 应指定大字段数据文件所在的客户端本地目录；若 CLIENT_LOB 为 FALSE，则用户必须先把相关文件传送到 DM 服务器所在主库，然后使用 LOB_DIRECTORY 指明存放目录。 大字段数据文件在数据文件中指定，可以是任意格式的文件。在数据文件中，大字段以“文件名：起始偏移：长度”的形式记录在数据文件中。当指定的文件名无效时，dmfldr 会报错，装载失败。对于 CLOB 类型字段，当指定的偏移、长度范围内带有不完整字符时，dmfldr 将装载失败
BLOB_TYPE	用于大字段数据载入设置，当 MODE 为 IN 且 DIRECT 为 FALSE 时，数据文件中大字段列数据即字段内容。此时 BLOB_TYPE 参数指定 BLOB 列内容为十六进制或者字符串形式，字符串类型。当 BLOB_TYPE 为 HEX_CHAR 时，数据文件中 BLOB 列当作十六进制内容；当 BLOB_TYPE 为 HEX 时，数据文件中 BLOB 列为字符串形式内容，导入后会转换为十六进制。BLOB_TYPE 参数只在 MODE 为 IN 且 DIRECT 为 FALSE 时有效，默认为 HEX_CHAR
LOB_DIRECTORY	用于设置大字段数据装载路径，指明 dmfldr 使用的大字段数据存放的目录，字符串类型。 当 MODE 为 OUT 时，dmfldr 生成大字段对应的数据文件，文件名由 LOB_FILE_NAME 指定，并存放于 LOB_DIRECTORY 指定的目录中，如果未指定 LOB_DIRECTORY 则存放于指定导出数据文件的同一目录中。当 MODE 为 OUT 时，此参数为可选参数
LOB_DIRECTORY	当 MODE 为 IN 且 DIRECT 为 TRUE 时，此时数据载入若涉及大字段对象，则需要用户指定大字段数据文件。若 CLIENT_LOB 为 TRUE，则 LOB_DIRECTORY 应指定大字段数据文件所在的客户端本地目录；若 CLIENT_LOB 为 FALSE，则用户必须先把相关文件传送到 DM 服务器所在主库，然后使用 LOB_DIRECTORY 指明存放目录。此时，此参数为必选参数。 当 MODE 为 IN 且 DIRECT 为 FALSE 时，此参数无效
LOB_FILE_NAME	用于大字段数据载出设置，指明 dmfldr 导出大字段数据的文件名，字符串类型，默认为 dmfldr.lob。仅 MODE 为 OUT 时有效，文件存放于 LOB_DIRECTORY 指定的目录中
BUFFER_NODE_SIZE	用于提升 dmfldr 装载性能，指定读取文件缓冲区页大小，整数类型，单位为 MB，范围为 1～2048，默认为 10。BUFFER_NODE_SIZE 的值越大，缓冲区的页越大，每次读取的数据就越多，每次发送到服务器的数据也就越多，效率越高。但其大小受 dmfldr 客户端内存大小的限制
READ_ROWS	用于提升 dmfldr 装载性能，指定读取缓冲区每次读取的最大行数，整数类型，范围为 0～2^{26}−10000，默认为 100000。在某些情况下，1MB 的 BUFFER_NODE_SIZE 读入的数据行数很大，而后续操作处理不了这么大的行数，此时可以用 READ_ROWS 来限制处理的行数。dmfldr 取 READ_ROWS 和 BUFFER_NODE_SIZE 中较小的值作为一次处理的行数
SEND_NODE_NUMBER	用于提升 dmfldr 装载性能，指定 dmfldr 在数据载入时发送节点的个数，整数类型，范围为 16～65535，默认由系统计算一个初始值。若在数据载入时发现发送节点不够用，系统就会动态增加分配。在系统内存足够的情况下，可以适当增大 SEND_NODE_NUMBER 值，提升 dmfldr 载入性能
TASK_THREAD_NUMBER	用于提升 dmfldr 装载性能，指定 dmfldr 在数据载入时处理用户数据的线程数目，整数类型，范围为 1～128。默认情况下，dmfldr 将该参数值设为系统 CPU 的个数，但当 CPU 个数大于 8 时，默认值都被置为 8。在 dmfldr 客户端所在机器 CPU 个数大于 8 的环境中，增大 TASK_THREAD_NUMBER 值可以提升 dmfldr 装载性能。 说明：在导出模式下，当 TASK_THREAD_NUMBER 设置为大于 16、小于 128 时，dmfldr 不会报错，但会将 TASK_THREAD_NUMBER 自动设置为 16

（续表）

参　数	参数语法及功能描述
BLDR_NUM	用于提升 dmfldr 装载性能，水平分区表装载时，指定服务器 BLDR 的最大个数，整数类型，范围为 1～1024，默认为 64。服务器的 BLDR 保存水平分区子表相关信息，BLDR_NUM 的设置也就指定了服务器能同时载入的水平分区子表的个数。若 BLDR_NUM 设置得太大，当水平分区子表数过多时，就可能会导致服务器内存不足。当载入时实际需要的 BLDR 个数超出 BLDR_NUM 设置的值时，会淘汰指定子表的 BLDR，并替换为新的子表 BLDR
BDTA_SIZE	用于提升 dmfldr 装载性能，指定 BDTA（Batch Data）的大小，整数类型，范围为 100~10000，默认为 5000。BDTA 代表 DM 批量数据处理机制中一个批量，在内存、CPU 允许的条件下，增大 BDTA_SIZE 能加快装载速度；当网络是装载性能的瓶颈时，增大 BDTA_SIZE 影响不大
NULL_MODE	指定载入和载出数据时对 NULL 字符串和空值的处理方式，布尔类型，默认为 FALSE。若 NULL_MODE 为 TRUE，则数据载入时将 NULL 字符串处理为空值，数据载出时将空值处理为 NULL 字符串；若设置为 FALSE，数据载入时将 NULL 字符串处理为字符串，数据载出时将空值处理为空串
NULL_STR	指定数据文件中 NULL 值的表示字符串，字符串类型，默认忽略此参数。若设置了 NULL_STR，则此参数值将成为数据文件中 NULL 值的唯一表示方式。NULL_STR 区分字符串大小写，并且长度不允许超过 128 字节
COMPRESS_FLAG	指定是否压缩 BDTA，布尔类型，默认为 FALSE。压缩 BDTA 能节省网络带宽，但同时也会加重 CPU 的负担，用户应根据具体应用情况考虑是否指定压缩
MPP_CLIENT	指定当服务器环境为 MPP 环境时 dmfldr 的数据装载模式，布尔类型，默认为 TRUE。 当 DM 服务器环境为单站点时此参数无效。当服务器环境为 MPP 环境时，若 MPP_CLIENT 为 TRUE，则 dmfldr 采用客户端分发模式；若 MPP_CLIENT 为 FALSE，则采用本地分发模式。客户端分发模式下，数据在 dmfldr 客户端分发好后直接往指定站点发送数据。本地分发模式下，导入时，dmfldr 直接将数据发送到连接的站点，数据最终在连接的站点；导出时，dmfldr 只导出连接站点的数据。MPP 环境下要配置 dmmal.ini 文件中的 MAL_INST_HOST 和 MAL_INST_PORT 参数
SINGLE_FILE	指定当服务器环境为 MPP 环境时，dmfldr 的导出数据文件是否为单个文件，布尔类型，默认为 FALSE。此参数只在 MPP 环境下且 MODE 为 OUT 时有效。参数值为 TRUE 表示仅生成一个数据导出文件，MPP 各站点的数据将导出到同一个数据文件中；参数值为 FALSE 表示可以生成多个数据文件，MPP 各站点都有专门的数据文件接收该站点的数据
LAN_MODE	指定当服务器环境为 MPP 环境时，dmfldr 导入/导出数据是否使用局域网，布尔类型，默认为 FALSE。此参数只在 MPP 环境下有效。值为 TRUE 表示使用局域网，此时服务器的 MAL 系统必须配置了局域网 IP，否则 dmfldr 依然采用服务器对外服务的外网 IP；值为 FALSE 表示不使用局域网
EP	指定 dmfldr 只能向指定的 MPP 站点发送数据，对于其他站点的数据直接丢弃。该参数仅在 MPP 环境下有效，dmfldr 只能向 EP 指定站点上的表上锁并发送数据，其他站点的表操作与其无关。需要注意的是，指定 EP 方式对于随机分布表无效，并且 dmfldr 当前连接站点的数据发送不能由其他 dmfldr 客户端发送，换言之，客户端 A 连接 EP1，客户端 B 连接 EP2，那么 EP1 的表数据只能由 A 来发送，不能由 B 发送，否则会导致锁等待或锁超时错误
UNREP_CHAR_MODE	非法字符处理选项，指定是否将不完整的字符用“*”替换，默认为 0。为 1 时，dmfldr 在装载过程中遇到包含不完整字符的数据时，将用“*”替换不完整的字符；为 0 时，该行数据可能会被丢弃
SILENT	指定是否以静默方式进行数据装载，布尔类型，默认为 FALSE。当设置为 TRUE 时，dmfldr 装载过程中将忽略反馈式的消息，如装载进度提示信息、错误信息等，但仍然会在装载的开始和结束阶段打印一些静态/统计信息。静默方式只用于客户端的屏幕打印，dmfldr 日志依然会完整地记录装载过程中的详细信息

（续表）

参　数	参数语法及功能描述
OCI_DIRECTORY	指定 Oracle OCI 动态库所在的目录，字符串类型。该参数与 MODE 参数配合使用，当 MODE 指定为 OUTORA 时，使用 OCI_DIRECTORY 指定 OCI 的动态库来构建导出环境
DATA	指定数据文件路径，字符串类型。一般情况下数据文件路径在控制文件中指定。DATA 参数值的优先顺序为先控制文件，后参数选项。如果控制文件中数据文件路径指定为“*”，则在命令行通过 DATA 参数指定数据文件路径，DATA 所指定的文件路径会替换“*”
ENABLE_CLASS_TYPE	用于对 CLASS 类型数据的装载。指定是否以 BLOB 方式载入或导出 CLASS 类型列数据，布尔类型，默认为 FALSE。 CLASS 类型是 DM 服务器内部实现的数据类型，实际以 BLOB 类型存储。如果通过交互式工具或 DM 提供的接口等正常途径创建 CLASS 类型数据，内部就会转换成 BLOB 存储。而通过 dmfldr 直接导出或载入 CLASS 数据，没有进行转换，就有可能出现载入的大对象数据无法转换成对应的 CLASS 类型的情况。因此，当将 ENAME_CLASS_TYPE 设为 TRUE 时，用户要保证对应的 BLOB 数据能正确转换成对应的 CLASS 类型
FLUSH_FLAG	指定提交数据时服务器的处理方式，布尔类型，默认为 FALSE。该参数用于 dmfldr 向服务器发送 commit 请求时，指定是否要求服务器提供可靠的服务响应，若设置为 TRUE，则服务器会等数据写入磁盘后才将响应结果返回给 dmfldr，此种方式会降低数据装载的效率，但可提供可靠的服务，不会出现数据丢失现象；若为 FALSE，则服务器在确认数据正确无误后便将响应结果返回，随后写入磁盘，此种方式装载效率高，但在掉电、机器故障、服务器崩溃等灾难性情况下，有可能会导致数据来不及写入磁盘而导致数据丢失
IGNORE_BATCH_ERRORS	指定用户在数据装载过程中遇到数据错误时，是忽略错误继续装载，还是报错返回，布尔类型，默认为 FALSE。该参数只在 DIRECT 为 FALSE 时有效。在普通数据装载方式下，以绑定插入的方式向服务器发送数据，服务器检查 IGNORE_BATCH_ERRORS 参数，发现为 TRUE 时，将处理所有接收到的数据，如果有不合要求的数据，则服务器保存该数据的错误信息，直到当前批次所有数据处理完毕后，再将执行的结果返回 dmfldr，dmfldr 根据服务器返回的错误信息向错误数据文件写入错误数据。当 IGNORE_BATCH_ERRORS 参数值为 FALSE 时，服务器一旦遇到不合要求的数据，就终止当前批次数据的装载，向 dmfldr 返回错误信息，dmfldr 则直接废弃当前批次的所有数据
SINGLE_HLDR_HP	是否使用单个 HLDR 装载 HUGE 水平分区表主表，布尔类型，默认值为 FALSE。TRUE 表示使用单个 HLDR 装载 HUGE 水平分区表主表。FALSE 表示装载涉及的每个子表都各使用一个 HLDR。HLDR 是服务器端装载 HUGE 表时用到的处理装置。SINGLE_HLDR_HP 的设置相当于指定了服务器装载 HUGE 水平分区主表时可以使用资源的模式。TRUE 的方式更节约空间，FALSE 的方式装载速度更快，用户需要根据自己的需要权衡哪种方式更适合
HELP	获取帮助信息

7.4.2 控制文件

控制文件是启动 dmfldr 的必选参数，也是数据装载的核心参数文件。dmfldr 控制文件的语法格式如下：

```
[OPTIONS(
<参数名称>=<参数值>
...
```

```
)]
LOAD [DATA]
INFILE < <file_option>|<directory_option> >
[BADFILE <path_name>]
[APPEND|REPLACE|INSERT]
<into_table_clause>
```

（1）OPTIONS 可指定除 USERID、CONTROL、HELP 外的其他所有参数，每个参数及参数值都使用空格或换行区分。对于 OPTIONS 中指定的参数，如果在 dmfldr 命令行也指定时，则 dmfldr 将优先选择 OPTIONS 中对应参数的值执行。

（2）INFILE 子句用来指定被装载的数据文件信息，包含数据文件路径、文件名称、行分隔符等信息。INFILE 子句语法格式如下：

```
INFILE < <file_option>|<directory_option> >
<file_option> ::= [LIST] <path_name> [<row_term_option>] [,<path_name>
                  [<row_term_option>]]
<directory_option> ::= DIRECTORY <path_name> [<row_term_option>]
<path_name> ::=文件地址
<row_term_option> ::=STR [X] <delimiter>
<delimiter> ::='<字符串常量>'
```

① <file_option>用于指定单个或多个数据文件。当指定多个数据文件时，用逗号分割。可使用 LIST 选项，当使用 LIST 时，表明实际的数据文件路径存储在 LIST 指定的文件中，该文件可以存储多个实际的数据文件路径，使用逗号或换行进行区分。

② <directory_option>用来指定整个目录。指定此选项后，dmfldr 会自动扫描指定目录下的所有文件，这些文件数据将被导入服务器。

③ <row_term_option>用于指定数据文件行分隔符。Windows 系统默认为 0x0D0A（\r\n），非 Windows 系统默认为 0x0A（\n）；用户可根据需要自行调整。若指定的分割符为十六进制的字符串值，则需要指明[X]选项，此时<delimiter>值不再需要以 0x 开头。若没有指明[X]选项，则<delimiter>值为指定的字符串。

（3）BADFILE 用于指定错误数据文件。错误数据文件用于记录加载过程产生错误的数据（仅记录数据解析中出现的错误，对于数据库字段约束等原因导致的错误数据不记录），是可选参数，仅对 MODE='IN'导入模式有效，也可在执行 dmfldr 命令或 OPTIONS 参数中指定。当数据类型和数据的编码转换中存在错误数据，而错误数在允许的最大错误数 ERRORS 参数值范围内时，dmfldr 会将出错的数据记录到 BADFILE 指定的错误数据文件中。文件记录的信息为执行程序、时间、目标表、数据文件中存在格式错误的行数据及转换出错的行数据。

（4）APPEND|REPLACE|INSERT 选项，表示数据装载时采用的加载方式。

对于 MODE='IN'导入数据模式，INSERT 为插入方式，向空表插入新记录（如果不是空表，则会报错为无效的装载模式）；APPEND 为追加方式，在表中追加新记录；REPLACE 为替代方式，先清空表再插入新记录。

对于 MODE='OUT'导出数据模式，当设置为 APPEND 时，dmfldr 会检查导出数据文件是否存在，若存在，则以追加的方式写入数据文件；若不存在，则新建数据文件；当设置为其他值时，将直接创建新数据文件。默认值为 APPEND。

（5）<into_table_clause>用于指定 INTO TABLE 子句，可以指定一个或多个 INTO TABLE 子句，用于将一批数据同时向一个或多个表进行装载。每个 INTO TABLE 子句中都可以指定要装载的表、WHEN 过滤条件、FIELDS 子句和列定义子句等。<into_table_clause>子句语法格式如下：

```
<into_table_clause> ::= <into_table_single>{<into_table_single>}
<into_table_single> ::=INTO TABLE    [<schema>.]<tablename>
                        [EP <ep_option>]
                        [WHEN <field_conditions>]
                        [FIELDS [TERMINATED BY] [X] <delimiter>]
                        [<enclosed_option>]
                        [<coldef_option>]
```

其中

① [<schema>.]<tablename>表示模式名和表名，其中模式名可省略。

② EP <ep_option>子句用于指定数据将要发送的目的站点，仅适用于 MPP 环境。其语法格式如下：

```
<ep_option> ::=(<ep_list>)
<ep_list> ::=整型数字列表，以逗号分隔
```

③ WHEN <field_conditions>子句用于指定条件过滤表达式，可以在装载时对数据进行过滤，符合<field_conditions>条件的数据才会被装载。其语法格式如下：

```
<field_conditions> ::= <field_condition>{ AND <field_condition>}
<field_condition> ::= [(] <cmp_exp><cmp_ops><cmp_data>[)]
<cmp_exp> ::=  列名  | (p1:p2)
<cmp_ops> ::= = | < > | !=
<cmp_data> ::= [X] '<字符串常量>' | BLANKS | WHITESPACE
```

其操作符仅支持=、!=和< >这 3 个比较操作符；仅支持使用 AND 连接多个过滤条件；BLANKS 和 WHITESPACE 表示若干个空格。

④ FIELDS 子句用于指定列分隔符。若分隔符指明[X]选项，则表明此分隔符为十六进制格式的字符串。FIELDS 子句语法格式如下：

```
[FIELDS [TERMINATED BY] [X] <delimiter>]
```

⑤ <enclosed_option>子句用于指定列封闭符。可选参数，默认不存在封闭符；若封闭符前指定[X]选项，则表明此封闭符为十六进制格式的字符串，分隔符或封闭符字符串的长度均不能超过 255 字节。<enclosed_option>语法格式如下：

```
<enclosed_option> ::= [OPTIONALLY] ENCLOSE [BY] [X] <delimiter>
```

⑥ <coldef_option>是列定义子句，用于指定列名、列属性、列分隔符、列封闭符等。<coldef_option>相关语法格式如下：

```
<coldef_option> ::=(<col_def>{ ,<col_def>})
<col_def>::= 列名 [FILLER] [<property_option>] [<fmt_option>]
[<term_option>] [<enclosed_option>]
[<constant_option>][<fun_option>]

<property_option> ::= position(p1:p2) | position(p1) | NULL
<fmt_option> ::= DATE FORMAT '<时间日期格式串>'
<term_option> ::= TERMINATED [BY] WHITESPACE|[X] <delimiter>
<constant_option> ::= CONSTANT "<常量>"
<fun_option> ::= "函数名称()"
<delimiter> ::='<字符串常量>'
```

其中

<col_def>中 FILLER 表示跳过处理数据文件中指定列的值。

<property_option>选项用于指定数据的相对位置，该参数仅对导入有效，语法格式如下：

```
<property_option> ::= position(p1:p2) | position(p1) | NULL
```

position(p1:p2)：从数据文件每行数据的第 p1 字节到第 p2 字节为该列值，包含边界 p1、p2；position(p1)：从数据文件中每行数据的第 p1 字节开始，到下一个列分隔符之间的数据为该列值，包含边界 p1；NULL：指定值为 NULL，此时忽略数据文件中的值。position 选项对大字段数据无效，若对大字段类型指定此选项，则会报错。

<fmt_option>选项用来指定时间格式，语法格式如下：

```
<fmt_option> ::= DATE FORMAT '<时间日期格式串>'
```

<term_option>选项用来指定数据文件中指定列的结束标识（列分隔符）。列的结束标识可以是 WHITESPACE（空格）、用户自定义的字符串或十六进制串，语法格式如下：

```
<term_option> ::= TERMINATED [BY] WHITESPACE|[X] <delimiter>
```

<enclosed_option>选项用于指定列封闭符，前面已有介绍，这里不再赘述。列分隔符和封闭符同时可在 FIELDS 子句中指定；若在 FIELDS 子句和<coldef_option>子句中均设置了列分隔符或封闭符，则以<coldef_option>中的设置为准。

<constant_option>选项用来指定常量表达式，当指定为常量时，数据装载时该列将以常量值装载，语法格式如下：

```
<constant_option> ::= CONSTANT "<常量>"
```

<fun_option>选项，目前只支持 trim( )和 replace(colname, srcStr, destStr)。当使用<fun_option>选项后，数据将使用函数处理后再进行装载，语法格式如下：

```
<fun_option> ::= "函数名称( )"
```

7.4.3　使用说明

1. 指定数据文件

当 dmfldr 工作在 IN 模式时，从数据文件中读取数据并载入数据库；当 dmfldr 工作在 OUT 模式时，从数据库中将指定数据导出到数据文件。

数据文件通常为文本文件，列与列之间由列分隔符隔开，行与行之间由行分隔符隔开。数据文件中的列分隔符和行分隔符由用户指定，并在控制文件中设置（与数据文件中分割符保持一致）。

可以在控制文件的 LOAD 节点中指定数据文件。也可以使用 DATA 参数指定 dmfldr 的数据文件，数据文件路径的优先选择顺序为：先控制文件，后参数选项。如果控制文件中数据文件路径指定为“*”，则需要在 dmfldr 命令行中通过 DATA 参数指定数据文件路径。

2. 数据转换与错误数据文件

dmfldr 使用的数据文件是文本格式，其中的列值以字符串的方式保存在数据文件中。若将这些数据载入数据库表中，则需要将字符串转换成表中列对应的数据类型。dmfldr 支持所有列定义类型，包括字符串、数值、时间日期、时间日期间隔、大字段类型等。

如果数据文件的编码方式与 DM 服务器的编码方式不一样，dmfldr 还需要进行字符编码的转换。dmfldr 支持 UTF-8、GBK 与 GB 18030 编码之间的相互转换。数据类型和编码转换工作由 dmfldr 客户端进行，在这个过程中如果出现错误，则 dmfldr 会跳过该行继续后面的工作，并记录错误行到 BADFILE 指定的文件，这个文件称为错误数据文件。常见的出错情况有以下几种：

（1）编码转换失败；

（2）当目标列为字符串类型时，数据长度大于列定义长度；

（3）当目标列为数值类型时，数据包含非法字符或转换后超出该数值的范围；

（4）当目标列为日期类型时，dmfldr 默认按 YYYY-MM-DD HH:MM:SS 的格式解析，如果数据不是这样的格式，则需要指定对应列的时间日期 fmt 格式，否则将转换失败。

dmfldr 错误数据文件路径由 BADFILE 参数设置，默认的错误文件名为 fldr.bad。用户也可以通过设置控制文件中的 OPTIONS 选项来指定错误数据文件的路径，同时也可以在控制文件的 LOAD 节点中指定错误数据文件的路径。错误数据文件路径最终值的优先选择顺序为 LOAD 节点选项、OPTIONS 选项、参数选项。用户可以同时对 3 种设置方式中的一个或多个进行设置，但最终的值只取一个。BADFILE 仅作用在 dmfldr 工作 MODE 为 IN 的情况下，MODE 为 OUT 时无效。

当数据类型和编码转换中存在错误数据，而错误数在允许的最大错误数范围内时，dmfldr 会将出错的数据记录到错误数据文件中。文件记录的信息为执行程序、时间、目标表、数据文件中存在格式错误的行数据及转换出错的行数据。

dmfldr 装载允许的最大容错个数由 ERRORS 选项设置，默认为 100。当 dmfldr 客户端在数据类型和编码转换过程中出现的错误个数超过了 ERRORS 所设置的数目，dmfldr 会停止载入，当前时间点的所有正确数据将会被提交到服务器端。如果载入过程中不允许出现错误，则可以将 ERRORS 设置为 0；如果允许所有的错误出现，则可以将 ERRORS 设置为一个非常大的数。

3. 服务器端错误数据处理

dmfldr 客户端将载入的数据进行数据转换和编码转换后，将转换正确的数据发往 DM 服务器的 dmfldr 模块（dmfldr 服务器端），由其进行真正的数据载入工作。

dmfldr 客户端向服务器端发送一批数据，在服务器端插入数据的过程中，由于目标数据表可能存在约束等原因，导致某些数据无法插入成功，此时服务器端会将这一批数据全部回滚，并且将这批数据全部记为错误数据，但服务器端插入时报错的数据并不会记录到 BADFILE 中。

ERRORS 所统计的错误包含在数据转换和数据插入过程中所产生的错误记录，因此当服务器端插入的错误记录数加上客户端数据转换时的错误记录数超过 ERRORS 参数的指定值时，dmfldr 服务器会停止插入数据。

4. 大字段数据处理

dmfldr 支持对 DM 的大字段类型数据的载入和导出，支持的大字段数据类型包括 TEXT、LONGVARCHAR、IMAGE、LONGVARBINARY、BLOB 及 CLOB。

（1）大字段数据的导出。

当 dmfldr 工作在导出模式，即 MODE 为 OUT 时，生成大字段对应的数据文件名由 LOB_FILE_NAME 指定，若未指定则默认为 dmfldr.lob，文件存放目录由 LOB_DIRECTORY 指定，如果未指定则存放于导出数据文件的同一目录下。

（2）DIRECT 为 TRUE 时大字段数据的载入。

当 MODE 为 IN 且 DIRECT 为 TRUE 时，此时数据载入若涉及大字段对象，需要指定大字段数据文件。若 CLIENT_LOB 为 TRUE，则 LOB_DIRECTORY 应指定大字段数据文件所在的客户端本地目录；若 CLIENT_LOB 为 FALSE，则用户必须先把相关文件传送到 DM 服务器所在主库，然后使用 LOB_DIRECTORY 指明存放目录。

大字段数据文件在数据文件中指定，可以是任意格式的文件。在数据文件中，大字段以“文件名：起始偏移：长度”的形式记录在数据文件中。指定的文件名无效时，dmfldr 会报错，装载失败。对于 CLOB 类型字段，当指定的偏移、长度范围内带有不完整字符时，dmfldr 将装载失败。

（3）DIRECT 为 FALSE 时大字段数据的载入。

当 MODE 为 IN 且 DIRECT 为 FALSE 时，数据文件中大字段列数据即字段内容。LOB_TYPE 参数指定 BLOB 列内容为十六进制或字符串：当 BLOB_TYPE 为 HEX_CHAR 时，数据文件中 BLOB 列当作为十六进制内容；当 BLOB_TYPE 为 HEX 时，数据文件中 BLOB 列为字符串形式内容，导入后会转换为十六进制。

BLOB_TYPE 参数只在 DIRECT 为 FALSE 时有效，默认为 HEX_CHAR。

5. 日志文件及日志信息

dmfldr 的日志文件路径由 LOG 参数设置，默认日志文件名为 fldr.log。文件记录了装载信息、错误信息及统计信息。用户也可以通过设置控制文件中的 OPTIONS 选项来指定日志路径。如果参数及 OPTIONS 中同时指定了日志路径，则其将以 OPTIONS 中指定的路径为最终路径。

6. 自增列装载

自增列是比较特殊的列，为了保证数据库中自增列列值的正确性，用户在进行数据载入时需要特别注意。

当 DIRECT 参数为 FALSE 时，dmfldr 将把数据文件中读取的自增列值作为目标值插入数据库表中，用户需要保证每行的自增列的值符合自增列的规则，否则将造成数据混乱。

当 DIRECT 参数为 TRUE 时，dmfldr 提供了 SET_IDENTITY 参数（默认为 FALSE）对数据载入时自增列的处理进行设置。

（1）如果指定 SET_IDENTITY 为 TRUE，则 dmfldr 将把从数据文件中读取的自增列值作为目标值插入数据库表中，用户应当保证每行的自增列的值符合自增列的规则，否则将造成数据混乱；

（2）如果 SET_IDENTITY 设置为 FALSE，则 dmfldr 将忽略数据文件中对应自增列的值，服务器将根据自增列定义和表中已有数据自动生成自增列的值插入。

7. 数据排序

SORTED 参数用来设置数据是否已经按照聚集索引排序，默认为 FALSE。如果设置为 TRUE，则用户必须保证数据已按照聚集索引排序完成，并且如果表中存在数据，需要插入的数据索引值要比表中数据的索引值大，服务器在进行插入操作时顺序插入。若数据并未按照索引排序，则 dmfldr 会报错，装载失败。

如果设置为 FALSE，则服务器对每条记录都进行定位插入。

用户也可以通过设置控制文件中的 OPTIONS 选项来设置 SORTED 的值。SORTED 参数值的优先选择顺序为：先 OPTIONS 选项，后参数选项。此参数为可选参数，仅作用在 MODE 为 IN 且 DIRECT 为 TRUE 的情况下，对于其他情况，此参数无效。在数据量大且数据已按照聚集索引排序完成的情况下，将 SORTED 参数设置为 TRUE 可以提升装载性能。

8. 条件过滤

通过在控制文件中指定 WHEN <field_conditions>子句，可以在装载过程中对数据进行过滤，符合 field_conditions 条件的数据才会被装载。对于条件过滤的使用，需注意以下几点。

（1）判断条件中的操作符仅支持比较相等和不相等，即=、!=和< >这 3 个比较操作符。

（2）目前仅支持使用 AND 连接多个过滤条件。

（3）BLANKS 和 WHITESPACE 表示若干个空格。

（4）判断条件若使用 p1:p2 作为比较表达式，则其意义与在 postion 子句中的意义相同，表示从该行指定位置获取数据进行比较，起始位置和结束位置表示的都是字节位置，包含边界 p1、p2。

（5）如果判断条件中使用 colid 作为比较表达式，则该列必须在 INTO 表的 coldef_option 中进行说明。

（6）如果判断条件中使用 colid 作为比较表达式，则判断条件中使用的列仅用于过滤，并且没有对应表中的某个实际列，应在 col_def 中指明 FILLER 属性表示装载时跳过该列。

（7）如果判断条件中比较数据是字符常量值，其长度小于比较表达式长度，则在其之后补充空格；如果判断条件中比较数据是二进制串常量，其长度小于比较表达式长度，则在之后补充 0。

9. 多表装载

通过在控制文件中指定多个 INTO TABLE 子句，可以将一批数据同时向多个表进行装载。每个 INTO TABLE 子句中都可以指定 WHEN 过滤条件、FIELDS 子句和列定义子句。对于多表装载的使用需要注意以下几点。

（1）每个 INTO TABLE 子句的目标表必须是不同的表。

（2）多表装载时不支持直接装载分区表子表。

（3）对于第 2 个及其之后的 INTO TABLE 子句，在其 coldef_option 中，必须为第一列指定 POSITION 选项。

10. 个性化设置

用户通过设置 dmfldr 的 SKIP、LOAD、ROWS 参数，可以调整装载的起始行、装载最大行数及每次提交的行数。

SKIP 参数用来设置跳过数据文件起始的逻辑行数、整型数值。默认跳过的起始行数为 0 行。如果用户指定了多个文件且起始文件中的行数不足 SKIP 所指定的行数，则 dmfldr 工具会扫描下一个文件直至累加的行数等于 SKIP 所设置的行数。

LOAD 参数用来设置装载的最大行数、整型数值。默认的最大装载行数为数据文件中的所有行数。LOAD 指定的值不包括 SKIP 指定的跳过的行数。

ROWS 参数用来设置每次提交的行数、整型数值。默认的提交行数为 50000 行。提交行数的值表示提交到服务器的行数，并不一定代表按照数据文件中的数据顺序的行数。用户可以根据实际情况调整每次提交的行数，以达到性能的最佳点。ROWS 参数作用在 MODE 为 IN 的情况下，当 MODE 为 OUT 时无效。

11. 提升 dmfldr 性能

用户在使用 dmfldr 时，可以根据系统和数据的具体情况对一些参数进行调整，以获得更好的性能，这些参数如下。

（1）BUFFER_NODE_SIZE。

BUFFER_NODE_SIZE 设置读取文件缓冲区页大小，值越大，缓冲区的页越大，每次读取的数据就越多，每次发送到服务器的数据也就越多，效率越高。但其大小受dmfldr 客户端内存大小的限制。

（2）READ_ROWS。

在某些情况下，BUFFER_NODE_SIZE 读入的数据行数很大，而后续操作处理不了这么大的行数，此时可以用 READ_ROWS 来限制处理的行数。dmfldr 取 READ_ROWS 和 BUFFER_NODE_SIZE 中较小的值作为一次处理的行数。

（3）SEND_NODE_NUMBER。

SEND_NODE_NUMBER 用于指定 dmfldr 在数据载入时发送节点的个数，默认由系统计算一个初始值。若在数据载入时发送节点不够用，则系统会动态增加分配。在系统内存充足的情况下，可以适当增大 SEND_NODE_NUMBER 的值，提升 dmfldr 载入性能。

（4）TASK_THREAD_NUMBER。

指定 dmfldr 数据载入时处理用户数据的线程数目。在默认情况下，dmfldr 将该参数值设为系统 CPU 的个数，但当 CPU 个数大于 8 时，默认值都被置为 8。在 dmfldr 客户端所在机器 CPU 个数大于 8 的环境中，提高 TASK_THREAD_NUMBER 的值可以提升 dmfldr 装载的性能。

（5）BLDR_NUM。

在水平分区表装载时，指定服务器 BLDR 的最大个数，默认为 64 个。

服务器的 BLDR 保存水平分区子表相关信息，BLDR_NUM 指定服务器同时载入的水平分区子表的个数。若 BLDR_NUM 设置太大，当水平分区子表数过多时，则可能会导致服务器内存不足。当载入时实际需要的 BLDR 个数超出 BLDR_NUM 设置的值时，会淘汰指定子表的 BLDR，并且替换为新的子表 BLDR。

（6）BDTA_SIZE。

BDTA（Batch Data）的大小，默认为 5000。

BDTA 代表 DM 批量数据处理机制中一个批量，在内存、CPU 允许的条件下，增大 BDTA_SIZE 能加快装载速度；在网络是装载性能遭遇瓶颈的原因时，增大 BDTA_SIZE 影响不大。

（7）INDEX_OPTION。

索引的设置选项，默认为 1。可选项有“1”“2”“3”。

“1”代表服务器装载数据时先不刷新二级索引，而是将新数据按照索引预先排序，在装载完成后，再将排好序的数据插入索引。如果在数据载入前，目标表中已有较多数据，则建议置为“1”。

“2”代表服务器在快速装载过程中不刷新二级索引数据，只在装载完成时重建所有二级索引。如果在数据载入前，目标表中没有数据或数据量较小，则建议置为“2”。

“3”代表服务器使用追加模式来进行二级索引的插入，在数据装载的过程中，同时进行二级索引的插入。当原有数据量远大于插入数据量时，则建议置为“3”。

12. 使用限制

dmfldr 支持大字段数据的导出、自增列装载、数据排序、条件过滤、多表装载、主备切换装载、MPP 本地分发等，dmfldr 的使用也存在如下一些限制。

（1）不支持向临时表、外部表装载数据。

（2）不支持向系统表装载数据。

（3）不支持向带有位图索引的表装载数据。

（4）不支持向带有函数索引的表装载数据。

（5）不支持向带有全文索引的表装载数据。

（6）不支持向 DCP 代理装载数据。

（7）主备切换数据装载仅支持单机的主备，不支持 MPP 主备，不支持分区表装载。

（8）在 dmfldr 装载时，应对约束进行检查，对各种约束的处理机制如表 7-7 所示。

表 7-7　dmfldr 装载时约束处理机制

约　　束	数据不满足时	数据插入与否	约束是否有效
非空约束（NOT NULL）	报错	不插入	有效
聚集索引（CLUSTER PRIMARY KEY）	报错	不插入	有效
唯一约束（UNIQUE，PRIMARY KEY）	报错	插入	失效
引用约束（FOREIGN KEY）	不报错	插入	有效
CHECK 约束（CHECK）	不报错	插入	有效

7.4.4　应用示例

【例 7-3】 dmfldr 命令行工具数据导入举例。现将 D:/test 目录下多个数据文件 test001.txt、test002.txt、test003.txt 等导入 test 表中。

（1）准备数据文件和表。

新建 test.txt 的文件，将数据文件名和路径都存放在此文件中，内容如下：

```
D:\test\test001.txt
D:\test\test002.txt
D:\test\test003.txt
```

test001.txt 数据文件内容如下：

```
11|2020-03-04|"a3"|"aa"      a6
12|2020-03-05|"b3"|"bb"      b6
13|2020-03-06|"c3"|"cc"      c6
14|2020-03-07|"d3"|"dd"      d6
```

test002.txt 数据文件内容如下：

```
15|2020-03-08|"e3"|"ee"      e4 e6
16|2020-03-09|"f3"|"ff"      f4 f6
17|2020-13_09|"g3"|"gg"      g4 g6
```

test003.txt 数据文件内容如下：

```
18|2020-03-08|"h3"|"hh"      h4-h6
19|2020-03-09|"i3"|"ii"      i4-i6
20|2020-03-10|"j3"|"jj"      j4-j6
21|2020-03-11|"k3"|"kk"      k4-k6
```

test 表结构如下：

```
CREATE TABLE test(
    f1 INT PRIMARY KEY,
    f2 DATE,
    f3 VARCHAR(20),
    f4 VARCHAR(10),
    f5 VARCHAR(40),
```

```
    f6 VARCHAR(20)
);
```

（2）编写控制文件。

导入要求如下：test 表有 6 个字段，分别是 F1～F6，数据文件以“｜”分割，第 1 列编码插入 F1 字段，第 2 列是时间类型，插入 F2 字段，F3 字段要求插入空值，F4 字段插入第 4 列双引号中的数据（控制文件需要指定封闭符），F5 字段插入固定值 test，F6 字段插入第 4 列剩余部分并去掉数据两头多余空格。

根据数据文件和导入要求编写控制文件 test.ctrl。其中，OPTIONS 选项中定义了 SKIP、ROWS、DIRECT 和 INDEX_OPTION 参数；定义了一个 LOAD 项，LOAD 项中指定了数据文件（因为多个数据文件包含在 test.txt 文件中，所以 INFILE 中指定了 LIST 选项）、BADFILE 文件、操作的数据库表、行分隔符、列定义及列分隔符等。控制文件内容如下。

```
OPTIONS
(
SKIP = 0
ROWS = 50000
DIRECT = TRUE
INDEX_OPTION = 2
)
LOAD DATA
INFILE LIST 'D:/test/test.txt' STR X '0D0A'
BADFILE 'D:/test/test.bad'
INTO TABLE test
FIELDS '|'
(
F1,
F2 DATE FORMAT 'YYYY-MM-DD',
F3 NULL,
F4 TERMINATED BY WHITESPACE ENCLOSE BY '"',
F5 CONSTANT "test",
F6 "trim( )"
)
```

（3）执行导入命令。

使用 dmfldr 命令导入数据，参考执行命令如下：

```
dmfldr SYSDBA/SYSDBA control='D:/test/test.ctrl' log='D:/test/in_test.log'
```

（4）查看导入结果。

从执行结果中可以看出，10 条数据导入成功，1 条数据导入失败。test.bad 中记录了导入失败的数据内容，内容展示如下：

```
dmfldr: 2020-03-24 15:53:28 DMHR->TEST 17|2020-13_09|"g3"|"gg"    g4 g6
```

可以看出，因为时间数据异常的原因导致该记录没有正常导入。导入完成后的 test 表数据查询结果如图 7-9 所示。

消息　结果集

	F1 INT	F2 DATE	F3 VARCHAR(20)	F4 VARCHAR(10)	F5 VARCHAR(40)	F6 VARCHAR(20)
1	11	2020-03-04	NULL	aa	test	a6
2	12	2020-03-05	NULL	bb	test	b6
3	13	2020-03-06	NULL	cc	test	c6
4	14	2020-03-07	NULL	dd	test	d6
5	15	2020-03-08	NULL	ee	test	e4 e6
6	16	2020-03-09	NULL	ff	test	f4 f6
7	18	2020-03-08	NULL	hh	test	h4-h6
8	19	2020-03-09	NULL	ii	test	i4-i6
9	20	2020-03-10	NULL	jj	test	j4-j6
10	21	2020-03-11	NULL	kk	test	k4-k6

图 7-9　dmflr 命令导入数据完成后的查询结果

如果重复执行一次导入动作，此时由于 test 表中 F1 为主键，主键值冲突导致数据导入失败。从日志文件 in_test.log 中可以看出数据 0 行加载，但此时 test.bad 中仍然只记录了时间异常的那条数据，其他导入失败的数据未计入。这是因为 BADFILE 只记录数据解析失败的数据，对于约束等原因导致的数据库插入失败，BADFILE 中不记录。

【例 7-4】dmfldr 命令行工具数据导出举例。现将 DMHR 用户下 employee 表数据导出，数据文件保存至 D:/test/employee.csv。

（1）准备测试表和数据。

查看 employee 表结构，表结构定义如下：

```
SQL> desc employee;

行号        NAME                TYPE$           NULLABLE
---------- ------------- ----------- -----------------------------------------
1          EMPLOYEE_ID         INTEGER            N
2          EMPLOYEE_NAME       VARCHAR(20)        Y
3          IDENTITY_CARD       VARCHAR(18)        Y
4          EMAIL               VARCHAR(50)        N
5          PHONE_NUM           VARCHAR(20)        Y
6          HIRE_DATE           DATE               N
7          JOB_ID              VARCHAR(10)        N
8          SALARY              INTEGER            Y
9          COMMISSION_PCT      INTEGER            Y
10         MANAGER_ID          INTEGER            Y
11         DEPARTMENT_ID       INTEGER            Y
```

查看 employee 表数据，这里展示部分数据样例，如图 7-10 所示。

	EMPLOYEE_ID INT	EMPLOYEE_NAME VARCHAR(20)	IDENTITY_CARD VARCHAR(18)	EMAIL VARCHAR(50)	PHONE_NUM VARCHAR(20)	HIRE_DATE DATE	JOB_ID VARCHAR(1	SALARY INT	COMM... INT	MANAGER_ID INT	DEPAR INT
1	1001	马学铭	340102196202303000	maxueming@dameng.com	15312348552	2008-05-30	11	30000	0	1001	101
2	1002	程擎武	630103197612261000	chengqingwu@dameng.com	13912366391	2012-03-27	21	9000	0	1002	102
3	1003	郑吉群	11010319670412101X	zhengjiqun@dameng.com	18512355646	2010-12-11	31	15000	0	1003	103
4	1004	陈仙	360107196704031000	chenxian@dameng.com	13012347208	2012-06-25	41	12000	0	1004	104
5	1005	金纬	450105197911131000	jinwei@dameng.com	13612374154	2011-05-12	51	10000	0	1005	105
6	2001	李慧军	430103196703240000	lihuijun@dameng.com	18712372091	2010-05-15	11	10000	0	2001	201
7	2002	常鹏程	11010719780703500X	changpengcheng@dameng.com	18912366321	2011-08-06	21	5000	0	2002	202
8	2004	谢俊人	450103197212156000	xiejunren@dameng.com	14712377545	2014-03-02	41	5000	0	2004	204
9	3001	苏国华	52010519731102591X	suguohua@dameng.com	15612350864	2010-10-26	11	30000	0	3001	301
10	3002	强洁芳	370107197308092000	qiangjiefang@dameng.com	18112349195	2011-07-16	21	10000	0	3002	302

图 7-10　employee 表数据样例

查看表结构和数据是为编写控制文件做准备的。控制文件中定义了列名称；对于时间类型字段，建议根据实际业务需要指定format格式。

（2）编写控制文件。

根据表结构编写控制文件。其中，导出表名为 employee，列分割隔符为“｜”，行分隔符保持默认，IDENTITY_CARD 字段用双引号指明（指定封闭符“"”），HIRE_ DATE 字段格式指定为“YYYY-MM-DD”，编写完成后保存至数据文件相同的目录下，命令为 out_employee.ctrl。参考内容如下：

```
LOAD DATA
INFILE *
INTO TABLE dmhr.employee
FIELDS '|'
(
 EMPLOYEE_ID,
 EMPLOYEE_NAME,
 IDENTITY_CARD OPTIONALLY ENCLOSE BY '"',
 EMAIL,
 PHONE_NUM,
 HIRE_DATE date format 'YYYY-MM-DD',
 JOB_ID,
 SALARY,
 COMMISSION_PCT,
 MANAGER_ID,
 DEPARTMENT_ID
)
```

（3）执行导出命令。

使用 dmfldr 命令导出数据，导出数据文件指定为 D:/test/employee.csv，日志文件指定为 D:/test/out_employee.log，参考执行命令如下（注意，导出需要指定 MODE='OUT'）：

```
dmfldr sysdba/SYSDBA control='D:/test/out_employee.ctrl' MODE='OUT' data='D:/test/employee.csv'
log='D:/test/out_employee.log'
```

（4）查看导出数据。

导出完成后，查看指定的数据文件 D:/test/employee.csv，核对导出数据是否准确、记录是否完整。

【例 7-5】 dmfldr 命令行工具大字段导出举例。现将 testlob 表数据导出到 D:/test/testlob.txt 文件中，大字段导出到 D:/test/testlob.lob 文件中。

（1）创建测试表和插入数据。

创建 testlob 表，字段 ID 为自增列，插入数据，表结构参考如下：

```
CREATE TABLE testlob(id INT IDENTITY, name VARCHAR(20), info1 BLOB, info2 CLOB);
INSERT INTO testlob(name, info1, info2) VALUES('张学名', 0xabcdef001, '武汉市东湖高新区未来科技城');
INSERT INTO testlob(name, info1, info2) VALUES('陈无良', 0xdfdfd234, '江苏省南京市雨花台区花神大道');
INSERT INTO testlob(name, info1, info2) VALUES('马梁', 0xfadaaf123, '上海市浦东新区上海市张江高科技园区');
INSERT INTO testlob(name, info1, info2) VALUES('李梅', 0xab121032def, '北京市海淀区中关村南大街');
INSERT INTO testlob(name, info1, info2) VALUES('程一航', 0xdadde110, '四川省成都市高新区天顺北街');
commit;
```

（2）编写控制文件。

编辑控制文件 testlob.ctrl，存放路径为 D:/test/testlob.ctrl，内容如下：

```
LOAD DATA
INFILE 'D:/test/testlob.txt'
INTO TABLE testlob
FIELDS '|'
(
ID,
NAME,
INFO1,
INFO2
)
```

（3）执行导出命令。

使用 dmfldr 命令导出数据，执行命令参考如下：

```
dmfldr userid=SYSDBA/SYSDBA@localhost:5236 control='D:/test/testlob.ctrl'  lob_directory='D:/test/' MODE='OUT' lob_file_name='testlob.lob'
```

（4）查看导出结果。

从执行结果中可以看出共导出 5 行记录。D:/test 目录下生成 testlob.txt 和 testlob.lob 文件，testlob.lob 文件无法直接打开，testlob.txt 文件大字段导出样例如图 7-11 所示。

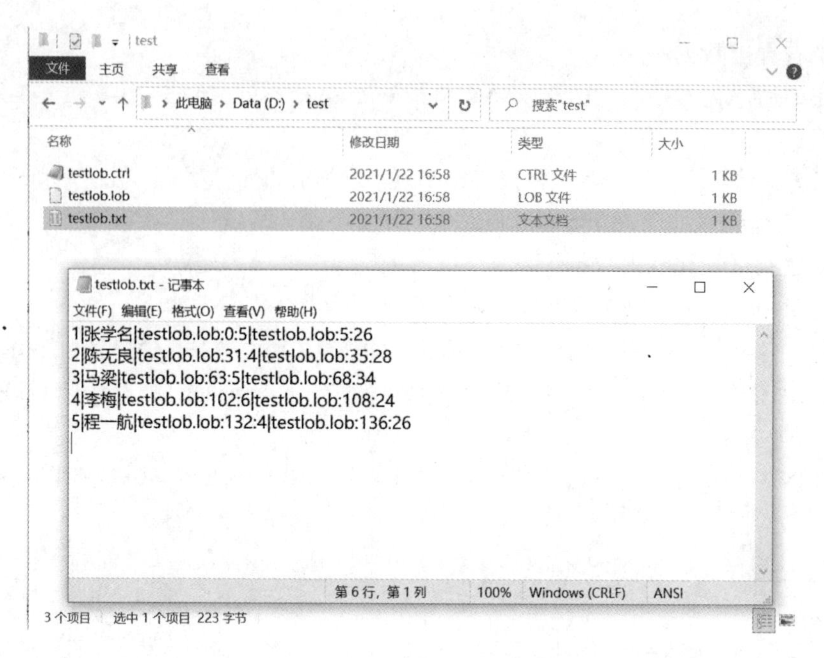

图 7-11 大字段导出样例

【例 7-6】 dmfldr 命令行工具大字段导入举例。将例 7-5 导出的数据导入服务器 192.168.88.101 的 testlob 表中（testlob 表需要提前创建好，结构同例 7-5）。

使用 dmfldr 命令导入数据，指定 set_identity 为 FALSE（忽略数据文件中对应自增列的值），client_lob 参数指定为 TRUE，使用 lob_file_name 参数指定客户端文件位置，参考执行命令如下：

```
dmfldr userid=SYSDBA/SYSDBA@192.168.88.101:5236 control='D:/test/testlob.ctrl'
lob_directory='D:/test/' MODE='OUT'  lob_file_name='testlob.lob'  client_lob=TRUE DIRECT=TRUE
set_identity=FALSE
```

从执行结果中可以看出共导入 5 行记录。查询 testlob 表数据如图 7-12 所示。

消息 结果集

	ID INT	NAME VARCHAR(	INFO1 BLOB	INFO2 CLOB
1	1	张学名	<二进制数据>	<长文本>
2	2	陈无良	<二进制数据>	<长文本>
3	3	马梁	<二进制数据>	<长文本>
4	4	李梅	<二进制数据>	<长文本>
5	5	程一航	<二进制数据>	<长文本>

图 7-12 大字段导入结果示例

第 8 章 日志挖掘分析程序设计

日志挖掘分析主要是通过分析数据库归档日志，得到数据库的 DML、DDL、DCL 等操作记录，便于数据库审计或数据恢复。本章介绍达梦数据库 DM Logmnr 日志分析接口和 DBMS_LOGMNR 系统包相关使用方法。

8.1 DM Logmnr 主要功能及应用方法

DM Logmnr 是达梦数据库的日志分析工具。利用该工具，数据库管理员可以轻松地获取达梦数据库归档日志文件中的具体内容，从而解析出所有 DDL、DCL 和 DML 等数据库操作语句。该工具适用于调试、审计或者重做某个特定的事务。达梦数据库提供了应用程序直接调用的 JNI 接口和 C 接口，还提供了可直接在数据库中调用的 DBMS_LOGMNR 系统包。DM Logmnr 工具的主要用途如下。

（1）跟踪数据库的变化。可以离线跟踪数据库的变化，而不会影响在线系统的性能。

（2）回退数据库的变化。根据得到的重做 SQL 语句反写回退 SQL 语句，回退特定的变化数据，减少基于时间点恢复的执行。

（3）优化和扩容计划。可以通过分析日志文件中的数据，得到数据增长的模式。

（4）确定数据库的逻辑损坏时间。准确定位操作执行的时间和 LSN（Log Sequence Number，日志序列号），以便进行基于时间和 LSN 的恢复。

（5）执行后续审计。通过日志得到 DML、DDL、DCL 等操作的执行时间和操作用户。

DM Logmnr 接口调用的步骤是：①初始化 Logmnr 环境；②创建一个分析日志的连接；③添加需要分析的日志文件；④启动日志文件分析；⑤获取完成分析的日志数据；⑥终止日志文件分析；⑦关闭当前连接；⑧销毁 Logmnr 环境。

在使用 DM Logmnr 包中的接口之前，需要先开启两个日志相关参数。一是开启归档，设置 INI 参数 ARCH_INI 为 1；二是开启在日志中记录逻辑操作的功能，设置 dm.ini 配置文件中的参数 RLOG_APPEND_LOGIC 为 1、2 或 3。

8.2 DM Logmnr JNI 应用程序设计

DM Logmnr JNI 是达梦数据库日志分析的 Java 语言接口，由位于 DM 安装目录的 jar 目录下的 com.dameng.logmnr.jar 包提供，logmnr.jar 包括 LogmnrDll 和 LogmnrRecord 两类。LogmnrDll 提供日志挖掘分析的所有接口，LogmnrRecord 用于存放调用 LogmnrDll 日志分析后的结果数据（日志分析结果数据保存在 LogmnrRecord 的成员变量中）。

8.2.1 DM Logmnr JNI 接口说明

DM Logmnr JNI 是日志分析 Java 调用接口，主要的接口函数说明如表 8-1 所示。

表 8-1 DM Logmnr JNI 主要的接口函数说明

函数原型	参数	返回值	功能
int LogmnrDll.initLogmnr( )	无	0: 初始化成功; 小于 0 的值和异常：初始化失败	初始化 DM Logmnr 环境
long LogmnrDll.createConnect(String hostName, int port, String userName, String password)	hostName：IP 或主库名。 port：端口号。 userName：用户名。 password：密码	创建的数据库连接标识 ID	创建一个分析日志的连接
int LogmnrDll.addLogFile(long connId, String logFileName, int option)	connId：数据库连接标识。 logFileName：需要分析的归档日志文件名（绝对路径）。 option：可选配置参数。1 表示结束当前日志挖掘（隐式调用 endLogmnr，之前添加的归档日志文件将被清除），并增加新的归档日志文件。2 表示删除日志文件。3 表示增加归档日志文件	0：添加成功； 小于 0 的值和异常：添加失败	添加需要分析的归档日志文件
int LogmnrDll.removeLogFile (long connId, String logFileName)	connId：数据库连接标识。 logFileName：需要移除的归档日志文件名（绝对路径）	0：移除成功； 小于 0 的值和异常：移除失败	移除指定的归档日志文件
int LogmnrDll.startLogmnr (long connId, long trxid, String startTime, String endTime)	connId：数据库连接标识。 trxid：分析归档日志的事务 id 号，默认为-1，表示不区分事务号。 startTime：分析归档日志的起始时间，默认为 1988/1/1。 endTime：分析归档日志的结束时间，默认 2110/12/31	0：启动成功； 小于 0 的值和异常：启动失败	启动当前会话的归档日志文件分析，对添加的归档日志文件进行日志分析

（续表）

函数原型	参数	返回值	功能
LogmnrRecord[ ] LogmnrDll.getData(long connId, int rownum)	connId：数据库连接标识。 rownum：获取行数	获取的 Logmnr 记录，为 LogmnrRecord 对象数组，详见表 8-2	获取日志文件分析结果数据
int LogmnrDll.endLogmnr(long connId, int option)	connId：数据库连接标识。 option：可选模式如下。0：清除当前会话的归档日志文件分析环境，再次分析时需要重新 add_logfile。1：保留当前会话的归档日志文件分析环境，不需要重新 add_logfile	0：终止成功； 小于 0 的值和异常：终止失败	终止当前会话的归档日志文件分析
int LogmnrDll.closeConnect(long connId)	connId：数据库连接标识	0：关闭成功； 小于 0 的值和异常：关闭失败	关闭当前连接，清理字典缓存等
boolean LogmnrDll.deinitLogmnr( )	无	0：添加销毁； 小于 0 的值和异常：销毁失败	销毁 Logmnr 环境
int LogmnrDll.setAttr(long connId, int attr, int attr_value)	connId：数据库连接标识。 attr：属性名。 attr_value：属性值	0：添加成功； 小于 0 的值和异常：添加失败	设置属性。有如下 3 个属性可以配置： LogmnrDll.LOGMNR_ATTR_PARALLEL_NUM 并行线程数有效值(2,16)； LogmnrDll.LOGMNR_ATTR_BUFFER_NUM 任务缓存节点数有效值(8,1024)； LogmnrDll.LOGMNR_ATTR_CONTENT_NUM 结果缓存节点数有效值(256,2048)

LogmnrRecord 对象说明如表 8-2 所示，获取和设置 LogmnrRecord 对象数组成员变量可以使用相应的“get+成员变量”和“set+成员变量”方法。

表 8-2　LogmnrRecord 对象说明

成员变量	类型	说明
scn	long	当前记录的 LSN
startScn	long	当前事务的起始 LSN
commitScn	long	当前事务的截止 LSN
timestamp	String	当前记录的创建时间
startTimestamp	String	当前事务的起始时间

（续表）

成员变量	类　型	说　明
commitTimestamp	String	当前事务的截止时间
xid	String	当前记录的事务 ID 号
operation	String	操作类型包括 start、insert、update、delete、commit、rollback 等语句
operationCode	String	操作类型。插入操作值为 1，更新操作值为 3，删除操作值为 2，事务起始语句值为 6，提交操作值为 7，回滚操作值为 36
rollBack	int	当前记录是否被回滚（1 是，0 否）
segOwner	String	执行这条语句的用户名
tableName	String	操作的表名
rowId	String	对应记录的行号
rbasqn	int	对应的归档日志文件号
rbablk	int	RBASQN 所指日志文件的块号从 0 开始
rbabyte	int	RBABLK 所指块号的块内偏移
dataObj	int	对象 ID 号
dataObjv	int	对象版本号
sqlRedo	String	当前记录对应的 SQL 语句
rsId	Stirng	记录集 ID
ssn	int	连续 SQL 标识。如果 SQL 长度超过单个 sql_redo 字段能存储的长度，则 SQL 会被截断成多个 SQL 片段在结果集中"连续"返回
csf	int	与 SSN 配合。最后一个片段的 csf 值为 0，其余片段的值均为 1。未因超长发生截断的 SQL 该字段值均为 0
status	int	日志状态。默认为 0

8.2.2 DM Logmnr JNI 应用示例

下面用一个例子来说明 DM Logmnr JNI 接口的使用方法。

【例 8-1】数据库安装在本机上，端口号为 5236，用户名 DMHR，密码为 dameng123，数据库已开启归档模式。分析如下步骤产生的归档日志，分析结果放在 D:\dmdata\LogmnrResult.txt 中。

1. 配置环境

参考 8.4.3 节中的内容配置环境，配置归档和开启 RLOG_APPEND_LOGIC 参数。

2. 准备相关测试表和数据、操作、归档日志文件

构建测试表和测试数据，模拟数据库操作。我们使用 SYSDBA 用户创建 t_testlogmnr 表，插入表数据，并测试更新、删除和 TRUNCATE 操作。SQL 语句参考如下：

```
CREATE TABLE t_testlogmnr (id INT,name VARCHAR(50));
INSERT INTO t_testlogmnr VALUES(1,'liming');
INSERT INTO t_testlogmnr VALUES(2,'dameng');
```

```
INSERT INTO t_testlogmnr VALUES(3,'test');
INSERT INTO t_testlogmnr VALUES(4,'hanmeimei');
INSERT INTO t_testlogmnr VALUES(5,'daiwei');
INSERT INTO t_testlogmnr VALUES(6,'jack');
UPDATE t_testlogmnr SET id = id + 10 WHERE id <10;
DELETE t_testlogmnr WHERE id IN (11, 12);
COMMIT;
TRUNCATE TABLE t_testlogmnr;
```

操作完成后，使用 SYSDBA 权限，执行如下命令，切换归档日志：

```
alter system archive log current;
```

此时查看 V$LOGMNR_LOGS 视图可获取最新归档日志（序列号最大的为最新归档日志），假设获取的最新归档日志为："D:\dmdbms\arch\ARCHIVE_LOCAL1_0x62608140[0]_2020-03-29_16-33-53.log"。

3. 配置 Java 构建路径

参照 7.2.2 节，在 Eclipse 中右键工程名称选择执行"构建路径|配置构建路径"命令，打开 Java 构建配置页面，在"库（Library）"页签中，单击"添加外部 JAR"按钮，选择 com.dameng.logmnr.jar 包，并选择本地库位置（因 Logmnr 是 JNI 接口，运行时需调用达梦动态库.dll 文件，所以需要配置本地库路径，否则无法正常运行），单击"编辑"按钮，填写达梦数据库（驱动）安装目录（DM 安装目录\bin 或 drivers\logmnr），依次单击"确定"按钮。

4. 编写装载类

在 Java 工程中新建 TestLogmnr 类，代码中指定需要分析的归档日志文件"D:\dmdbms\arch\ARCHIVE_LOCAL1_0x62608140[0]_2020-03-29_16-33-53.log"，将分析的归档日志结果数据输出至文件"D:\test\LogmnrResult.txt"中。参考代码如下：

```
package com.dameng;
import java.io.File;
import java.io.FileOutputStream;
import com.dameng.logmnr.LogmnrDll;
import com.dameng.logmnr.LogmnrRecord;
public class TestLogmnr {
   public static void main(String[ ] args) {
      try {
         //初始化Logmnr环境
         LogmnrDll.initLogmnr( );
         //设置服务器信息
         String host = "localhost";
         int port = 5236;
         String userName = "SYSDBA";
         String password = "SYSDBA";
```

```
//创建连接
long connid = LogmnrDll.createConnect(host, port, userName, password);
//添加归档日志文件
String logfile ="D:\\dmdbms\\arch\\ARCHIVE_LOCAL1_0x62608140[0]_2020-03-29_16-33-53.log";
LogmnrDll.addLogFile(connid, logfile, 3);
//启动日志分析
LogmnrDll.startLogmnr(connid, -1, null, null);
//获取数据
LogmnrRecord[ ] arr = LogmnrDll.getData(connid, 100);
/* *******************将获取的归档日志信息输出至文件中***************** */
File file = new File("D:\\test\\LogmnrResult.txt");
FileOutputStream out = new FileOutputStream(file);
StringBuffer sb = new StringBuffer( );
String lineendstr ="\r\n";    //定义换行符
String split ="|";            //定义分隔符
//定义表头
sb.append("Xid|Operation|OperationCode|Scn|StartScn|CommitScn|Timestamp"+"|SegOwner|
        TableName|RowId|Rbasqn|rsId|sqlRedo"+ lineendstr);
sb.append("事务ID|操作类型编号|操作类型|记录LSN|起始LSN|截止LSN|创建时间|用户名|表
        名|行号|归档日志文件号|记录集ID|SQL语句"+ lineendstr);
//循环读取归档日志中相关数据信息
for (int i = 0; i < arr.length; i++) {
  //只获取T_TESTLOGMNR表的相关操作信息
  if (arr[i].getTableName( ).equals("T_TESTLOGMNR")) {
    sb.append(arr[i].getXid( ) + split);
    sb.append(arr[i].getOperationCode( ) + split);
    sb.append(arr[i].getOperation( )+ split);
    sb.append(arr[i].getScn( ) + split);
    sb.append(arr[i].getStartScn( ) + split);
    sb.append(arr[i].getCommitScn( ) + split);
    sb.append(arr[i].getTimestamp( ) + split);
    //sb.append(arr[i].getStartTimestamp( ) + split);
    //sb.append(arr[i].getCommitTimestamp( ) + split);
    sb.append(arr[i].getSegOwner( ) + split);
    sb.append(arr[i].getTableName( ) + split);
    sb.append(arr[i].getRowId( ) + split);
    sb.append(arr[i].getRbasqn( ) + split);
    //sb.append(arr[i].getRbablk( ) + split);
    //sb.append(arr[i].getRbabyte( ) + split);
    sb.append(arr[i].getRsId( ) + split);
    sb.append(arr[i].getSqlRedo( )+ lineendstr);
```

```
            }
        }
        System.out.println("日志分析完成");
        out.write(sb.toString( ).getBytes("GBK"));//注意需要转换对应的字符集
        out.flush( );  // 清空缓冲区
        out.close( );  // 关闭输出流
        //终止日志分析
        LogmnrDll.endLogmnr(connid, 0);
        //关闭连接
        LogmnrDll.closeConnect(connid);
        //销毁环境
        LogmnrDll.deinitLogmnr( );
        }
        catch (Exception e) {
            e.printStackTrace( );
        }
    }
}
```

5. 运行应用程序，查看数据分析结果

运行 TestLogmnr 类，运行方式选择“Java 应用程序”，程序运行完成后，在 LogmnrResult.txt 文件中查看分析结果。其中，第 1 行是分析结果数据的各属性英文列名，第 2 行是中文属性说明，其他行是分析的归档日志结果数据，各属性值用“|”分割，可以看出第 1 步的相关操作数据都包含在此文件中，如图 8-1 所示。

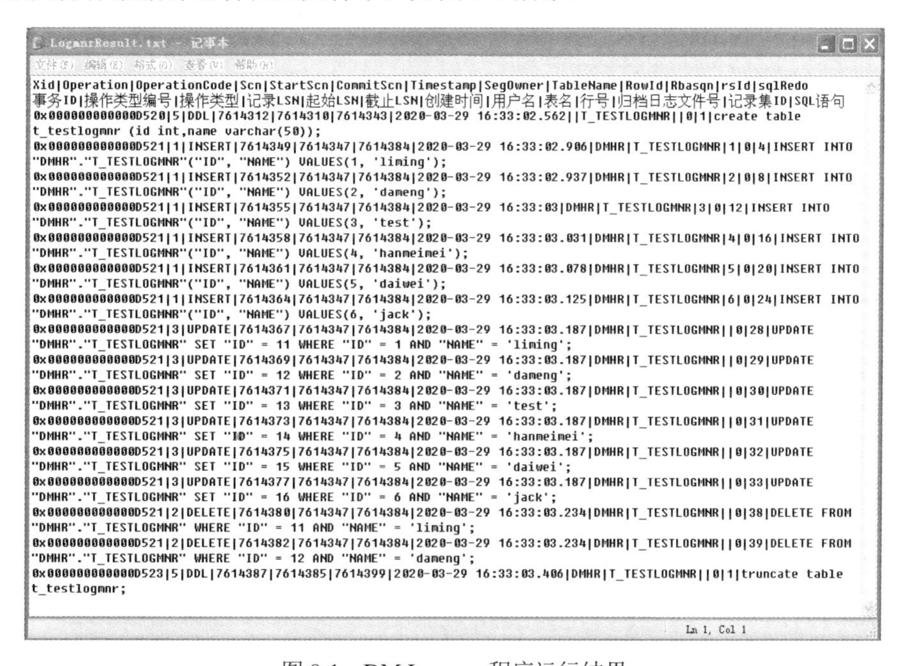

```
Xid|Operation|OperationCode|Scn|StartScn|CommitScn|Timestamp|SegOwner|TableName|RowId|Rbasqn|rsId|sqlRedo
事务ID|操作类型编号|操作类型|记录LSN|起始LSN|截止LSN|创建时间|用户名|表名|行号|归档日志文件号|记录集ID|SQL语句
0x000000000000D520|5|DDL|7614312|7614310|7614343|2020-03-29 16:33:02.562||T_TESTLOGMNR||0|1|create table
t_testlogmnr (id int,name varchar(50));
0x000000000000D521|1|INSERT|7614349|7614347|7614384|2020-03-29 16:33:02.906|DMHR|T_TESTLOGMNR|1|0|4|INSERT INTO
"DMHR"."T_TESTLOGMNR"("ID", "NAME") VALUES(1, 'liming');
0x000000000000D521|1|INSERT|7614352|7614347|7614384|2020-03-29 16:33:02.937|DMHR|T_TESTLOGMNR|2|0|8|INSERT INTO
"DMHR"."T_TESTLOGMNR"("ID", "NAME") VALUES(2, 'dameng');
0x000000000000D521|1|INSERT|7614355|7614347|7614384|2020-03-29 16:33:03|DMHR|T_TESTLOGMNR|3|0|12|INSERT INTO
"DMHR"."T_TESTLOGMNR"("ID", "NAME") VALUES(3, 'test');
0x000000000000D521|1|INSERT|7614358|7614347|7614384|2020-03-29 16:33:03.031|DMHR|T_TESTLOGMNR|4|0|16|INSERT INTO
"DMHR"."T_TESTLOGMNR"("ID", "NAME") VALUES(4, 'hanmeimei');
0x000000000000D521|1|INSERT|7614361|7614347|7614384|2020-03-29 16:33:03.078|DMHR|T_TESTLOGMNR|5|0|20|INSERT INTO
"DMHR"."T_TESTLOGMNR"("ID", "NAME") VALUES(5, 'daiwei');
0x000000000000D521|1|INSERT|7614364|7614347|7614384|2020-03-29 16:33:03.125|DMHR|T_TESTLOGMNR|6|0|24|INSERT INTO
"DMHR"."T_TESTLOGMNR"("ID", "NAME") VALUES(6, 'jack');
0x000000000000D521|3|UPDATE|7614367|7614347|7614384|2020-03-29 16:33:03.187|DMHR|T_TESTLOGMNR||0|28|UPDATE
"DMHR"."T_TESTLOGMNR" SET "ID" = 11 WHERE "ID" = 1 AND "NAME" = 'liming';
0x000000000000D521|3|UPDATE|7614369|7614347|7614384|2020-03-29 16:33:03.187|DMHR|T_TESTLOGMNR||0|29|UPDATE
"DMHR"."T_TESTLOGMNR" SET "ID" = 12 WHERE "ID" = 2 AND "NAME" = 'dameng';
0x000000000000D521|3|UPDATE|7614371|7614347|7614384|2020-03-29 16:33:03.187|DMHR|T_TESTLOGMNR||0|30|UPDATE
"DMHR"."T_TESTLOGMNR" SET "ID" = 13 WHERE "ID" = 3 AND "NAME" = 'test';
0x000000000000D521|3|UPDATE|7614373|7614347|7614384|2020-03-29 16:33:03.187|DMHR|T_TESTLOGMNR||0|31|UPDATE
"DMHR"."T_TESTLOGMNR" SET "ID" = 14 WHERE "ID" = 4 AND "NAME" = 'hanmeimei';
0x000000000000D521|3|UPDATE|7614375|7614347|7614384|2020-03-29 16:33:03.187|DMHR|T_TESTLOGMNR||0|32|UPDATE
"DMHR"."T_TESTLOGMNR" SET "ID" = 15 WHERE "ID" = 5 AND "NAME" = 'daiwei';
0x000000000000D521|3|UPDATE|7614377|7614347|7614384|2020-03-29 16:33:03.187|DMHR|T_TESTLOGMNR||0|33|UPDATE
"DMHR"."T_TESTLOGMNR" SET "ID" = 16 WHERE "ID" = 6 AND "NAME" = 'jack';
0x000000000000D521|2|DELETE|7614380|7614347|7614384|2020-03-29 16:33:03.234|DMHR|T_TESTLOGMNR||0|38|DELETE FROM
"DMHR"."T_TESTLOGMNR" WHERE "ID" = 11 AND "NAME" = 'liming';
0x000000000000D521|2|DELETE|7614382|7614347|7614384|2020-03-29 16:33:03.234|DMHR|T_TESTLOGMNR||0|39|DELETE FROM
"DMHR"."T_TESTLOGMNR" WHERE "ID" = 12 AND "NAME" = 'dameng';
0x000000000000D523|5|DDL|7614387|7614385|7614399|2020-03-29 16:33:03.406|DMHR|T_TESTLOGMNR||0|1|truncate table
t_testlogmnr;
```

图 8-1　DM Logmnr 程序运行结果

8.3 DM Logmnr C 应用程序设计

8.3.1 DM Logmnr C 接口说明

DM Logmnr C 是日志分析的 C 语言接口，主要的接口函数说明如表 8-3 所示，返回值为 0 表示成功，小于 0 表示失败。

表 8-3 DM Logmnr C 主要接口函数说明

函 数 原 型	参 数	功 能
dmcode_t logmnr_client_init( );	无	初始化 DM Logmnr 环境。说明：初始化互斥量等
dmcode_t logmnr_client_create_connect (schar* ip, usint port, schar* uname, schar* pwd, void** conn);	ip：输入参数，服务器 IP。 port：输入参数，端口号。 uname：输入参数，用户名。 pwd：输入参数，登录密码。 conn：输出参数，连接句柄	创建一个分析日志的连接
dmcode_t logmnr_client_add_logfile(void* conn, schar* logfilename, ulint options);	conn：连接句柄。 logfilename：需要分析的归档日志文件名（绝对路径）。 options：可选配置参数，其中，1 为结束当前日志挖掘（隐式调用 endLogmnr，之前添加的归档日志文件将被清除），并增加新的归档日志文件；2 为删除日志文件；3 为增加新的归档日志文件。 说明：一旦 startLogmnr，addLogFile 可以继续添加文件，那么新添加的文件必须比之前添加的所有文件的创建时间都要晚	增加需要分析的归档日志文件
dmcode_t logmnr_client_remove_logfile(void* conn, schar* logfilename);	conn：连接句柄。 logfilename：待移除的归档日志文件名（绝对路径）。 说明：只有 startLogmnr 之前才能进行 remove 操作，否则会报错返回	移除某个需要分析的归档日志文件
dmcode_t logmnr_client_start(void* conn, lint64 trxid, schar* starttime, schar* endtime);	conn：连接句柄。 trxid：分析归档日志的事务 id 号，默认为−1，表示不区分事务号。 starttime：分析归档日志的起始时间，默认 1988/1/1。 endtime：分析归档日志的结束时间，默认 2110/12/31	启动当前会话的归档日志文件分析，对 ADD_LOGFILE 添加的归档日志文件进行日志分析
dmcode_t logmnr_client_get_data(void* conn, lint row_num, logmnr_content_t*** data, lint* real_num);	conn：输入参数，连接句柄。 row_num：输入参数，获取行数。 data：输出参数，返回数据。 real_num：输出参数，实际获取行数	获取数据

（续表）

函 数 原 型	参　　数	功　　能
dmcode_t logmnr_client_end(void* conn, ulint options);	conn：连接句柄。 options：可选模式如下。0：清除当前会话的归档日志文件分析环境，再次分析时需要重新 add_logfile。1：保留当前会话的归档日志文件分析环境，不需要重新 add_logfile	终止当前会话的归档日志文件分析
dmcode_t logmnr_client_close_connect(void* conn);	conn：连接句柄	关闭当前连接。说明：会清理字典缓存等
dmcode_t logmnr_client_deinit( );	无	销毁 DM Logmnr 环境
dmcode_t logmnr_client_set_attr(void* conn, ulint attr, void* val, ulint val_len);	conn：连接句柄。 attr：属性名称。 val：属性 attr 的值。 val_len：属性值 val 的长度	设置日志分析属性。有如下 3 个属性可以设置： LOGMNR_ATTR_PARALLEL_NUM 并行线程数，有效值(2, 16)； LOGMNR_ATTR_BUFFER_NUM 任务缓存节点数，有效值(8, 1024)； LOGMNR_ATTR_CONTENT_NUM 结果缓存节点数，有效值(256, 2048)
dmcode_t logmnr_client_get_attr(void* conn, ulint attr, void* buf, ulint buf_len, ulint* val_len);	conn：输入参数，连接句柄。 attr：输入参数，属性名称。 buf：输出参数，属性 attr 的值。 buf_len：输入参数，属性值缓存 buf 的长度。 val_len：输出参数，属性值的实际长度（<=buf_ len）	获取日志分析属性，有如下 4 个属性可以获取： LOGMNR_ATTR_PARALLEL_NUM 并行线程数，有效值(2, 16)； LOGMNR_ATTR_BUFFER_NUM 任务缓存节点数，有效值(8, 1024)； LOGMNR_ATTR_CONTENT_NUM 结果缓存节点数，有效值(256, 2048)； LOGMNR_ATTR_CHAR_CODE 本地编码（只读）

8.3.2　DM Logmnr C 应用示例

DM Logmnr C 接口依赖的动态链接库在 DM 安装目录\dirvers\logmnr 下，依赖的静态库 dmlogmnr_client.lib 在 DM 安装目录\include 下，所需的头文件 logmnr_client.h 也在 DM 安装目录\include 下。开发环境将达梦安装目录\drivers 添加至环境变量 PATH 中。

应用程序员在调用接口时应注意接口参数为句柄指针时，应传入正确的结构指针，否则可能造成异常。

【例 8-2】数据库安装在本机上，端口号为 5236，用户名 DMHR，密码为 dameng123，数据库已开启归档模式。分析如下步骤产生的归档日志，分析结果显示在控制台窗口，同时将分析结果保存至 D:\dmdata\LogmnrResultTest.txt 文件中，具体方式如下。

1. 配置环境

参照 8.4.3 节配置环境，配置归档和开启 RLOG_APPEND_LOGIC 参数。

2. 构建测试表、数据和归档日志

参照 8.2 节构建表、数据和归档日志。

3. 配置工程属性

参照本书第 7 章创建 C 语言工程属性，配置工程属性页面，包含“C/C++”→“常规”，“链接器”→“常规”配置和 “链接器”→“输入”配置，附加依赖项配置程序所依赖的库文件为“dmlogmnr_client.lib”。

4. 编写装载类

新增 TestLogmnr.c 文件。参考代码如下：

```
#include <stdio.h>
#include <stdlib.h>
#include  " logmnr_client.h "
#define F_PATH   " D:\\dmdata\\LogmnrResultTest.txt "

void main(int argc, schar* argv[ ])
{
    lint rt;
    void* conn;
    logmnr_content_t** logmnr_contents;
    lint real_num;
    ulint char_code;
    FILE* fp;
    fp = fopen(F_PATH,  " w+b " );
    rt = logmnr_client_init( );
    if (rt < 0) {
        fprintf(stderr,  " logmnr_client_init error " );
        exit(-1);
    }

    rt = logmnr_client_create_connect( " LOCALHOST " , 5236,  " SYSDBA " ,  " dameng123 " , &conn);
    if (rt < 0) {
```

```
        fprintf(stderr, " logmnr_client_create_connect error " );
        exit(-1);
    }

    // 添加归档日志文件
    rt = logmnr_client_add_logfile(conn, " D:\\dmdbms\\arch\\ARCHIVE_LOCAL1_0x31091500[0]_
        2020-12-25_14-28-00.log " , LOGMNR_ADDFILE);
    if (rt < 0) {
        fprintf(stderr, " logmnr_client_add_logfile error " );
        exit(-1);
    }

    rt = logmnr_client_set_attr(conn, LOGMNR_ATTR_PARALLEL_NUM, (void*)2, 0);
    if (rt < 0) {
        fprintf(stderr, " logmnr_client_set_attr error " );
        exit(-1);
    }

    rt = logmnr_client_start(conn, -1, NULL, NULL);
    if (rt < 0) {
        fprintf(stderr, " logmnr_client_start error " );
        exit(-1);
    }

    rt = logmnr_client_get_attr(conn, LOGMNR_ATTR_CHAR_CODE, &char_code, 4, 0);
    if (rt < 0) {
        fprintf(stderr, " logmnr_client_set_attr error " );
        exit(-1);
    }

    while (1){
        int j = 0;
        rt = logmnr_client_get_data(conn, 100, &logmnr_contents, &real_num);
        if (rt < 0) {
            fprintf(stderr, " logmnr_client_get_data error " );
            exit(-1);
```

```
            }

            while (j < real_num) {
                printf( " operation:%s, sql_redo:%s\n " , logmnr_contents[j]->operation, logmnr_contents[j]->
                        sql_redo);
                fprintf(fp,  " operation:%s, sql_redo:%s\n " , logmnr_contents[j]->operation, logmnr_contents[j]->
                        sql_redo);
                j++;
            }

            if (real_num == 0)
                printf( " real_num = %d\n " , real_num);
                break;
        }

        rt = logmnr_client_end(conn, 0);
        if (rt < 0) {
            fprintf(stderr,  " logmnr_client_end error " );
            exit(-1);
        }

        rt = logmnr_client_close_connect(conn);
        if (rt < 0) {
            fprintf(stderr,  " logmnr_client_close_connect error " );
            exit(-1);
        }

        rt = logmnr_client_deinit();
        if (rt < 0) {
            fprintf(stderr,  " logmnr_client_deinit error " );
            exit(-1);
        }
    }
```

5. 运行应用程序，查看装载结果

菜单窗口选择“本地 Windows 调试器”选项执行，弹出 Microsoft Visual Studio 调试控制台。在控制台查看日志分析结果，如图 8-2 所示。生成的分析结果见 D:\dmdata\LogmnrResultTest.txt 文件。

```
Microsoft Visual Studio 调试控制台
operation:START, sql_redo:(null)
operation:INSERT, sql_redo:INSERT INTO "SYSDBA"."T_TESTLOGMNR"("ID", "NAME") VALUES(1, 'liming');
operation:ROLLBACK, sql_redo:(null)
operation:INSERT, sql_redo:INSERT INTO "SYSDBA"."T_TESTLOGMNR"("ID", "NAME") VALUES(2, 'dameng');
operation:ROLLBACK, sql_redo:(null)
operation:INSERT, sql_redo:INSERT INTO "SYSDBA"."T_TESTLOGMNR"("ID", "NAME") VALUES(3, 'test');
operation:ROLLBACK, sql_redo:(null)
operation:INSERT, sql_redo:INSERT INTO "SYSDBA"."T_TESTLOGMNR"("ID", "NAME") VALUES(4, 'hanmeimei');
operation:ROLLBACK, sql_redo:(null)
operation:INSERT, sql_redo:INSERT INTO "SYSDBA"."T_TESTLOGMNR"("ID", "NAME") VALUES(5, 'daiwei');
operation:ROLLBACK, sql_redo:(null)
operation:INSERT, sql_redo:INSERT INTO "SYSDBA"."T_TESTLOGMNR"("ID", "NAME") VALUES(6, 'jack');
operation:ROLLBACK, sql_redo:(null)
operation:UPDATE, sql_redo:UPDATE "SYSDBA"."T_TESTLOGMNR" SET "ID" = 11 WHERE "ID" = 1 AND "NAME" = 'liming';
operation:UPDATE, sql_redo:UPDATE "SYSDBA"."T_TESTLOGMNR" SET "ID" = 12 WHERE "ID" = 2 AND "NAME" = 'dameng';
operation:UPDATE, sql_redo:UPDATE "SYSDBA"."T_TESTLOGMNR" SET "ID" = 13 WHERE "ID" = 3 AND "NAME" = 'test';
operation:UPDATE, sql_redo:UPDATE "SYSDBA"."T_TESTLOGMNR" SET "ID" = 14 WHERE "ID" = 4 AND "NAME" = 'hanmeimei';
operation:UPDATE, sql_redo:UPDATE "SYSDBA"."T_TESTLOGMNR" SET "ID" = 15 WHERE "ID" = 5 AND "NAME" = 'daiwei';
operation:UPDATE, sql_redo:UPDATE "SYSDBA"."T_TESTLOGMNR" SET "ID" = 16 WHERE "ID" = 6 AND "NAME" = 'jack';
operation:ROLLBACK, sql_redo:(null)
operation:DELETE, sql_redo:DELETE FROM "SYSDBA"."T_TESTLOGMNR" WHERE "ID" = 11 AND "NAME" = 'liming';
operation:DELETE, sql_redo:DELETE FROM "SYSDBA"."T_TESTLOGMNR" WHERE "ID" = 12 AND "NAME" = 'dameng';
operation:COMMIT, sql_redo:(null)
operation:START, sql_redo:(null)
operation:DDL, sql_redo:truncate table t_testlogmnr;
operation:COMMIT, sql_redo:(null)

C:\Users\chengqing\source\repos\dameng\x64\Debug\dameng.exe (进程 21200)已退出，代码为 0。
```

图 8-2　DM Logmnr C 样例程序运行结果

8.4　DBMS_LOGMNR 包及其应用

DBMS_LOGMNR 是达梦数据库日志挖掘功能使用的系统包，它可以方便地对数据库归档日志进行挖掘，重构 DDL、DML 和 DCL 等操作，审计及跟踪数据库，以及通过获取的信息进行更深入的分析。

目前，DBMS_LOGMNR 只支持对归档日志进行分析，配置归档后，还需要将 dm.ini 配置文件中的 RLOG_APPEND_LOGIC 选项配置为 1 或 2。注意：在 DM MPP 环境下不支持 DBMS_ LOGMNR 包。

8.4.1　主要方法及使用流程

DBMS_LOGMNR 包提供了加载日志文件等相关方法，如表 8-4 所示。

表 8-4　DBMS_LOGMNR 系统包相关方法

函数/过程原型	功　能	参　数	返 回 值
procedure add_logfile (logfilename in varchar, options in int default addfile);	增加日志文件	logfilename：增加文件的全路径。 options：可选配置参数，具体的可选配置包括： NEW，结束当前 Logmnr（调用 LOGMNR_END），并增加指定文件； ADDFILE，在当前 Logmnr 中增加日志文件； REMOVE，从当前 Logmnr 中去除一个日志文件（如果已经 START，则不可移除）	无

（续表）

函数/过程原型	功　　能	参　　数	返　回　值
function column_present(sql_redo_undo in bigint, column_name in varchar default '') return int;	判断某列是否被包含在指定的一行逻辑记录中	sql_redo_undo：REDO 或 UNDO 记录的唯一标识，对应 V$LOGMNR_CONTENTS 中的 REDO_VALUE 或 UNDO_VALUE 字段。 column_name：由模式名.表名.列名组成的字符串	0 或 1，0 表示该值不可以挖掘，1 表示可以挖掘
procedure end_logmnr( );	结束 DM Logmnr	—	无
function mine_value (sql_redo_undo in bigint, column_name in varchar default '') return varchar;	以字符串的格式来获取某一个日志中包含的指定列的值	sql_redo_undo：REDO 或 UNDO 记录的唯一标识，对应 V$LOGMNR_CONTENTS 中的 REDO_VALUE 或 UNDO_VALUE 字段。 column_name：由模式名.表名.列名组成的字符串	以字符串的格式返回某一个日志中包含的指定列的值
procedure remove_logfile (logfilename in varchar);	从日志列表中移除某个日志文件	logfilename：待移除的日志文件名	无
procedure start_logmnr (startscn in bigint default 0, endscn in bigint default 0, starttime in datetime default '1988/1/1', endtime in datetime default '2110/12/31', dictfilename in varchar default '', options in intdefault 0);	根据指定的模式和条件来开始某个会话上的 DM Logmnr，一个会话上仅能 START 一个 DM Logmnr	startscn：分析或加载时的过滤条件，日志起始序列号，默认为 0，表示无限制。 endscn：分析或加载时的过滤条件，日志结束序列号，默认为 0，表示无限制。 starttime：分析或加载时的过滤条件，日志起始时间，默认为 1988/1/1。 endtime：分析或加载时的过滤条件，日志结束时间，默认为 2110/12/31。 dictfilename：离线字典的全路径名，默认为空。如果选用离线字典模式，则需要指定该选项，根据此项提供的全路径来加载离线字典文件。如果已经配置了其他模式（在线字典或者 REDO 日志抽取字典信息），则此项不会生效。 options：提供如表 8-5 所示的可选模式，各模式可以通过+、按位或来进行组合。其他位的值如 1、4、8 等目前不支持，配置后不会报错，但无效	无

表 8-5　Options 选项可选模式

Options	对　应　值	说　明
COMMITTED_DATA_ONLY	2	仅从已交的事务日志中挖掘信息
DICT_FROM_ONLINE_CATALOG	16	使用在线字典
NO_SQL_DELIMITER	64	拼写的 SQL 语句最后不添加分隔符
NO_ROWID_IN_STMT	2048	拼写的 SQL 语句中不包含 ROWID

DBMS_LOGMNR 包的使用步骤是：①添加归档日志文件；②启动归档日志文件分析；③获取分析的日志数据；④终止日志文件分析。整个分析过程需要在同一会话中完成。DB MS_LOGMNR 包的使用流程如图 8-3 所示。

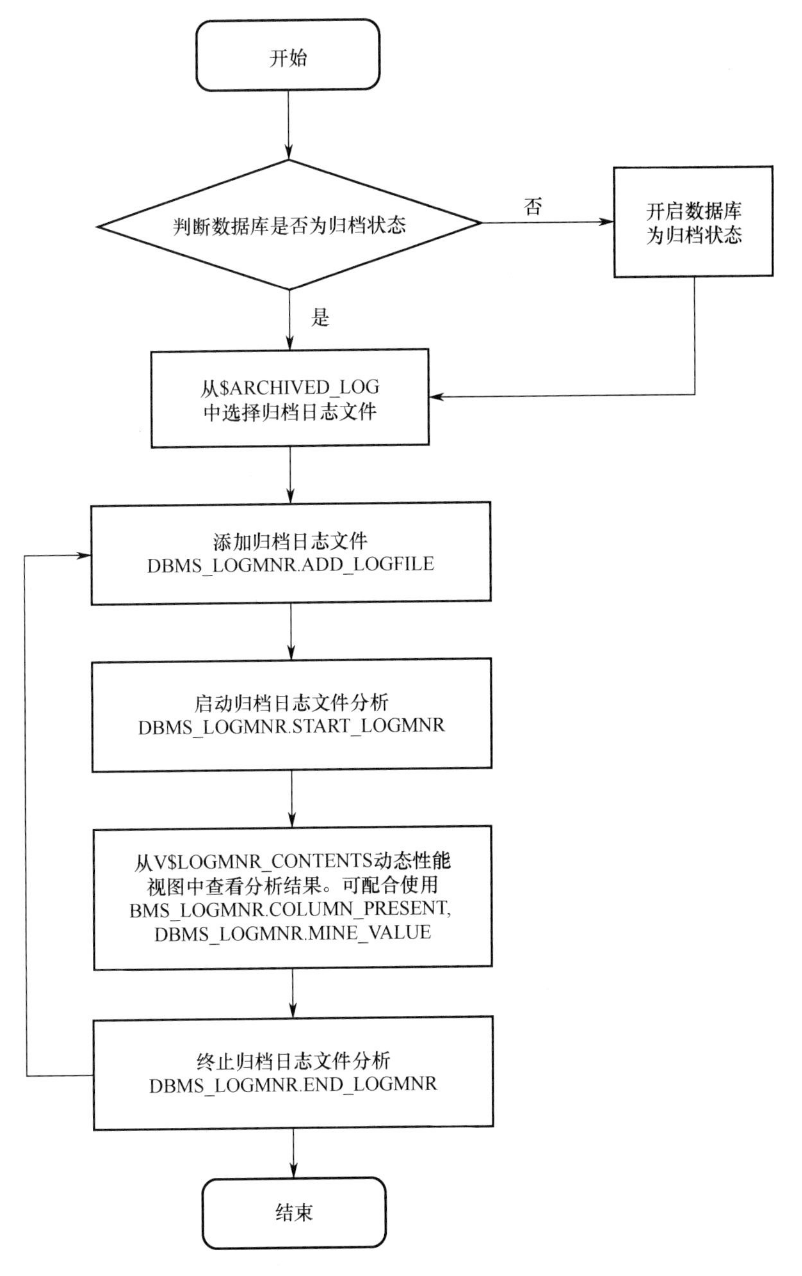

图 8-3　DBMS_LOGMNR 包的使用流程

8.4.2　常用动态性能视图

V$LOGMNR_开头的动态性能视图是日志挖掘相关动态性能视图，这里列出日志挖掘动态性能视图结构说明。

1. V$LOGMNR_CONTENTS

V$LOGMNR_CONTENTS 显示当前会话日志分析的内容。此动态视图与 Oracle 兼容，

表 8-6 中未列出的列 DM 暂不支持，查询时均显示 NULL。

表 8-6 V$LOGMNR_CONTENTS 结构信息

序 号	列	数 据 类 型	说 明
1	SCN	BIGINT	当前记录的 LSN
2	START_SCN	BIGINT	当前事务的起始 LSN
3	COMMIT_SCN	BIGINT	当前事务的截止 LSN
4	TIMESTAMP	DATETIME	当前记录的创建时间
5	START_TIMESTAMP	DATETIME	当前事务的起始时间
6	COMMIT_TIMESTAMP	DATETIME	当前事务的截止时间
7	XID	BINARY(8)	当前记录的事务 ID 号，为 BIGINT 类型的事务 ID 直接转换为十六进制，并在前面补 0
8	OPERATION	VARCHAR(32)	操作类型 OPERATION 和 OPERATION_CODE
9	OPERATION_CODE	INTEGER	分别为：INTERNAL 0、INSERT 1、DELETE 2、UPDATE 3、BATCH_UPDATE 4、DDL 5、START 6、COMMIT 7、SEL_LOB_LOCATOR 9、LOB_WRITE 10 、LOB_TRIM 11 、SELECT_FOR_UPDATE 25 、LOB_ERASE 28、MISSING_SCN 34、ROLLBACK 36、UNSUPPORTED 255、SEQ MODIFY 37
10	ROLL_BACK	INTEGER	当前记录是否被回滚，1 表示是，0 表示否
11	SEG_OWNER	VARCHAR(128)	操作的模式名
12	TABLE_NAME	VARCHAR(128)	操作的表名
13	ROW_ID	VARCHAR(20)	对应记录的行号
14	USERNAME	VARCHAR(128)	执行这条语句的用户名
15	RBASQN	INTEGER	对应的归档日志文件号
16	RBABLK	INTEGER	RBASQN 所指日志文件的块号，从 0 开始
17	RBABYTE	INTEGER	RBABLK 所指块号的块内偏移
18	DATA_OBJ#	INTEGER	对象 ID 号
19	DATA_OBJV#	INTEGER	对象版本号
20	SQL_REDO	VARCHAR(4000)	客户端发送给数据库的 SQL 语句
21	SQL_UNDO	VARCHAR(4000)	暂不支持
22	RS_ID	VARCHAR(32)	记录集 ID
23	SSN	INTEGER	连续 SQL 标识。如果 SQL 长度超过单个 sql_redo 字段能存储的长度，则 SQL 会被截断成多个 SQL 片段在结果集中“连续”返回
24	CSF	INTEGER	与 SSN 配合，最后一个片段的 CSF 值为 0，其余片段的值均为 1。未因超长发生截断的 SQL 该字段值均为 0
25	REDO_VALUE	BIGINT	用于数据挖掘新值
26	UNDO_VALUE	BIGINT	用于数据挖掘旧值
27	CSCN	BIGINT	与 COMMITSCN 一样，已过时
28	SESSION_INFO	VARCHAR(64)	语句来源机器的 IP 地址

2. V$LOGMNR_LOGS

V$LOGMNR_LOGS 显示当前会话添加的需要分析的归档日志文件。此动态视图与 Oracle 兼容，表 8-7 中未列出的列 DM 暂不支持，查询时均显示 NULL。

表 8-7 V$LOGMNR_LOGS 结构信息

序 号	列	数据类型	说 明
1	LOG_ID	INTEGER	日志文件 ID 号
2	FILENAME	VARCHAR(512)	日志文件 ID 名
3	LOW_TIME	DATETIME	日志文件创建时间
4	HIGH_TIME	DATETIME	日志文件最后修改时间
5	DB_ID	INTEGER	日志文件的实例 ID 号
6	DB_NAME	VARCHAR(8)	日志文件的实例名
7	THREAD_ID	BIGINT	默认为 0
8	THREAD_SQN	INTEGER	日志文件的序号
9	LOW_SCN	BIGINT	日志文件最小 LSN
10	NEXT_SCN	BIGINT	日志文件最大 LSN
11	DICTIONARY_BEGIN	VARCHAR(3)	默认为 NO
12	DICTIONARY_END	VARCHAR(3)	默认为 NO
13	TYPE	VARCHAR(8)	默认为 ARCHIVED
14	BLOCKSIZE	INTEGER	默认为 512
15	FILESIZE	BIGINT	日志文件的大小
16	STATUS	INTEGER	默认为 0

3. V$LOGMNR_PARAMETERS

V$LOGMNR_PARAMETERS 显示当前会话 START_LOGMNR 启动日志文件分析的参数。此动态视图与 Oracle 兼容，表 8-8 中未列出的列 DM 暂不支持，查询时均显示 NULL。

表 8-8 V$LOGMNR_PARAMETERS 结构信息

序 号	列	数据类型	说 明
1	START_DATE	DATETIME	过滤分析归档日志的起始时间
2	END_DATE	DATETIME	过滤分析归档日志的截止时间
3	START_SCN	BIGINT	过滤分析归档日志的起始 LSN
4	END_SCN	BIGINT	过滤分析归档日志的截止 LSN
5	OPTIONS	INTEGER	分析归档日志的选项

8.4.3 DBMS_LOGMNR 包应用示例

下面举例说明 DBMS_LOGMNR 包的使用方法。在使用包内的过程和函数之前，如果还未创建过系统包，则需要先调用系统过程创建系统包。

```
SP_CREATE_SYSTEM_PACKAGES (1,'DBMS_LOGMNR');
```

1. 配置环境

使用如下语句核对 ARCH_INI 和 RLOG_APPEND_LOGIC 参数是否正确设置，保证数据库已开启归档模式：

```
select para_name, para_value FROM v$dm_ini WHERE para_name IN ('ARCH_INI','RLOG_APPEND_LOGIC');
```

若显示参数为 0，则需要按照如下步骤设置归档模式及修改参数。

（1）修改 dm.ini 中的参数，代码如下：

```
ARCH_INI = 1
RLOG_APPEND_LOGIC = 1 #
```

（2）dmarch.ini 需要配置本地归档，配置完成后需要重启数据库，代码如下。

```
[ARCHIVE_LOCAL1]
ARCH_TYPE = LOCAL
ARCH_DEST = D:\dmdbms\arch
ARCH_FILE_SIZE = 128 #单位 MB
ARCH_SPACE_LIMIT = 0 #单位 MB，0 表示无限制，范围 1024～4294967294
```

ARCH_INI 和 RLOG_APPEND_LOGIC 参数说明如表 8-9 所示。

表 8-9 ARCH_INI 和 RLOG_APPEND_LOGIC 参数说明

参数名	缺省值	属性	说明
RLOG_APPEND_LOGIC	0	动态，系统级	是否启用在日志中记录逻辑操作的功能，取值范围 0、1、2、3。0：不启用；1、2、3 启用。1：如果有主键列，记录 UPDATE 和 DELETE 操作时只包含主键列信息，若没有主键列则包含所有列信息；2：不论是否有主键列，记录 UPDATE 和 DELETE 操作时都包含所有列的信息；3：记录 UPDATE 时包含更新列的信息及 ROWID，记录 DELETE 时只有 ROWID
ARCH_INI	0	动态，系统级	是否启用归档。0：不启用；1：启用

2. 模拟数据库操作

构建测试表和测试数据，模拟数据库操作。我们使用 SYSDBA 用户创建 t_test 表，插入表数据，使用一条 UPDATE 语句更新数据。SQL 语句参考如下：

```
CREATE TABLE dmhr. t_test (id INT,name VARCHAR(50));
INSERT INTO dmhr.t_test VALUES(1,'liming');
INSERT INTO dmhr.t_test VALUES(2,'dameng');
INSERT INTO dmhr.t_test VALUES(3,'test');
```

```
INSERT INTO dmhr.t_test VALUES(4,'hanmeimei');
INSERT INTO dmhr.t_test VALUES(5,'daiwei');
INSERT INTO dmhr.t_test VALUES(6,'jack');
UPDATE dmhr.t_test SET id = id + 10 WHERE id <10;
COMMIT;
```

操作完成后，执行如下命令切换归档日志：

```
ALTER SYSTEM ARCHIVE LOG CURRENT;
```

归档切换后，执行如下命令创建表空间 testtbs，用户 testuser，并赋予 testuser 用户查询 t_test 表的权限。

```
CREATE TABLESPACE testtbs DATAFILE 'D:\dmdbms\data\DAMENG\TESTTBS.DBF' SIZE 500;
CREATE USER testuser IDENTIFIED BY dameng123 DEFAULT TABLESPACE testtbs;
GRANT SELECT ON dmhr.t_test TO testuser;
```

操作完成后，执行如下命令切换归档日志：

```
ALTER SYSTEM ARCHIVE LOG CURRENT;
```

上述操作中执行了两次日志归档，故操作分布在两个归档日志文件中。

3. 添加归档日志文件

（1）从 v$archived_log 中查询归档日志文件，参考如下命令:

```
SELECT sequence# seq, name , to_char(first_time,'yyyy-mm-dd hh24:mi:ss') first_time,
TO_CHAR(next_time,'yyyy-mm-dd hh24:mi:ss') next_time, first_change# , next_change# FROM v$archived_log;
```

序列号最大的是最新的归档日志，查询截图如图 8-4 所示。

SEQ INT	NAME VARCHAR(513)	FIRST_TIME VARCHAR(19)	NEXT_TIME VARCHAR(19)	FIRST_CH... BIGINT	NEXT_CHA BIGINT
8	D:\dmdbms\arch\ARCHIVE_LOCAL1_0x62608140[0]_2020-03-10_15-49-32.log	2020-03-10 15:49:32	2020-03-10 15:49:33	123140	132421
9	D:\dmdbms\arch\ARCHIVE_LOCAL1_0x62608140[0]_2020-03-13_11-05-26.log	2020-03-10 15:49:33	2020-03-14 23:29:32	132422	138743
10	D:\dmdbms\arch\ARCHIVE_LOCAL1_0x62608140[0]_2020-03-16_09-51-03.log	2020-03-14 23:29:32	2020-03-16 09:51:03	138744	143470
11	D:\dmdbms\arch\ARCHIVE_LOCAL1_0x62608140[0]_2020-03-16_12-45-52.log	2020-03-16 09:51:03	2020-03-16 12:45:52	143471	148846
12	D:\dmdbms\arch\ARCHIVE_LOCAL1_0x62608140[0]_2020-03-17_09-19-51.log	2020-03-16 12:45:52	2020-03-17 09:19:51	148847	154019
13	D:\dmdbms\arch\ARCHIVE_LOCAL1_0x62608140[0]_2020-03-18_08-00-14.log	2020-03-17 09:19:51	2020-03-18 10:21:51	154020	159296
14	D:\dmdbms\arch\ARCHIVE_LOCAL1_0x62608140[0]_2020-03-18_10-26-16.log	2020-03-18 10:21:51	2020-03-18 10:30:04	159297	159297
15	D:\dmdbms\arch\ARCHIVE_LOCAL1_0x62608140[0]_2020-03-18_10-30-26.log	2020-03-18 10:30:04	2020-03-18 10:30:40	159298	159326
16	D:\dmdbms\arch\ARCHIVE_LOCAL1_0x62608140[0]_2020-03-18_10-31-11.log	2020-03-18 10:30:40	2020-03-18 10:31:27	159327	159401
17	D:\dmdbms\arch\ARCHIVE_LOCAL1_0x62608140[0]_2020-03-18_10-32-11.log	2020-03-18 10:31:27	2020-03-18 17:18:06	159402	159486

图 8-4　查询归档日志

（2）添加一个或多个需要分析的归档日志文件。本章前面构造的测试数据在两个最新的归档日志中，所以此时添加最新的两个归档日志进行分析。

```
DBMS_LOGMNR.ADD_LOGFILE('D:\dmdbms\arch\ARCHIVE_LOCAL1_0x62608140[0]_2020-03-18_10-31-11.log');
DBMS_LOGMNR.ADD_LOGFILE('D:\dmdbms\arch\ARCHIVE_LOCAL1_0x62608140[0]_2020-03-18_10-32-11.log');
```

可以通过动态视图 V$LOGMNR_LOGS 查询 ADD_LOGFILE 添加的归档日志文件信息，查询结果如图 8-5 所示。

```
SELECT low_scn, next_scn, low_time, high_time, log_id, filename FROM v$logmnr_logs;
```

消息 | 结果集

LOW_SCN BIGINT	NEXT_SCN BIGINT	LOW_TIME DATETIME(6)	HIGH_TIME DATETIME(6)	LOG_ID INT	FILENAME VARCHAR(512)
159327	159401	2020-03-18 10:30:40.078000	2020-03-18 10:31:27.968000	1	D:\dmdbms\arch\ARCHIVE_LOCAL1_0x62608140[0]_2020-03-18_10-31-11.log
159402	159486	2020-03-18 10:31:27.968000	2020-03-18 17:18:06.031000	0	D:\dmdbms\arch\ARCHIVE_LOCAL1_0x62608140[0]_2020-03-18_10-32-11.log

图 8-5　查询归档分析日志

4. 启动归档日志文件分析

执行 ADD_LOGFILE 添加日志文件后，需要调用 START_LOGMNR 过程启动归档日志分析，在调用时可指定 START_SCN、END_SCN、START_DATE、END_DATE、OPTIONS 等参数。

时间参数值可根据 V$LOGMNR_LOGS 中 LOW_TIME 和 HIGH_TIME 或者实际业务场景指定范围；SCN 可参考 V$LOGMNR_LOGS 视图中的 LOW_SCN 和 NEXT_SCN 来指定。

OPTIONS 参数参考如表 8-5 所示的可选模式，各模式可以通过 + 、按位或来进行组合。其他位的值如 1、4、8 等目前不支持，配置后不会报错，但是没有效果。例如，组合全部模式，则取值 2+16+64+2048=2130，那么 OPTIONS 值就是 2130。

一个会话上仅能 START 一个 Logmnr，即只能执行一次 START_LOGMNR，若要重新 START，则需要执行终止操作，见步骤 6。这里以不指定时间范围和 SCN 范围为例，启动所有添加的归档日志文件的分析，语句参考如下（OPTIONS=2066 是 2+16+2048 的组合）：

```
DBMS_LOGMNR.START_LOGMNR(OPTIONS=>2066);
```

执行该语句后，可以通过查询 V$LOGMNR_PARAMETERS 获取当前会话启动日志文件分析的参数，上述执行 START_LOGMNR 时只指定了 OPTIONS 值，未指定其他参数，所以其他参数均保持默认值。查询结果如图 8-6 所示。

消息 | 结果集

	START_DATE DATETIME(6)	REQUIR... DATETIME(	END_DATE DATETIME(6)	START_SCN BIGINT	REQUIRED... BIGINT	END_SCN BIGINT	OPTIONS INT	INFO VARCHAR(32)	STATUS INT
1	1988-01-01 00:00:00.000000	NULL	2110-12-31 00:00:00.000000	0	0	-1	2066	NULL	0

图 8-6　查询日志分析参数

5. 查看归档日志文件分析结果

执行 START_LOGMNR 后，可以通过动态视图 V$LOGMNR_CONTENTS 查看归档日志文件的分析结果，语句参考如下：

```
SELECT OPERATION_CODE , OPERATION, SCN, SQL_REDO, TIMESTAMP ,SEG_OWNER, TABLE_
NAME FROM V$LOGMNR_CONTENTS WHERE TABLE_NAME IS NOT NULL;
```

查询结果如图 8-7 所示，从 SQL_REDO 字段中可以看出包含了步骤 2 中执行的所有操作。

OP... INT	OPERATION VARCHAR(32)	SCN BIGINT	SQL_REDO VARCHAR(4000)	TIMESTAMP DATETIME(6)	SEG_C VARCH
5	DDL	159331	create table dmhr.t_test (id int,name varchar(50)) tablespace dmhr ;	2020-03-18 10:31:11.109000	NULL
1	INSERT	159367	INSERT INTO "DMHR"."T_TEST"("ID", "NAME") VALUES(1, 'liming');	2020-03-18 10:31:11.156000	DMHR
1	INSERT	159370	INSERT INTO "DMHR"."T_TEST"("ID", "NAME") VALUES(2, 'dameng');	2020-03-18 10:31:11.203000	DMHR
1	INSERT	159373	INSERT INTO "DMHR"."T_TEST"("ID", "NAME") VALUES(3, 'test');	2020-03-18 10:31:11.250000	DMHR
1	INSERT	159376	INSERT INTO "DMHR"."T_TEST"("ID", "NAME") VALUES(4, 'hanmeimei');	2020-03-18 10:31:11.296000	DMHR
1	INSERT	159379	INSERT INTO "DMHR"."T_TEST"("ID", "NAME") VALUES(5, 'daiwei');	2020-03-18 10:31:11.343000	DMHR
1	INSERT	159382	INSERT INTO "DMHR"."T_TEST"("ID", "NAME") VALUES(6, 'jack');	2020-03-18 10:31:11.390000	DMHR
3	UPDATE	159389	UPDATE "DMHR"."T_TEST" SET "ID" = 11 WHERE "ID" = 1 AND "NAME" = 'liming';	2020-03-18 10:31:27.921000	DMHR
3	UPDATE	159391	UPDATE "DMHR"."T_TEST" SET "ID" = 12 WHERE "ID" = 2 AND "NAME" = 'dameng';	2020-03-18 10:31:27.921000	DMHR
3	UPDATE	159393	UPDATE "DMHR"."T_TEST" SET "ID" = 13 WHERE "ID" = 3 AND "NAME" = 'test';	2020-03-18 10:31:27.921000	DMHR
3	UPDATE	159395	UPDATE "DMHR"."T_TEST" SET "ID" = 14 WHERE "ID" = 4 AND "NAME" = 'hanmeimei';	2020-03-18 10:31:27.921000	DMHR
3	UPDATE	159397	UPDATE "DMHR"."T_TEST" SET "ID" = 15 WHERE "ID" = 5 AND "NAME" = 'daiwei';	2020-03-18 10:31:27.921000	DMHR
3	UPDATE	159399	UPDATE "DMHR"."T_TEST" SET "ID" = 16 WHERE "ID" = 6 AND "NAME" = 'jack';	2020-03-18 10:31:27.921000	DMHR
5	DDL	159426	create tablespace testtbs datafile 'D:\dmdbms\data\DAMENG\TESTTBS.DBF' size 500;	2020-03-18 17:17:52.843000	NULL
5	DDL	159446	create user testuser identified by dameng123 default tablespace testtbs;	2020-03-18 17:18:05.468000	NULL
5	DDL	159479	grant select on dmhr.t_test to testuser;	2020-03-18 17:18:05.984000	NULL

图 8-7　查询日志分析结果

6. 终止归档日志文件分析

归档日志分析完毕后，执行如下语句结束归档日志分析。

```
DBMS_LOGMNR.END_LOGMNR( );
```

执行该语句后查询 V$LOGMNR_LOGS 和 V$LOGMNR_PARAMETERS 将不会有数据，此时查询 V$LOGMNR_CONTENTS 也会报错。这 3 个动态性能视图都是会话级别，其他会话无法查询该视图数据。

到此一个完整的日志挖掘分析过程已完成，如果要重新启动归档日志的分析，则需要执行此步骤后，重新执行第 3～6 步操作。若在第 3 步添加文件 ADD_LOGFILE 之后，想移除对该文件的分析，则在执行 START_LOGMNR 之前，可执行 REMOVE_LOGFILE 删除此文件；若已经执行了 START_LOGMNR，则需执行 END_LOGMNR 结束本次分析才能开启下一次分析操作。